# 物聯網實作
## 深度學習應用篇

陸瑞強 廖裕評 著

五南圖書出版公司 印行

# 作者序

　　近來，人工智慧（AI）與物聯網（IoT）融合產生新應用型態的 AIoT（人工智慧物聯網）。傳統物聯網是指藉由布署大量的感測器，定時採集並回傳環境數據，例如溫度、濕度以及壓力等，並具物體與物體之間能互相通訊達成聯網的功能；當結合人工智慧後，可以優化 IoT 所構成的萬物互聯網路系統，讓裝置開始懂得思考。透過 AI 深度學習技術，物聯網系統不但能感測環境數據，也能根據工廠機具之數據診斷機器與預測故障時機，再進行預防性維護等作業防範故障發生。透過連網裝置可以蒐集資訊，再運用 AI 智能，達到需求預測、提升客戶體驗、提高營收表現與降低投資風險。

　　在萬物聯網的時代，可將 AI 模型建立在雲端，只要能連結 Internet 即可達成 AI 應用。但為了減少資料往返網路的延遲時間，也可將 AI 模型建立在終端裝置本身執行邊緣運算進行預測。而有在雲端主機或個人電腦上開發 AI 的程式很多，為了方便上手，本書選用人們最常使用的網路介面——瀏覽器，並使用 Google 開發的 TensorFlow.js 來撰寫 AI 程式。

　　本書希望透過每個章節的網頁程式檔案，讓初學者體驗深度學習的原理應用方法。只要有 Google 瀏覽器，無須擔心程式軟體安裝及操作的問題，就可以進行 AI 程式的學習。從運用深度學習技術教電腦如何打乒乓球開始，進而與自己訓練出來的模型 PK 乒乓球，寓教於樂。也讓想藉由深度學習發大財的讀者一窺進行時間序列預測股市趨勢的方法。最後詳細介紹運用 Colab 訓練出來的物件偵測模型，讓瀏覽器調用攝影機執行物件辨識。本書循序漸進，由淺入深，相信對有心自學深度學習的讀者會有所助益，也能讓想知道物聯網如何結合人工智慧的讀者初探門道。

陸瑞強、廖裕評

# CONTENTS ▶▶ ▶

第 1 堂 課

CHAPTER ▶▶ ▶

# 導論

　　本書是物聯網實作系列的第三本，透過物聯網能讓物與物之間或者人與物之間互相溝通或互相影響。現代人常以瀏覽器或手機 App 與外界互動，所以若能夠在瀏覽器上或是以手機 App 結合人工智慧就能產生非常多好玩的應用，例如人臉虛擬化妝、虛擬眼鏡試戴與變臉等等。

　　在 2018 年 3 月，Google 發表了 TensorFlow 的 Javascript 版本，讓開發者可以在使用者的瀏覽器上訓練 AI 模型，或者部署訓練好的模型以讓瀏覽器蒐集使用者資訊進行模型推論（inference），再運用此推論結果可以與使用者互動。但是學過機器學習的都知道，訓練模型（調整的模型參數）在資料量很大的時候，需要用到的電腦資源非常的多，你可能會問瀏覽器有足夠資源訓練 AI 模型嗎？有 GPU 可以用嗎？很高興的 TensorFlow.js 的底層是透過 WebGL 存取 GPU 資源，使用者可以利用 TensorFlow.js 提供的 API，利用 TensorFlow.js 提供的 Tensor 來做運算，就可以加速運算。對於 GPU 的使用，要注意不需要用到的 Tensor，就要從 GPU 記憶體中移除，以避免太多 Tensor 運算，吃掉過多 GPU 記憶體，造成瀏覽器當掉。但要是資料量過大，瀏覽器資源還是不夠用時，可利用在 Python 環境訓練好的 TensorFlow 模型，經由轉換後，才可用在 TensorFlow.js 的程式中。

　　本書以專題方式進行 TensorFlow.js 的實戰，讀者可以先看線上資源 TensorFlow.js 指南「https://www.tensorflow.org/js/guide？hl=zh-tw」，這指南介紹了「張量和運算」、「平臺和環境」、「模型和層」、「訓練模型」、「儲存及載入模型」、「模型轉換」、「與 Python tf.keras 的差異」、「在 Node.js 中使用 TensorFlow.js」與「在雲端部署 TensorFlow.js Node 專案」等主題，如圖 1-1 所示。

https://www.tensorflow.org/js/guide?hl=zh-tw

# TensorFlow.js 指南

本指南包含以下章節：

- 張量和運算：介紹 TensorFlow.js 的構成要素，包括張量、資料、形狀和資料類型
- 平台和環境：概述 TensorFlow.js 中不同的平台和環境，以及各自的優缺點。
- 模型和層：瞭解如何使用層和 Core API 在 TensorFlow.js 中建構模型。
- 訓練模型：訓練簡介 (介紹模型、最佳化器、損失、指標和變數)。
- 儲存及載入模型：瞭解如何儲存及載入 TensorFlow.js 模型。
- 模型轉換：瞭解 TensorFlow.js 生態系統中可用模型類型的概況，以及模型轉換的詳細資料。
- 與 Python tf.keras 的差異：瞭解 TensorFlow.js 和 Python tf.keras 的主要差異和功能，以及 JavaScript 的 API 使用慣例。
- 在 Node.js 中使用 TensorFlow.js：瞭解三個可用 Node.js 繫結各自的優缺點和系統需求。
- 在雲端部署 TensorFlow.js Node 專案：瞭解如何在雲端平台上使用 tfjs-node 套件部署 Node.js 流程。

圖 1-1　TensorFlow.js 指南

　　若是讀者想要查詢 TensorFlow.js 的 API，可以從「https://js.tensorflow.org/api/latest/」網站查詢與測試，如圖 1-2 所示。

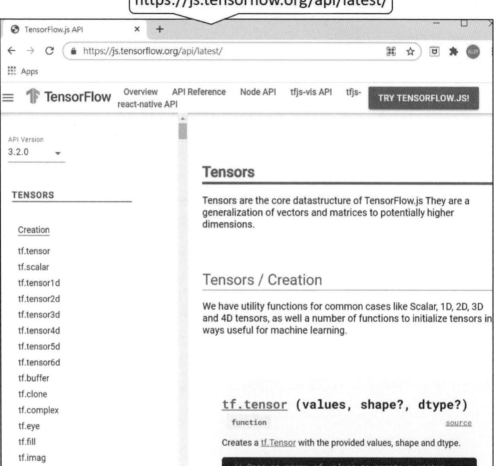

圖 1-2　查詢 TensorFlow.js 的 API

　　也可以使用網頁上的「Edit」修改 TensorFlow.js 的 API 提供的範例，並且在修改後按「Run」，如圖 1-3 所示。

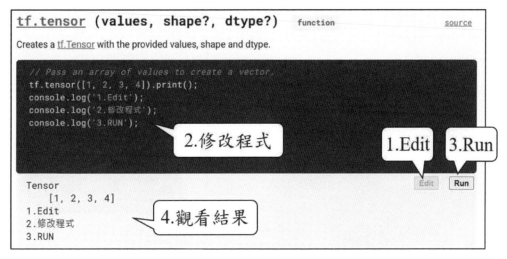

圖 1-3 修改 TensorFlow.js 的 API 提供的範例

　　本書提供的範例有「使用 TensorFlow.js 進行線性回歸」、「AI 玩乒乓球遊戲——設計乒乓球遊戲」、「AI 玩乒乓球遊戲——記錄乒乓球遊戲資料」、「AI 玩乒乓球遊戲—訓練神經網路模型」、「AI 玩乒乓球遊戲——載入模型」、「與 AI 對打乒乓球遊戲」、「乒乓球遊戲分數記錄至雲端資料庫」、「使用頭部姿態控制乒乓球」、「時間序列預測」、「Quandl 的金融資料預測趨勢」、「遷移學習」、「聲音辨識」、「TensorFlow 模型轉換與 SSD 測試」，分別簡介如下：

　　第二堂課　體驗 TensorFlow.js 預訓練模型：先體驗 TensorFlow.js 官方網站所提供的預訓練模型應用，再介紹如何在本機的 Node.js 中使用 TensorFlow.js，如圖 1-4 所示。

官網 TensorFlow.js 應用範例

在 Node.js 中使用 TensorFlow.js

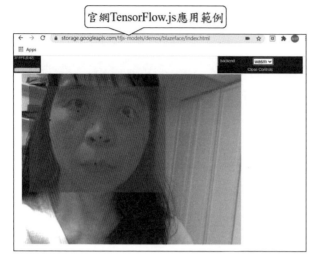

圖 1-4　體驗 TensorFlow.js 預訓練模型

第三堂課　使用 TensorFlow.js 進行線性回歸：以線性回歸為例，運用 Tensor-Flow.js 訓練與部署機器學習模型。使用 TensorFlow.js 函數 API 與圖形庫將資料視覺化於瀏覽器上，如圖 1-5 所示。

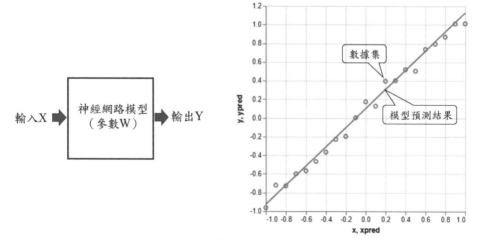

圖 1-5　使用 TensorFlow.js 進行線性回歸

　　第四堂課至第七堂課　　AI 乒乓球遊戲設計：這個乒乓球遊戲只有一個球拍與一個球，如圖 1-6 所示。首先需要先建立乒乓球網頁程式讓人操作球拍的移動，再記錄玩乒乓球遊戲時成功擊球的移動軌跡。將這些資料訓練乒乓球遊戲模型並儲存模型，最後再載入訓練好的模型讓 AI 在網頁上玩乒乓球遊戲。完整流程圖如圖 1-7 所示。

圖 1-6　AI 玩乒乓球遊戲

圖 1-7　AI 玩乒乓球完整流程

第八堂課　　與 AI 對打乒乓球遊戲：本章讓人與 AI 對打乒乓球。方法爲在畫布最上方增加一個球拍，可讓人以按鍵控制新增的球拍左右移動擊球，遊戲架構設計如圖 8-1 所示。球拍 1（paddle1）由 AI 控制，球拍 2（paddle2）由鍵盤左右鍵控制，球會以 45 度移動，如圖 1-8 所示。

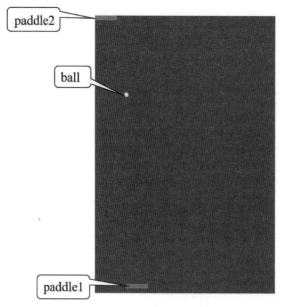

paddle1：球拍1由AI控制

paddle2：球拍2由鍵盤左右鍵控制

ball：球以45度移動

圖 1-8　與 AI 對打乒乓球遊戲架構

第九堂課　　乒乓球遊戲分數記錄至雲端資料庫：本章節設計能與 AI 對打乒乓球的遊戲之分數最高分儲存於雲端資料庫。本範例使用的雲端平臺是 Firebase Realtime Database 即時資料庫。乒乓球遊戲之分數計算爲 6 秒內能擊到球次數，將分數與資料庫中儲存的歷史紀錄最高分相比，若高於歷史紀錄最高分，則更新雲端資料庫資料，連結到此資料庫的應用也會同步更新。乒乓球遊戲分數記錄至雲端資料庫之系統架構圖如圖 1-9 所示。

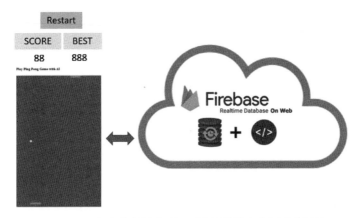

圖 1-9　乒乓球遊戲分數記錄至雲端資料庫架構圖

　　第十堂課　　使用頭部姿態控制乒乓球：本範例使用 TensorFlow 預訓練好的神經網路模型 PoseNet 來偵測玩家頭部的姿態，利用頭部數個特徵點的相對位置控制乒乓球遊戲的球拍左右移動。本範例將使用頭部姿態「右旋轉」控制球拍往右移動，以頭部姿態「左旋轉」控制球拍左移。遊戲設計一回合的時間為十二秒鐘，當球拍擊到球時，分數會增加。倒數計時到 0 時遊戲會自動停止。本範例也設計了以「抬頭」動作，讓遊戲能不用按鍵盤就可以重新開始與重新計分。使用頭部姿態控制乒乓球實驗架構圖如圖 1-10 所示。

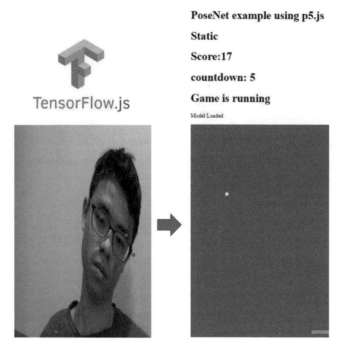

**圖 1-10　使用頭部姿態控制乒乓球實驗架構圖**

　　第十一堂課　時間序列預測：本範例使用稱爲 LSTM（長短期記憶）循環神經
網路來進行時間序列的預測，該模型對涉及自相關性的序列預測問題很有用，並介
紹如何載入 csv 檔進行時間序列資料繪圖與訓練模型與預測。本範例以連續三筆過
去時間的資料作爲預測下一時間的資料。使用 csv 檔案與 LSTM 網路進行時間序列
預測的實驗架構圖如圖 1-11 所示。csv 檔案中的數據集分成兩部分：90% 作爲訓練
數據集而 10% 做爲測試數據集。將訓練數據集處理後訓練神經網路模型，再以測
試數據集測試已訓練完成的神經網路模型，最後將數據以圖形顯示原始資料與預測
之資料。

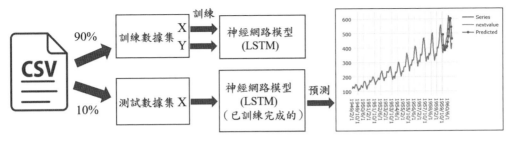

圖 1-11　使用 csv 檔案與 LSTM 網路進行時間序列預測的實驗架構圖

　　第十二堂課　從 Nasdaq Data Link 的金融資料預測趨勢：本範例使用有「金融的維基百科」之稱的 Quandl 透過 Nasdaq Data Link 資料平台提供的免費 API 獲得一些金融資料，進而用來訓練神經網路模型，期望能預測趨勢。本範例使用瀏覽器建立網頁，以 Nasdaq Data Link 資料平台中的上海期貨交易所（Shanghai Futures Exchange）資料訓練神經網路模型，就可以根據前三天的收盤資料（close）與成交量（volume），預測隔天收盤價（close），並畫出預測曲線圖。從 Nasdaq Data Link 的金融資料預測趨勢實驗架構圖，如圖 1-12 所示。

圖 1-12　從 Nasdaq Data Link 的金融資料預測趨勢實驗架構

　　第十三堂課　遷移學習：本範例使用能分辨 1000 種物體的「MobileNet」模型來做遷移學習，對周遭物品進行辨識，範例中的分類項為大同電鍋與麵包板，如圖 1-13 所示。實驗時辨識的項目可在瀏覽器與攝影機進行訓練集蒐集、訓練與預測，即使分類項目不在原來「MobileNet」模型的一千個分類項中的標籤也沒關係。

圖 1-13　遷移學習實驗介紹

　　第十四堂課　聲音辨識：本範例介紹如何使用少量的聲音樣本，訓練神經網路模型，使該模型可以分辨出不同的聲音，例如貓叫的聲音與狗叫的聲音。本範例使用 ml5.js 與 Google 的 Teachable Machine，先在 Google 的 Teachable Machine 網站上訓練出客製化模型，並將模型上傳至雲端空間。再撰寫 HTML5 程式載入該雲端模型，即可針對聲音辨識結果切換不同的文字於網頁上。聲音辨識實驗架構圖如圖 1-14 所示。

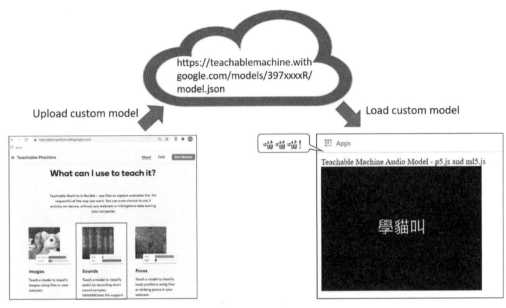

圖 1-14　聲音辨識實驗架構圖

　　第十五堂課　TensorFlow 模型轉換與 SSD 測試：本範例以 2017 年六月 Google 釋出的 TensorFlow 框架，設計基於 MobileNets 的 Single Shot Multibox Detector（SSD）模型為範例。將網路上在「Google Colab」上的自訂物件偵測（辨識出豆豆龍玩偶與龍貓公車玩偶）的模型訓練結果，轉換成可以載入至 TensorFlow.js 推論使用的形式，並實際在使用 Chrome 瀏覽器搭配攝影機測試辨識出豆豆龍玩偶與龍貓公車玩偶的情況。接著使用 Web Server for Chrome 在 Chrome 上建立網路伺服器，就可在個人電腦上利用轉換的模型在瀏覽器上執行 SSD 物件偵測，實驗架構如圖 1-15 所示。

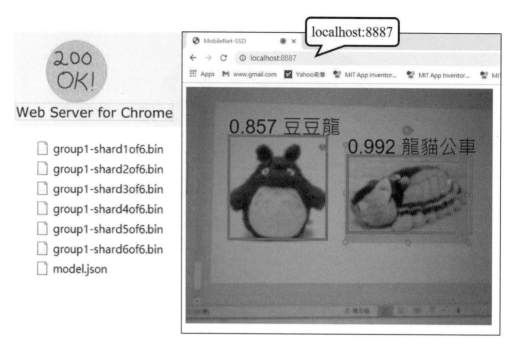

圖 1-15　利用轉換的模型在瀏覽器上執行 SSD 物件偵測實驗架構

第2堂課

# 體驗TensorFlow.js
# 預訓練模型

## 一、實驗介紹

　　提到機器學習或深度學習，大家第一個反應是要學習 Python，但這其中大部分都是應用於本地的機器學習。而目前很多的情況是想要運用 AI 技術與廣大的消費者互動，這時瀏覽器或手機 App 就是非常方便的介面。本書介紹如何使用 TenserFlow.js 模型進行機器學習之應用，包括由瀏覽器蒐集訓練資料、由瀏覽器執行模型訓練、與利用訓練好的模型與使用者互動等等。也會介紹在 Python 環境訓練的模型轉換成 TenserFlow.js 能接受的格式，再由 TensorFlow.js 載入就可以在瀏覽器使用。在進行 TensorFlow.js 的學習前，先體驗一下 TensorFlow.js 官方網站所提供的預訓練模型應用，再下載官網提供的範例，試試在本機的 Node.js 中使用 TensorFlow.js，如圖 2-1 所示。

官網TensorFlow.js應用範例

在Node.js中使用TensorFlow.js

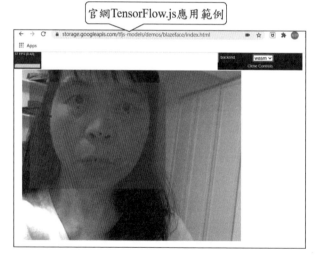

圖 2-1　體驗 TensorFlow.js 預訓練模型

## 二、實驗流程

　　本範例先進行體驗以瀏覽器開啟官方範例，接著再使用本機 Node.js 環境部屬 TensorFlow.js 的模型應用。體驗 TenserFlow.js 預訓練模型的實驗流程圖如圖 2-2 所示。

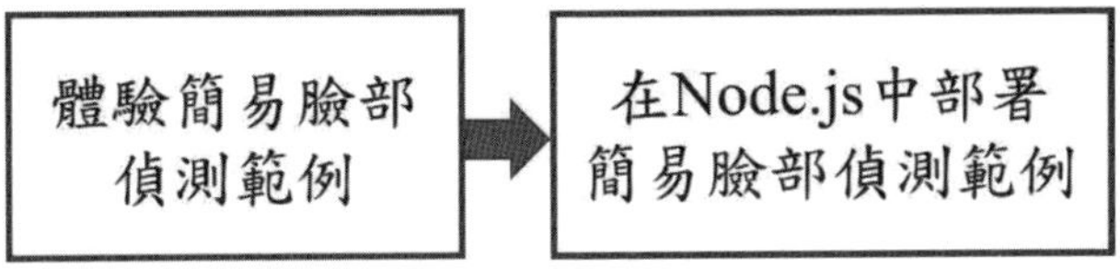

圖 2-2　體驗 TenserFlow.js 預訓練模型 TenserFlow.js 的實驗流程圖

## 三、重點介紹

1. 經過預先訓練的 TensorFlow.js 模型（Pre-trained TensorFlow.js Models）：為讓 TensorFlow.js 的使用者直接使用經典的機器學習模型，可不用在有限資源的瀏覽器進行模型訓練，而是直接提供經過預先訓練的 TensorFlow.js 模型，供使用者載入模型後進行使用。這些模型有圖片分類模型（Image classification）、姿態估測（Pose estimation）、物件偵測模型（Object detection）、人體分節模型（Body segmentation）、文字惡意指數偵測（Text toxicity detection）、語意指令辨識（Speech command recognition）、自然語言工作處理（Universal sentence encoder）、語音指令辨識（Speech command recognition）、KNN 分類演算法（KNN Classifier）、簡易臉部偵測（Simple face detection）、語意區隔（Segmantic segmentation）、臉部特徵偵測（Face landmark detection）、手勢偵測（Hand pose detection）與自然語言問題回答（Natural language question answering）等等。在「https://www.tensorflow.org/js/models」網站可看到目前提供的已預先訓練的 TensorFlow.js 模型有哪些，如圖 2-3 所示。

17

圖 2-3　已預先訓練的 TensorFlow.js 模型的總覽

表 2-1　TensorFlow.js 模型總覽

| 型態 | 模型 | 說明 |
|------|------|------|
| 影像 | MobileNet | 以 ImageNet 資料集的標籤來分類影像的模型。 |
| | HandPose | 可以在瀏覽器上進行即時手勢偵測的模型。 |
| | PoseNet | 可以在瀏覽器上進行即時人類姿態估算的模型。 |
| | Coco SSD | 物件偵測的模型，可以從一張照片中辨認出多種物體與所在的區域。 |
| | BodyPix | 可以在瀏覽器上進行即時的人體分割的模型。 |
| | BlazeFace | 可以在瀏覽器上進行即時快速人臉偵測的模型。 |
| | DeepLab v3 | 語意分割模型。 |
| | Face Landmarks Detection | 可以在瀏覽器上進行即時 3D 臉部特徵點偵測，去推估人臉表面幾何的模型。 |
| 聲音 | Speech Commands | 可以在瀏覽器上分辨 1 秒的聲音的模型。 |

| 型態 | 模型 | 說明 |
|------|------|------|
| 文字 | Universal Sentence Encoder | 通用句子嵌入編碼器，將文字編碼成 512 維嵌入的模型，常用在自然語言處理任務的輸入端，像是語意分類與文章相似度等應用。 |
|      | Text Toxicity | 能針對一段對話文字給出惡意或善意的評量分數的模型。 |
| 通用 | KNN Classifier | 這套件提供一個工具去使用 KNN 演算法創造一個分類器。 |

2. Node.js：Node.js 是個 Javascript 的執行環境。Node.js 以 Chrome 的 V8 Javascript 引擎加上一系列 C/C++ 套件，讓 Server 端也可執行 Javascript。而 TensorFlow.js 是一個 JavaScript 函式庫，可用於 Node.js 環境訓練和部署機器學習模型。在 https://nodejs.org/en/ 網站可下載並安裝 Node.js，Node.js 官方網站如圖 2-4 所示。

圖 2-4　Node.js 官方網站

3. npm：npm 是 Node Package Manager 的縮寫，就是一個用 Javascript 編寫的套件管理工具。npm 會隨著 Node.js 自動安裝。如果一個專案中存在 package.json 檔案，就可以直接使用 npm install 指令自動安裝和維護當前專案所需的所有套件。

4. Yarn：Yarn 是一個新的 Javascript 套件管理器，可替代 npm，運行速度更快。在 Node.js 中想要使用 yarn 必須先進行安裝，安裝指令為「npm install –g yarn」，如圖 2-5 所示。yarn 的運作模式是先進行從 package.json 中解析依賴 dependencies，然後向註冊表發出請求，並遞迴查詢各項依賴，若查詢後發現目前所需的套件沒被下載過，就下載這個套件，最後 yarn 再把所需的套件複製到本機的 node_modules 目錄中。

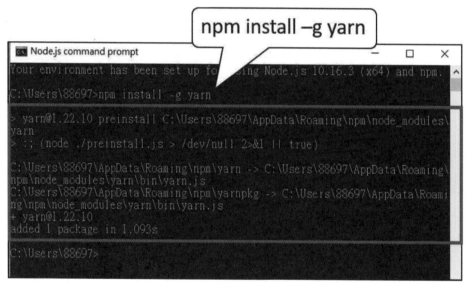

圖 2-5　安裝 yarn

## 四、實驗步驟

本堂課體驗 TenserFlow.js 預訓練模型之實驗步驟如圖 2-6 所示。

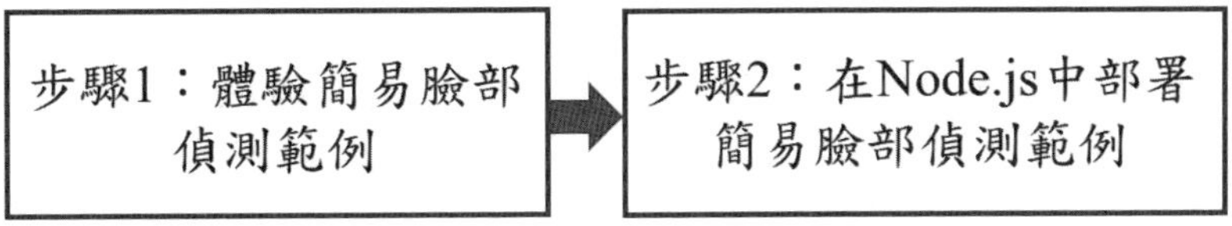

圖 2-6　體驗 TenserFlow.js 預訓練模型之實驗步驟

**步驟 1**　體驗簡易臉部偵測範例：使用電腦的攝影機體驗簡易臉部偵測（Simple face detection）。從「https://www.tensorflow.org/js/models」網頁點選「簡易臉部偵測」（Simple face detection），如圖 2-7 所示。

圖 2-7　進入「簡易臉部偵測」（Simple face detection）

　　點進去可看到應用程式與模型介紹，這模型稱爲「Blazeface」，其爲一輕量級的模型，可偵測影像中的人臉。從動畫可看到此模型可以同時偵測多人的臉部特徵點，可應用在跟人臉有關的應用，例如人臉的關鍵點辨識。此範例提供一個示範網站（如圖 2-8，點選「demo」），可以讓讀者自己的臉部對著鏡頭後，看到自己臉部的特徵點。

圖 2-8　Blazeface detector

　　將自己的影像透過攝影機攝影再進行簡易臉部偵測的結果如圖 2-9 所示。

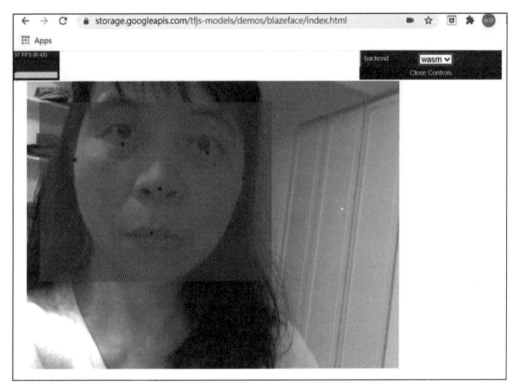

圖 2-9　將自己的影像透過攝影機攝影再進行簡易臉部偵測的結果

**步驟 2**　在 Node.js 中部署簡易臉部偵測範例：TensorFlow.js 是一個 JavaScript 函式庫，也可以用於 Node.js 訓練和部署機器學習模型。可從「https://github.com/tensorflow/tfjs-models」下載所有的 tfjs-models 的範例，如圖 2-10 所示，並解壓縮放置在一個工作目錄。

圖 2-10　下載 tfjs-models 範例

電腦環境要先裝有 Node.js，可以去 https://nodejs.org/en/ 網站下載並安裝 Node.js，安裝 Node.js 完成後，開啟「Node.js command prompt」，切換到工作目錄下的「tfjs-models-master\tfjs-models\blazeface\demo\」目錄，如圖 2-11 所示。

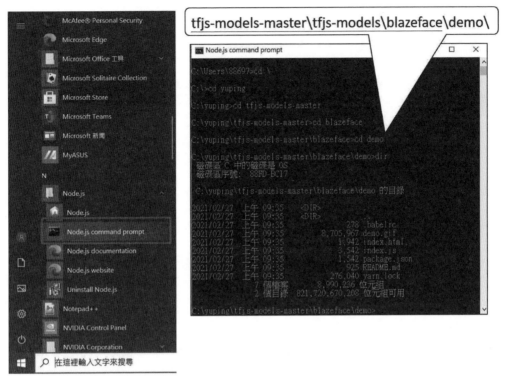

圖 2-11　切換至「tfjs-models-master\tfjs-models\blazeface\demo\」目錄

　　輸入「yarn」進行安裝相依模組 dependencies 與準備建立目錄，安裝成功畫面如圖 2-12 所示。

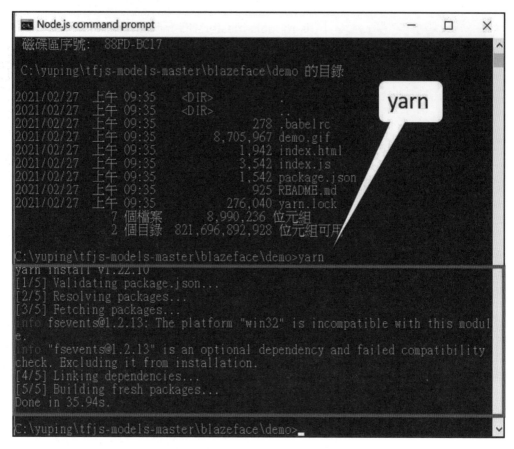

圖 2-12　使用 yarn 安裝相依項

再輸入「yarn watch」啟動 Server，如圖 2-13 所示。

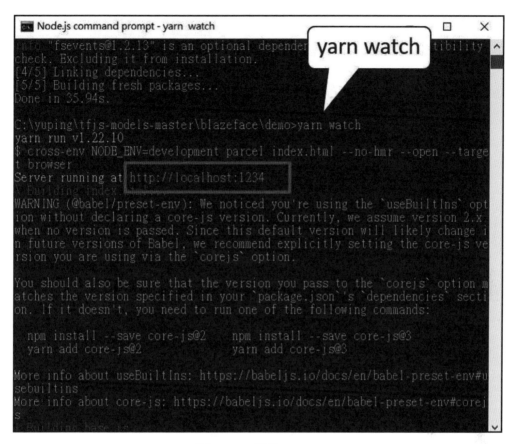

圖 2-13　啟動 Server

伺服器執行在 1234 的 port，首次開啟 http://localhost:1234 會跳出浮動視窗詢問是否允許使用你的攝影機，如圖 2-14，點「Allow」允許使用。

圖 2-14 開啟瀏覽器 http://localhost:1234

接著會看到以Node.js部署機器學習簡易臉部偵測範例的結果，如圖2-15所示。

圖 2-15 以 Node.js 部署機器學習簡易臉部偵測範例

**隨堂練習**

可以嘗試在瀏覽器上執行即時手勢偵測的模型應用範例。

## 五、課後測驗

(　　) 1. 本範例使用的資料為　(A) 攝影機的資料　(B) 股市資料　(C) 物理實驗數據

(　　) 2. 本範例使用的預訓練模型為　(A) Blazeface　(B) PoseNet　(C) HandPose

(　　) 3. 本範例使用的預訓練模型可以偵測到臉部幾個點　(A)5 個　(B)6 個 (C)7 個

(　　) 4. 可以在瀏覽器上執行即時手勢偵測的預訓練模型為　(A) Blazeface (B) PoseNet　(C) HandPose

(　　) 5. 可以在瀏覽器上進行即時 3D 臉部特徵點偵測去推估人臉表面幾何的模型為　(A) Blazeface　(B) PoseNet　(C)Face Landmarks Detection

# 第3堂課

# 使用TensorFlow.js進行線性回歸

# 一、實驗介紹

　　本堂課以線性回歸為例，運用 TensorFlow.js 訓練與部署機器學習模型。使用 TensorFlow.js 函數 API 與圖形庫將資料視覺化於瀏覽器上。所謂線性回歸就是由一些數據找出規律，找出一個最能夠代表所有數據的直線函數。例如在 x-y 平面上有些數據點，我們要找出一個模型，使得透過這模型計算出來的數值能盡可能地接近這些數據。本章使用機器學習解決線性回歸問題，實驗資料橫座標可以看成元素 x，而實驗資料點之縱座標元素可以看成模型輸出元素 y。本範例要建立神經網路模型，由數據集學習輸入 x 與輸出 y 的關係，找出模型參數 W，並畫出一條直線逼近這些數據，如圖 3-1 所示。

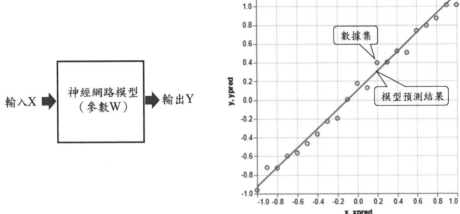

圖 3-1　　使用 TensorFlow.js 進行線性回歸

# 二、實驗流程圖

　　本堂課運用機器學習函式庫 TensorFlow.js 函式庫建立 HTML5 網頁，處理線性回歸問題並且將資料視覺化。使用 TensorFlow.js 進行線性回歸實驗流程如圖 3-2 所示。先準備一些模擬出來的數據集，再以 TensorFlow.js 之 API 建構神經網路模型，再設定最佳化演算法去編譯模型,再以數據集去訓練模型,再進行模型預測,最後進行資料視覺化。

圖 3-2 以 TensorFlow.js 處理線性回歸之實驗程序

## 三、程式架構

本範例建立一個線性回歸分析的 HTML5 檔案,程式架構如圖 3-3 所示,使用 html 標籤設計一個網頁、產生數據集、建構神經網路模型,再編譯模型、再訓練模型、再模型預測、再進行資料視覺化。此範例可以直接在 Google Chrome 瀏覽器中運行。

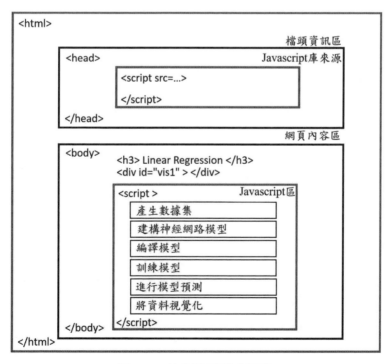

圖 3-3 線性回歸程式架構

## 四、重點說明

1. webGL：webGL 就是瀏覽器端的 3D 繪圖標準，這種繪圖技術標準允許直接藉助系統顯示卡來渲染 3D 場景。TensorFlow.js 會自動支援 WebGL，當 GPU 可用的時候，它會在背景中加速您的程式。

2. 引入外部 Javascript 函式庫：本範例使用了一些外部 Javascript 函式庫，可以幫助網頁開發者更快速地撰寫網頁，例如機器學習函式庫 TensorFlow 與繪圖套件 Vega-Lite。本範例使用的外部腳本文件函式庫來源整理如表 3-1 所示，使用 <script> 標籤透過 src 屬性指向外部腳本文件。

表 3-1　外部 Javascript 函式庫來源

| Javascript 函式庫 | 來源 |
| --- | --- |
| 機器學習函式庫 | `<script src="https://unpkg.com/@tensorflow/tfjs"></script>` |
| 繪圖套件函式庫 | `<script src="https://cdn.jsdelivr.net/npm/vega@4.3.0/build/vega.js"></script>` |
| | `<script src="https://cdn.jsdelivr.net/npm/vega-lite@3.0.0-rc10/build/vega-lite.js"></script>` |
| | `<script src="https://cdn.jsdelivr.net/npm/vega-embed@3.24.1/build/vega-embed.js"></script>` |
| | `<script src="https://unpkg.com/vis-graph3d@latest/dist/vis-graph3d.min.js"></script>` |

3. 準備數據集：本堂課之數據集是模擬物理實驗產生的資料點。已知某物理定律的兩個物理量之間是線性關係，假設實驗做出 100 個資料點，因為實驗誤差，這 100 個資料點不會剛好在一條直線上，所以需要利用線性回歸分析，找出最接近的直線。本範例數據集是由先由方程式 $y = a * x + b(1 + noise)$ 產生類似實驗出來的資料，其中 $a = 1$ 與 $b = 0.3$ 為係數，noise 為 0 到 1 之間的亂數。在 $x = 0$ 至 $x = 1$ 之間產生 100 個數據點，將這 100 個數據點繪製成 $x$-$y$ 圖如圖 3-4 所示。

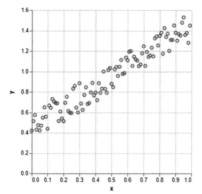

圖 3-4　準備數據

4. 建構神經網路模型：本堂課建立之神經網路模型為一全連結層（Fully Connected Layer），輸入形狀（input shape）為 2，輸出為 1，如圖 3-5 所示。其中 1 與 $x$ 為全連接層的輸入，$y$ 為輸出，$W_0$、$W_1$ 為模型參數，輸入與輸出的數學關係為 $y = 1 * W_0 + x * W_1$，即代表直線方程式 $y = ax + b$，$W_0$ 就是截距 $b$，$W_1$ 就是斜率 $a$。

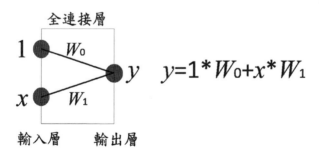

圖 3-5　本堂課建立之神經網路模型

本範例會使用到 TensorFlow.js 的神經網路 API，包括 tf.sequential() 與 tf.layers.dense，將說明整理如表 3-2 所示。

35

表 3-2　部分 tensorflow.js 的神經網路 API 說明

| TensorFlow.js 的神經網路 API | 說明 | 範例 |
|---|---|---|
| tf.sequential() | Sequential 模型將網路的每一層簡單的疊在一起，可以依照需要的層順序依序加進模型中。 | model = tf.sequential();<br>model.add(tf.layers.dense({units: 1, inputShape: [2]})); |
| tf.layers.dense | 創造全連接層。<br>輸出 =activation(dot(input, kernel) + bias)<br>activation 是一個會作用在每個組成上的激活函數。<br>kernel 是每一層的權重矩陣。<br>bias 是一個偏差向量（僅適用在當 useBias 為「真」的時候 )。 | tf.layers.dense({units: 1, inputShape: [2]})<br>此 tf.layers.dense 層輸入神經元個數為 2，輸出神經元個數為 1。 |

5. 轉換數據成張量：本範例建構之模型輸出與輸入之關係可以表示為 (3-1) 所示

$$y = 1 * W_0 + x * W_1 \tag{3-1}$$

可以寫成 (3-2) 之矩陣形式：

$$y = \begin{bmatrix} 1 & x \end{bmatrix} * \begin{bmatrix} W_0 \\ W_1 \end{bmatrix} \tag{3-2}$$

或表示成 (3-3) 式。

$$Y = X * W \tag{3-3}$$

其中 $Y$ 為 $1 \times 1$ 矩陣，$X$ 為 $1 \times 2$ 矩陣，$W$ 為 $2 \times 1$ 矩陣。

我們有模擬的數據集，假設有 $x_1 \cdot x_2 \cdot x_3 \cdot \cdots\cdots x_n$，與 $y_1 \cdot y_2 \cdot y_3 \cdot \cdots\cdots y_n$，可以表示為 (3-4) 式：

$$y_1 = \begin{bmatrix} 1 & x_1 \end{bmatrix} * \begin{bmatrix} W_0 \\ W_1 \end{bmatrix}$$

$$y_2 = \begin{bmatrix} 1 & x_2 \end{bmatrix} * \begin{bmatrix} W_0 \\ W_1 \end{bmatrix}$$

$$y_3 = [1 \ x_3] * \begin{bmatrix} W_0 \\ W_1 \end{bmatrix}$$

$$\ldots \quad \ldots$$

$$y_n = [1 \ x_n] * \begin{bmatrix} W_0 \\ W_1 \end{bmatrix} \tag{3-4}$$

將這些數據集合併爲如式 (3-5) 式，$Y$ 爲 $n \times 1$ 的矩陣，$X$ 爲 $n \times 2$ 的矩陣，$W$ 爲 $2 \times 1$ 的矩陣。

$$\begin{bmatrix} y_1 \\ y_2 \\ \vdots \\ y_n \end{bmatrix} = \begin{bmatrix} 1 & x_1 \\ 1 & x_2 \\ & \vdots \\ 1 & x_n \end{bmatrix} * \begin{bmatrix} W_0 \\ W_1 \end{bmatrix} \tag{3-5}$$

我們會用準備的數據集 $y_1$ 至 $y_n$ 與 $x_1$ 至 $x_n$ 去訓練網路模型，經最佳化找出模型參數 $W_0$ 與 $W_1$。

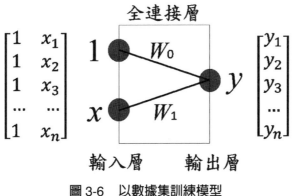

圖 3-6　以數據集訓練模型

欲轉換本範例使用模擬的資料產生 100 個 $x$ 與 100 個 $y$ 值，需要使用一些轉換技巧將資料配合模型的輸入層與輸出層的設定，轉換成輸入張量（tensor）與輸出張量（tensor），才能用這些資料去訓練模型，也就是調整模型參數到適當的值，使這模型計算出來的值能盡可能地接近這些數據。本範例轉換數據成張量之數據處理流程如圖 3-7 所示。

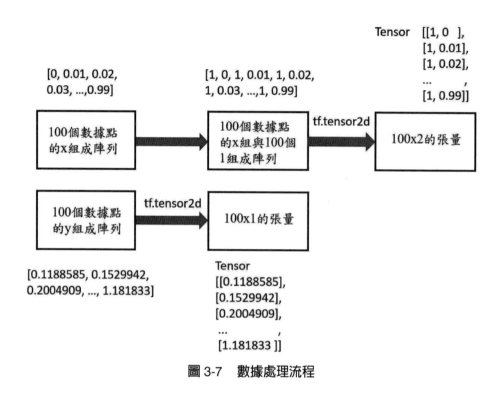

圖 3-7 數據處理流程

6. 編譯模型：本範例建立的模型基本上是一種 $Y = X * W$ 的關係，其中 $Y$ 是輸出矩陣，$X$ 是兩個輸入神經元組成的矩陣，$W$ 代表模型中的參數。機器學習是對於已知多筆測量值 $Y$ 與 $X$ 資料，從一個初始的 $W$ 值開始調整，讓 $X * W$ 產生的結果跟測量值 $Y$ 值做差異的計算，調整模型參數 $W$ 讓 $X * W$ 與測量值 $Y$ 的差距越小越好。我們將這個估算差異值的函數，稱做損失函數（loss function）。用來計算模型輸出與實際值差異的損失函數有很多種，例如均方誤差（mean-square error, MSE）函數，是各測量值誤差的平方和取平均值，以有 $n$ 個量測值 $y_i$ 與模型計算出的結果 $y_i^p$ 之均方誤差表示如 (3-6) 所示：

$$\text{MSE} = \frac{1}{n} \Sigma_{i=1}^{n} (y_i - y_i^p)^2 \tag{3-6}$$

其中 $y_i^p = 1 * W_0 + x_i * W_1$，$x_i$ 為第 $i$ 筆測試資料的 $x$ 值，根據第 $i$ 筆測試資料的 $x$ 值帶入 $W_0$ 與 $W_1$ 計算出的 $y$ 值就是 $y_i^p$，可以將 $W_0$ 與 $W_1$ 與 MSE 值以 3D 圖表示，

如圖 3-8 所示。

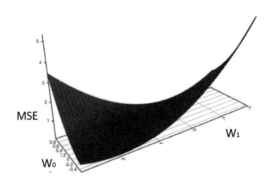

圖 3-8　模型參數與 MSE 之關係圖

可以看的出若是找到 MSE 值最小處的 $W_0$ 與 $W_1$，將是模型參數的最佳值。如何利用疊代運算調整 $W_0$ 與 $W_1$ 讓 MSE 值趨於最低值的方法，就是稱做最佳化演算法，能基於訓練數據疊代地更新神經網路權重，使模型收斂。最佳化的演算法有很多種，例如梯度下降（gradient descent, GD）法。梯度下降法是種一階找最佳解的方法，希望用梯度下降法找到損失函數的最小值，如圖 3-8 的某模型參數座標點對應到曲面上梯度的方向是走向最大的方向，所以在梯度下降法中是往梯度的反方向走，變化模型參數往讓損失函數最小值方向移動，如式子 (3-7) 所示。

$$W(t + 1) = W(t) - \gamma \nabla(f) \tag{3-7}$$

其中 $f$ 為損失函數，$\nabla(f)$ 為函數 $f$ 的梯度，$\gamma$ 為學習率（learning rate），$W(t)$ 為在某時間點模型參數座標值，$W(t + 1)$ 為調整後的模型參數座標。

在梯度下降法的基礎上，還發展出多種更佳的演算法，本範例使用的是隨機梯度下降法（Stochastic gradient descent, SGD）。隨機梯度下降法係隨機抽取一個樣本或是一小批次樣本，然後算出一次梯度或是小批次的平均梯度，會往梯度的反方向變化模型參數，以更新模型參數。

編譯模型需要設定最佳化方式、學習率與損失函數，TensoeFlow.js 提供有「tf.train.sgd」的「隨機梯度下降法」函數，與「meanSquaredError」的「均方誤差損失」函數。模型組譯的語法如表 3-3 所示。其他最佳化函數還有如 momentum、adagrad、adadelta、adam、adamax、rmsprop 等可供使用，其他損失函數有 absoluteDifference、computeWeightedLoss、cosineDistance、hingeLoss、logLoss、meanSquaredError、sigmoidCrossEntropy、softmaxCrossEntropy 等函數。

表 3-3　模型組譯

```
const learningRate = 0.01;    //宣告常數 learningRate 值為 0.01
//設定 sgd 為 Tensorflow.js 庫提供的函數 tf.train.sgd
//設定學習率 learningRate 為 0.01
const sgd = tf.train.sgd(learningRate);
//以 sgd 法與損失函數'meanSquaredError'組譯模型
model.compile({optimizer: sgd, loss: 'meanSquaredError'});
```

7. 訓練模型：本堂課使用數據集 $x_1$ 至 $x_n$ 與 $y_1$ 至 $y_n$ 去訓練模型，經最佳化找出模型參數 $W_0$、$W_1$，讓損失函數越小越好。所謂的模型訓練就是一開始先以亂數指定模型參數 $W$，然後模型輸出一個結果，再根據模型輸出的結果與實際值計算出損失值，再計算損失函數的梯度或是小批次梯度的平均後會更新一次模型參數，透過多次的修改模型參數 $W$，讓最後結果更接近已知的數據，如圖 3-9 所示。跑越多次通常會越接近已知數據，等到模型預測值足夠接近已知數據時，這些模型參數 $W$ 值就可以儲存下來，當成模型參數，就可以使用該模型根據輸入去預測輸出。

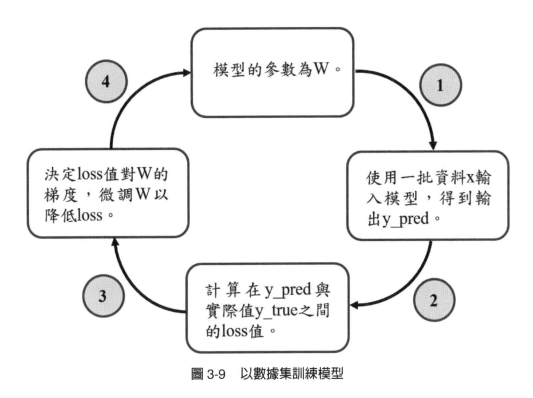

圖 3-9　以數據集訓練模型

8. batchSize 與 epochs：訓練模型還需要設定 batchSize 與 epochs 的值。因為在機器學習中，資料一般情況下都會很大，我們需要把資料分成小塊，一塊一塊的傳遞給計算機，調整神經網路的權重。batchSize 是選擇數據樣本的數目，由這些數據樣本計算出模型的損失函數的平均值，再進行模型參數的調整。epochs 是全部樣本重複訓練的次數，例如全部有 100 筆數據，若將 batchSize 設定為 10，epochs 設定為 1，則模型參數每次取 10 筆進行最佳化運算，調整模型參數後，再取下一個 10 筆進行最佳化運算，調整模型參數，也就是說這 100 筆資料就會進行 10 次參數的遞迴。進行模型訓練的目的是希望能調整模型參數，讓損失函數值能夠足夠的小，使由模型預測結果與實際數據足夠的接近，適當的調整 batchSize 與 epochs 的值，讓模型在訓練過程中能夠收斂到足夠小的損失函數值（loss)。訓練模型的語法如表 3-4 所示。圖 3-10 為將 epochs 設定 200，batchSize 設定 10，學習率設定為 0.01 的 loss 對 epochs 的圖。可以看到將全部樣本重複訓練的次數越多，loss 越小。

表 3-4　訓練模型

```
const batchSize = 10;
const epochs  = 200;
await model.fit( xtensor,ytensor, {        //訓練模型
   batchSize: batchSize,
   epochs: epochs,
      callbacks: {
      onEpochEnd: async (epoch, log) => { console.log(epoch),
console.log(log.loss); }}
});
```

從表 3-4 中可以看到模型訓練的設定除了 batchSize 與 epochs 以外，還有 call-backs。這個 callbacks 是可以設定某方法對應的事件發生時所要執行的程式，例如 onEpochEnd 就是在訓練一次 epoch 結束前會觸發事件，目前範例爲被觸發時會印出 epoch 值與 loss 值。

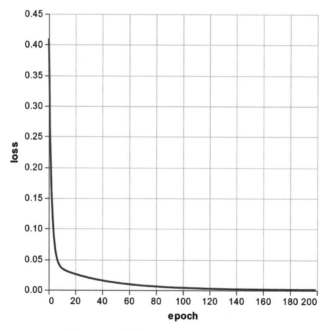

圖 3-10　每次 epoch 對應的 loss

9. 模型預測：在完成模型訓練之後，可以得到一組訓練好的模型參數 $W_0$ 與 $W_1$，將測試數據集代入到模型中，模型會產生預測值，如圖 3-11 所示。

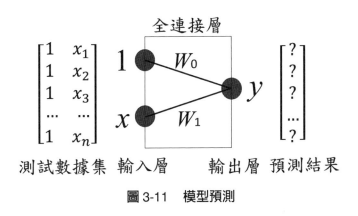

圖 3-11　模型預測

TensorFlow.js 提供 predict() 方法進行模型預測，model.predict 方法的使用範例如表 3-5 所示，輸入 xtensor 於模型進行預測，回傳預測結果存至 predictOut。

表 3-5　模型預測

```
//將陣列 xArrayData 轉成 2D 張量 xtensor，張量大小為[100, 2]
const xtensor = tf.tensor2d(xArrayData, [100, 2]);
//將張量 xtensor 代入模型中
const predictOut = await model.predict(xtensor);
```

10.資料視覺化：本範例之數據集是假設 $x$ 與 $y$ 之關係是線性相關，可以利用資料視覺化 Javascript 函式庫，將數據點以直角座標系 $x$ 與 $y$ 呈現。也將模型以某些 $x$ 測試點預測出的 $y$ 值，畫同一個座標上，舉例如圖 3-12 所示，其中原始數據集 $(x, y)$ 以點呈現，直線為模型根據用多個 $x$ 值（xtest），去預測出的 $y$ 值（ypred），以線呈現出來。此範例的訓練完成的模型參數 $W_0$ 為 0.14，$W_1$ 為 1.02，也就是會此模型產生一條直線方程式 $y = 0.14 + 1.02 * x$，輸入 $x$，就會依此方程式算出一個 $y$。

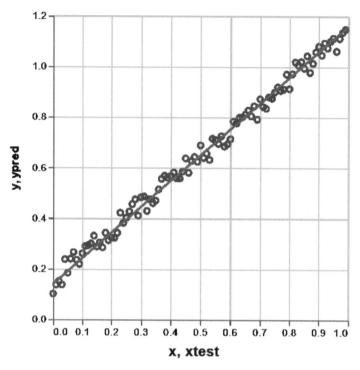

圖 3-12　資料視覺化

　　另一種資料視覺化的方式是在訓練的過程中，將 loss 對 epoch 做圖，或是將 loss 對 $W_0$ 與 $W_1$ 做圖，就可以動態呈現 loss 收斂的情形，如圖 3-13 所示。

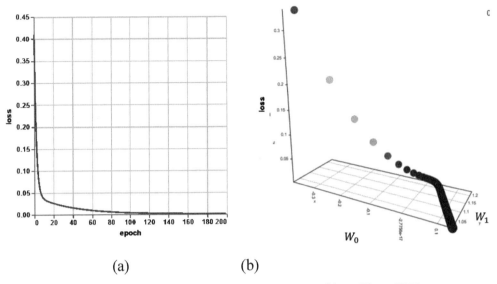

(a)　　　　　　　(b)

圖 3-13　(a) loss 對 epoch 做圖，(b) loss 對 $W_0$ 與 $W_1$ 做圖

11.釋放 GPU 記憶體：由於 TensorFlow.js 可以使用 GPU 硬體加速，讓在瀏覽器環境中使用 WebGL 環境，除了比 CPU 快百倍之外，透過非同步運算能夠一邊執行 TensorFlow.js 一邊使用網頁，在程式最後可以使用 dispose 釋放 tensor 所佔的 GPU 的記憶體。dispose 的使用舉例如表 3-6 所示。

表 3-6　釋放 GPU 記憶體

```
//將陣列 nVx 轉成 2D 張量 xtensor，張量大小為[nVx.length, 2]
const xtensor = tf.tensor2d(xArrayData, [nVx.length, 2]);
//將陣列 nVy 轉成 2D 張量 ytensor，張量大小為[nVy.length, 1]
const ytensor = tf.tensor2d(nVy, [nVy.length, 1]);
ytensor.print();//印出 ytensor 資料
xtensor.dispose(); //釋放 GPU 記憶體
ytensor.dispose(); //釋放 GPU 記憶體
```

12.箭頭函數：從 JavaScript 的 ES6 版本開始，允許使用箭頭函數（=>）來簡化函數聲明，箭頭函數整理如表 3-7 所示。

表 3-7　箭頭函數範例與說明

| 範例 | 說明 |
|------|------|
| const sum = (a, b) => {<br>　return a + b<br>} | 在效果上等價為如下的傳統函數 const sum = function (a, b)<br>{<br>　return a + b<br>} |

13.TensorFlow.js 中的 dataSync():把 Tensor 數據從 GPU 中取回來，供本地顯示。

14.async 與 await：async functions 和 await 關鍵字是 ECMAScript 2017 JavaScript 版的一部分。Async 就是非同步的意思，function 前標記為 async 就表示函數中可以寫 await 的同步語法。而 await 就是「等待」，會確保一個 promise 物件都解決（resolve）或出錯（reject）後才會進行下一步。

## 五、實驗步驟

使用 TensorFlow 進行線性回歸之實驗步驟如圖 3-14 所示。

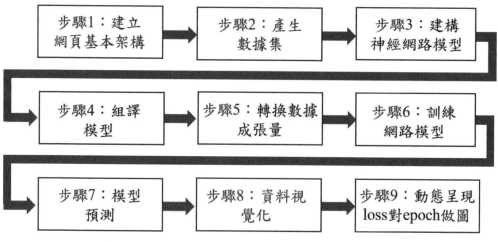

圖 3-14　使用 TensorFlow 進行線性回歸之實驗步驟

步驟 1　建立網頁基本架構：開啟文字編輯器，建立一個新的 html 檔案，如「lin-ear_regression.html」檔，程式如表 3-8 所示，其中添加機器學習函庫來源於「script」標籤「<script src="https://unpkg.com/@tensorflow/tfjs"> </script>」引入 TensorFlow.js 庫。

表 3-8　建立網頁基本架構

```
<html>
<head>                                    添加機器學習函式庫來源

<script src="https://unpkg.com/@tensorflow/tfjs"> </script>
</head>
<body>

<h3> Linear Regression </h3>
</body>
</html>
```

利用 Google Chrome，可以看到執行結果。請開啟 Google Chrome 右上方工具列下 -> 更多工具 -> 開發人員工具，如圖 3-15 所示，或按鍵盤「CTRL+ALT+I」，可以開啟「開發人員工具」視窗，如圖 3-16 所示。

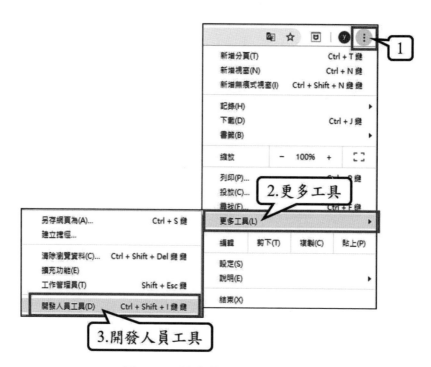

圖 3-15　開啟「開發人員工具」

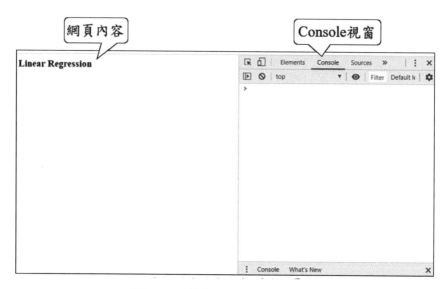

圖 3-16　使用 Google 開啟網頁

步驟 2　產生數據集：本範例使用之數據集是用模擬的，是編寫 Javascript 程式建立數據集，由方程式 $y = a * x + b(1 + noise)$ 產生，其中 $a$、$b$ 為係數，noise 為 0 到 1 之間的亂數。以 $a = 1$，$b = 0.1$ 為例，在 $x = 0$ 至 $x = 1$ 之間產生 100 個數據點，準備數據集之網頁程式如表 3-9 所示。

### 表 3-9　產生數據集之網頁程式

```
<html>
<head>
<script src="https://unpkg.com/@tensorflow/tfjs"> </script>
</head>
<body>
<h3> Linear Regression </h3>

<script>
```
> 產生數據集之函數

```
function generateXYData(coeffs)
{
```
> 宣告 datax 為 const，初始值為空陣列

```
    const datax = [];
```
> 宣告 datay 為 const，初始值為空陣列

```
    const datay = [];
```
> 遞迴 x 從 0 到 1，遞增值 0.01

```
    for (var x = 0; x < 1; x += 0.01)
    {
```
> 新增 x 於 datax 陣列中

```
    datax.push(x);
```
> 產生 y 數據

```
    let y= coeffs[0] * x + coeffs[1]*(1+Math.random());
```
> 新增 y 於 datay 陣列

```
    datay.push( y );
    } // end of for
```

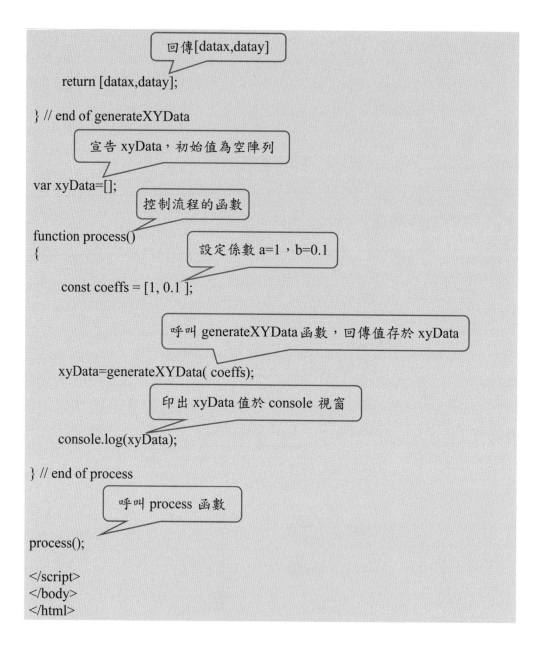

```
                        回傳[datax,datay]

    return [datax,datay];

} // end of generateXYData

            宣告 xyData，初始值為空陣列

var xyData=[];
            控制流程的函數

function process()
{
                設定係數 a=1，b=0.1

    const coeffs = [1, 0.1 ];


            呼叫 generateXYData 函數，回傳值存於 xyData

    xyData=generateXYData( coeffs);

            印出 xyData 值於 console 視窗

    console.log(xyData);

} // end of process

            呼叫 process 函數

process();

</script>
</body>
</html>
```

修改好程式後，回到 Chrome 瀏覽器，按鍵盤「F5」重新整理「linear_regression.html」網頁，可以看到在「Console」頁面下顯示執行函數 generateXYData 回傳的陣列內容，有兩個組成，分別是 100 個數據 x 組成的陣列與 100 個數據 y 組成的陣列，如圖 3-17 所示。其中因為 $y = 1 * x + 0.1(1 + noise)$ 產生，noise 為 0 到 1 的亂數，所以每次執行 $y$ 之數據都會不同。

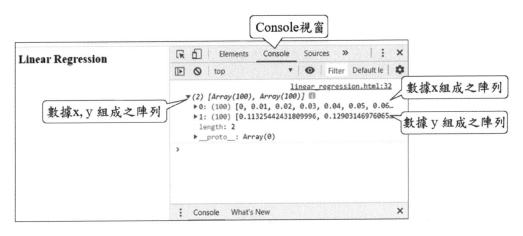

圖 3-17　產生數據集之執行結果

**步驟 3**　建構神經網路模型：本堂課建立之機器學習模型需要一個全連結層，輸入 shape 為 2，輸出 shape 為 1。新增宣告一個 fitting(x,y) 函數，函數內容為使用 tesorflow 的 sequential 方法建構網路模型，加入一個 dense 層，基於 input 與 output 建構這模型，設定輸入變量為 2，輸出變量為 1，不使用 bias。建構網路模型之程式編輯如表 3-10 所示。

表 3-10　建構神經網路模型之程式

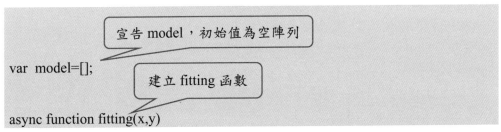

```
{
                        使用 tesorflow 的 sequential 方法

    model = tf.sequential();

                    加入一個 dense 層，基於 input 與 output 建構這模
                    型，設定輸入變量為 2，輸出變量為 1，不使用 bias

    model.add(tf.layers.dense({units: 1, inputShape: [2], useBias: false}));

} // end of fitting
```

**步驟 4**　組譯模型：編譯模型需要設定最佳化方式、學習率與損失函數。本範例設定最佳化方式為使用 TensorFlow.js 提供的最佳化函數 tf.train.sgd，設定學習率為 0.01，損失函數為 'meanSquaredError' 法，需在 fitting 函數中增加程式碼如表 3-11 所示。

表 3-11　組譯模型

```
//宣告變數 model，初始值為空陣列
var  model=[];
                        修改 fitting 函數

async function fitting(x,y)
{
    model = tf.sequential(); //使用 tesorflow 的 sequential 方法
    //定義一個 dense 層，基於 input 與 output 建構這模型
    //設定輸入變量為 2，輸出變量為 1，不使用 bias
    model.add(tf.layers.dense({units: 1, inputShape: [2], useBias:false}));

                        設定變數 learningRate 為 0.01

    //組譯模型
    const learningRate = 0.01;
```

設定 sgd 為TensorFlow.js庫提供的函數 tf.train.sgd，learningRate 為 0.01 帶入

```
const sgd = tf.train.sgd(learningRate);
```

以 sgd 法與損失函數'meanSquaredError' 編譯模型

```
model.compile({optimizer: sgd, loss: 'meanSquaredError'});
} // end of fitting
```

**步驟 5**　轉換數據成張量：本堂課使用 $y = a * x + b(1 + noise)$ 產生數據集後，再進行模型訓練。數據集中輸入變量有 2 個（分別是 1、$x$），輸出的變量為 1 個（即 $y$ 值）。本範例共產生 100 組數據 $(x_1, x_2, ... x_{100})$ 與 $(y_1, y_2, ... y_{100})$，要先將資料組合成張量型態才能當成訓練模型函數的輸入。先以 1 與 $x_1$ 組合成陣列，再轉成 100×2 的張量，接著將 $y_n$ 陣列轉成 100×1 的張量。轉換數據成張量之程式如表 3-12 所示。

表 3-12　訓練網路模型

修改 fitting 函數

```
async function fitting(x,y)
{
…
//準備資料
const nVx= x;     //宣告變數 nVx 為 x 值
console.log( 'nVx=', nVx); //印出 nVx
const nVy= y;   // 宣告變數 nVy 為 y
console.log( 'nVy=', nVy); //印出 nVy
const xArrayData = []; //宣告 xArrayData 初值為空陣列
```

組成陣列 1, nVx_1, ...., 1, nVx_n

```
for (let i = 0; i < nVx.length; ++i) {
  xArrayData.push(1);
  xArrayData.push(nVx [i]);
} // end of for
```

印出 xArrayData 資料

```
console.log( 'xArrayData=',xArrayData);
```

將陣列 xArrayData 轉成 2D 張量，張量大小為[nVx.length, 2]

```
const xtensor = tf.tensor2d(xArrayData, [nVx.length, 2]);
```

印出 xtensor 資料

```
xtensor.print();
```

將陣列 nVy 轉 2D 張量 ytensor，張量大小為[nVy.length, 1]

```
const ytensor = tf.tensor2d(nVy, [nVy.length, 1]);
```

印出 ytensor 資料

```
ytensor.print();
```

釋放 GPU 記憶體

```
xtensor.dispose();
ytensor.dispose();
} // end of fitting
```

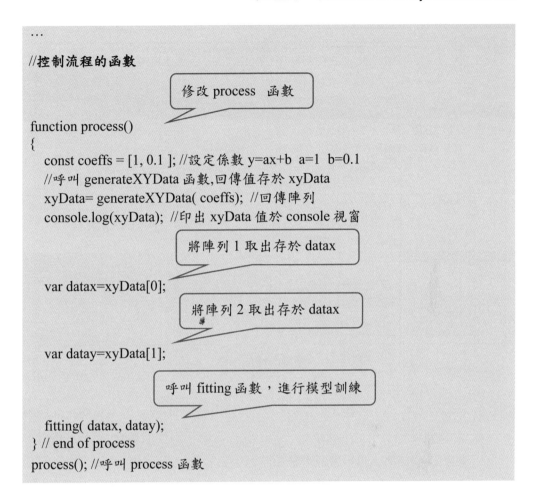

```
…

//控制流程的函數

                    修改 process  函數

function process()
{
   const coeffs = [1, 0.1 ]; //設定係數 y=ax+b  a=1  b=0.1
   //呼叫 generateXYData 函數,回傳值存於 xyData
   xyData= generateXYData( coeffs); //回傳陣列
   console.log(xyData); //印出 xyData 值於 console 視窗

                    將陣列 1 取出存於 datax

   var datax=xyData[0];

                    將陣列 2 取出存於 datax

   var datay=xyData[1];

                    呼叫 fitting 函數，進行模型訓練

   fitting( datax, datay);
} // end of process
process(); //呼叫 process 函數
```

　　回到 Chrome 瀏覽器，按鍵盤「F5」重新整理「linear_regression.html」網頁，可以看到在「Console」頁面下顯示執行函數 generateXYData 回傳的陣列內容 xy-Data，有兩個組成，分別是 100 個數據 x 組成的陣列與 100 個數據 y 組成的陣列，轉換成準備好要來訓練模型的輸入張量 xtensor 與輸出層張量 ytensor 之結果如圖 3-18 所示。

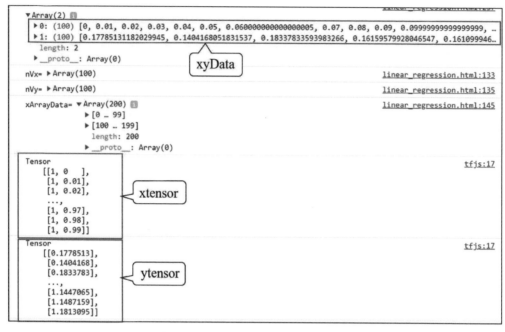

圖 3-18　轉換數據成張量之結果

**步驟 6**　訓練網路模型：將輸入張量 xtensor 與輸出張量 ytensor 帶入 model.fit 函數來訓練模型，模型訓練就是一開始先以亂數指定模型參數 W，然後模型輸出一個結果，再根據模型輸出的結果與實際值計算出損失值，再計算損失函數的梯度或是小批次梯度的平均後會更新一次模型參數，透過多次的修改模型參數 W，讓最後結果更接近已知的數據。模型訓練的設定除了 batchSize 與 epochs 以外，還有 callbacks。這個 callbacks 是可以設定某方法對應的事件發生時所對應要作執行的程式，例如 onEpochEnd 就是在訓練一次 epoch 結束前會觸發事件，目前範例爲被觸發時會印出 epoch 值與 loss 值。訓練完成後需要釋放 GPU 記憶體。訓練網路模型程式編輯如表 3-13 所示。

表 3-13　訓練網路模型

修改 fitting 函數

```
async function fitting(x,y)
{
  model = tf.sequential();//建構網路模型
  //定義一個 dense 層，基於 input 與 output 建構這模型
  //設定輸入變量為 2，輸出變量為 1，不使用 bias
  model.add(tf.layers.dense({units: 1, inputShape: [2],  useBias: false}));
  //組譯模型
  const learningRate = 0.01;    //設定 learningRate 為 0.01
  //設定 sgd 為 Tensorflow.js 庫提供的函數 tf.train.sgd，

  //設定學習率為 0.01
  const sgd = tf.train.sgd(learningRate);
  //最佳化 sgd 與損失為'meanSquaredError'進行模型組譯
  model.compile({optimizer: sgd, loss: 'meanSquaredError'});
  //準備資料
  const nVx= x;    //宣告變數 nVx 為 x 值
  console.log( 'nVx=', nVx); //印出 nVx
  const nVy= y;   //宣告變數 nVy 為 y
  console.log( 'nVy=', nVy); //印出 nVy
  const xArrayData = []; //宣告 xArrayData 初值為空陣列
  //組成陣列 1, nVx_1, ...., 1, nVx_n,
  for (let i = 0; i < nVx.length; ++i) {
    xArrayData.push(1);
    xArrayData.push(nVx [i]);
  } // end of for
  console.log( 'xArrayData=',xArrayData); //印出 xtensor 資料
  //將陣列 xArrayData 轉成 2D 張量，張量大小為[nVx.length, 2]
  const xtensor = tf.tensor2d(xArrayData, [nVx.length, 2]);
  xtensor.print();//印出 xtensor 資料
  //將陣列 nVy 轉 2D 張量 ytensor，張量大小為[nVy.length, 1]
  const ytensor = tf.tensor2d(nVy, [nVy.length, 1]);
  ytensor.print();//印出 ytensor 資料
```

設定 batchSize 與 epochs 值

```
const batchSize = 10;
const epochs  = 200;
```

以 xtensor 與 ytensor 訓練模型

```
await model.fit( xtensor,ytensor, {
 batchSize: batchSize,
 epochs: epochs,
 callbacks: {
    onEpochEnd: async (epoch, log) =>
 { console.log(epoch), console.log(log.loss); }}
});
```

在訓練一次 epoch 結束前會觸發事件，目前範例為被觸發時會印出 epoch 值與 loss 值

印出完成模型訓練之後模型的權重值

```
console.log( 'Model weights
(normalized):',Array.from(model.trainableWeights[0].read().dataSync()));
//釋放 GPU 記憶體
xtensor.dispose();
ytensor.dispose();
} // end of fitting
```

程式執行結果可以看到在「開發人員工具」視窗的「Console」頁面下看到 xtensor 與 ytensor 的值，與訓練完成的模型係數，如圖 3-17 所示。利用已知的數據組去找出讓損失函數能盡量低的模型參數 $W_0$ 與 $W_1$。從圖 3-19 可以看出，訓練完成的模型係數為 $W_0 = 0.1837$ 與 $W_1 = 0.9308$。也就是說線性回歸曲線可以用 $y = 0.9308x + 0.1837$ 來逼近模擬出來的數據組。

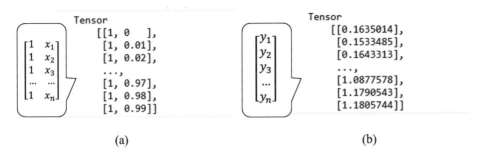

(a)　　　　　　　　　　　　　　　　(b)

Model weights (normalized): ▶ (2) [0.18373678624629974, 0.9308005571365356]

(c)

圖 3-19　(a) 作為模型輸入的 xtensor 張量，(b) 作為模型輸出的 ytensor 張量，(c) 訓練完成的模型係數

**步驟 7**　模型預測：在完成模型訓練之後，可以得到一組學習到的模型參數，可以使用一個或多筆 X 數據從模型輸入，這模型產生的輸出就是預測值。我們再把模型輸出的張量（Tensor），利用 dataSync() 將 Tensor 數據從 GPU 中取回來，供本地顯示。新增模型預測的程式如表 3-14 所示。新增一個 Prediction 函數，再至 fitting 函數中的最後一行呼叫 Prediction 函數。

表 3-14　新增模型預測的程式

修改 fitting 函數

```
async function fitting(x,y)
{
    ...                呼叫 Prediction 函數進行模型預測

    Prediction(x);
} // end of fitting
```

新增模型預測的函數

```
async function Prediction(x){
```

將 x 值存至 nVx

```
  const nVx= x;
```

印出 nVx 陣列

```
console.log( 'nVx=', nVx);
```

宣告 xArrayData 初值為空陣列

```
const xArrayData = [];
```

組成陣列 1, nVx_1, ...., 1, nVx_n

```
for (let i = 0; i < nVx.length; ++i) {
  xArrayData.push(1);
  xArrayData.push(nVx [i]);
} // end of for
```

印出 xArrayData

```
console.log( 'xArrayData=',xArrayData);
```

將陣列 xArrayData 轉成大小為[nVx.length, 2] 的張量

```
const xtensor = tf.tensor2d(xArrayData, [nVx.length, 2]);
```

印出 xtensor 資料

```
xtensor.print();
```

輸入 xtensor 於模型進行預測，回傳結果至 predictOut

```
const predictOut = await model.predict(xtensor);
```

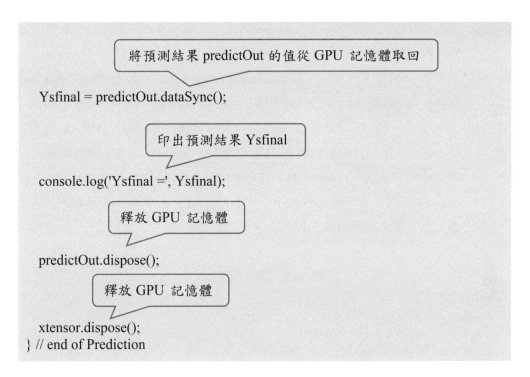

將預測結果 predictOut 的值從 GPU 記憶體取回

```
Ysfinal = predictOut.dataSync();
```

印出預測結果 Ysfinal

```
console.log('Ysfinal =', Ysfinal);
```

釋放 GPU 記憶體

```
predictOut.dispose();
```

釋放 GPU 記憶體

```
xtensor.dispose();
} // end of Prediction
```

按鍵盤「F5」重新整理網頁，在 Console 視窗，可以看到預測的 *y* 值，如圖 3-20 所示。

```
Ysfinal =                                          linear_regression.html:131
  Float32Array(100) [0.2357490062713623, 0.2442326694726944, 0.2527163326740265, 0.2611999809741974,
  0.2696836590766907, 0.2781673073768616, 0.28665095567703247, 0.29513463377952576, 0.30361828207969
  666, 0.31210193037986755, 0.32058560848236084, 0.32906925678253174, 0.33755290508270264, 0.3460365
  831851959, 0.3545202314853668, 0.3630039095878601, 0.371487557888031, 0.3799712061882019, 0.388454
  8842906952, 0.3969385325908661, 0.405422180891037, 0.4139058589935303, 0.4223895072937017, 0.4308
  7315559387207, 0.43935683369636536, 0.44784048199653625, 0.45632413029670715, 0.46480780839920044,
  97, 0.47329145669937134, 0.48177510499954224, 0.4902587831020355, 0.4987424314022064, 0.50722610950469
  199, 0.5157097578048706, 0.5241934061050415, 0.5326770544052124, 0.5411607623100281, 0.549644410610
  56982, 0.5581280589103699, 0.5666117072105408, 0.5750953555107117, 0.5835790038108826, 0.59206271171
  65527, 0.6005463600158691, 0.60903000831604, 0.6175136566162109, 0.6259973049163818, 0.63448095321
▶ 322052, 0.6429646611213684, 0.6514483094215393, 0.6599319577217102, 0.6684156060218811, 0.676899254
  54275513, 0.6853829622268677, 0.6938666105270386, 0.7023502588272095, 0.7108339071273804, 0.71931755
  8565330505, 0.7278012037277222, 0.7362849116325378, 0.7447685599327087, 0.7532522082328796, 0.761735
  541576385498, 0.7702195048332214, 0.7787031531333923, 0.7871868014335632, 0.7956705093383789, 0.8041
  65724587440491, 0.8126378059387207, 0.8211214542388916, 0.8296051025390625, 0.8380887508392334, 0.84
  89907598495483, 0.897474467754364, 0.9059581160545349, 0.9144417643547058, 0.9229254126548767, 0.9
  314090609550476, 0.9398927092552185, 0.9483764171600342, 0.9568600654602051, 0.965343713760376, 0.
  9738273620605469, 0.9823110103607178, 0.9907946586608887, 0.9992783069610596, 1.0077619552612305,
  1.016245603614014, 1.0247292518615723, 1.0332129001617432, 1.041696548461914, 1.050180196762085,
  1.0586639642715454, 1.0671476125717163, 1.0756312608718872]
```

圖 3-20　模型預期結果

**步驟 8**　資料視覺化：本範例使用 Vega-Lite，可快速地將資料視覺化以利觀察與分析，模擬的數據與模型預測出來的數據會一起呈現在網頁的同一張圖上。首先在 <head> 和 </head> 標籤之間載入 Vega-Lite (Vega-Embed, Vega, and Vega-Lite) 相依項，也在 <body> 和 </body> 間創造一個 HTML 的 <div></div> 組件，其 id 是 "vis1"，用來呈現資料視覺化的位置，再至 <body> 下的 <script> 下一行宣告一個 plotData2 函數，並在 Prediction 函數最後一行增加呼叫 plotData2 函數畫圖。在 callbacks 事件觸發的地方也設定每一次 epoch 結束後，會觸發事件呼叫一次 Prediction，以更新一次預測的結果並畫出圖。程式說明如表 3-15 所示。

表 3-15　資料視覺化

```
<html>
<head>
<script src="https://unpkg.com/@tensorflow/tfjs"> </script>
<script src="https://cdn.jsdelivr.net/npm/vega@4.3.0/build/vega.js"></script>
<script src="https://cdn.jsdelivr.net/npm/vega-lite@3.0.0-rc10/build/vega-
lite.js"></script>
<script src="https://cdn.jsdelivr.net/npm/vega-embed@3.24.1/build/vega-
embed.js"></script>

</head>
<body>
<h3> Linear Regression  </h3>
```

> <div>標籤，id="vis1"

```
<div id="vis1" > </div>
<script>
```

> 新增 plotData2 函數

```
function plotData2(container, xs, ys, xspreds, yspreds) {
  //準備要繪製的資料
  const values = Array.from(xs).map((x, i) => {
   return {'x': xs[i], 'y': ys[i], 'xpred': xspreds[i], 'ypred': yspreds[i]};
  });
  //設定繪圖內容
```

```
    const spec = {
      '$schema': 'https://vega.github.io/schema/vega-lite/v3.json',
      'width': 300,     //作圖區寬度
      'height': 300,    //作圖區高度
      'data': {'values': values}, //資料為 JSON 格式
      'layer': [
              {
                'mark': 'point', //畫點
                'encoding': {
                    'x': {'field': 'x', 'type': 'quantitative'},
                    'y': {'field': 'y', 'type': 'quantitative'}
                        }
              },
              {
                'mark': 'line',  //畫線
                 'encoding': {
                 'x': {'field': 'xpred', 'type': 'quantitative'},
                 'y': {'field': 'ypred', 'type': 'quantitative'},
                 'color': {'value': 'tomato'}
                 }
                 }
                 ]
    };
    return vegaEmbed(container, spec); //繪圖
} // end of plotData2
//產生數據集的函數
function generateXYData(coeffs)
{
 …
}// end of generateXYData

var  model=[]; //宣告 model，初始值為空陣列
//訓練模型的函數
async function fitting(x,y)
{
  …
  //訓練模型
```

```
const batchSize = 10;
const epochs  = 200;
await model.fit( xtensor,ytensor, {
batchSize: batchSize,
epochs: epochs,
callbacks: {
    onEpochEnd: async (epoch, log) =>
    { console.log(epoch), console.log(log.loss); Prediction(x); }}
});

 …

} // end of fitting
//執行模型預測的函數
async function Prediction(x){
 …
    Ysfinal = predictOut.dataSync();
    console.log('Ysfinal =', Ysfinal); //印出預測結果
    predictOut.dispose();  //釋放 GPU 記憶體
    xtensor.dispose(); //釋放 GPU 記憶體



    plotData2("#vis1", xyData[0], xyData[1], xyData[0],Ysfinal);

} // end of Prediction


var xyData=[];
//控制流程的函數
function process()
{
 …
} // end of process
process(); //呼叫 process 函數
</script>
</body>
</html>
```

呼叫 Prediction(x)

呼叫 plotData2 畫圖

宣告xyData，初始值為空陣列

　　輸入程式完成後,至瀏覽器按「F5」重新執行 linear_regression.html 檔,可以看到網頁多了一張圖片,會呈現模擬的數據集(點)與動態呈現訓練過程之模型預測結果(線),如圖 3-21 所示。

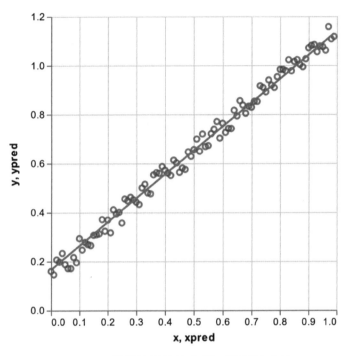

圖 3-21　模擬的數據集與模型預測的曲線

**步驟 9**　動態呈現 loss 對 epoch 做圖:若是想要呈現 loss 對 epoch 在訓練過程中變化的狀態,可以增加另一個畫圖函數 plotloss。先在 <body> 和 </body> 間創造一個 HTML 的 <div></div> 組件,其 id 是「vis2」,用來呈現資料視覺化的位置。再至 <body> 下的 <script> 下一行宣告一個 plotloss 函數,在 callbacks 事件觸發的地方也設定每一次 epoch 結束前,會觸發事件呼叫一次畫圖函數 plotloss。以動態呈現 loss 對 epoch 做圖的程式編輯如表 3-16 所示。

表 3-16　動態呈現 loss 對 epoch 做圖

```
<html>
<head>
<script src="https://unpkg.com/@tensorflow/tfjs"> </script>
<script src="https://cdn.jsdelivr.net/npm/vega@4.3.0/build/vega.js"></script>
<script src="https://cdn.jsdelivr.net/npm/vega-lite@3.0.0-rc10/build/vega-
lite.js"></script>
<script src="https://cdn.jsdelivr.net/npm/vega-embed@3.24.1/build/vega-
embed.js"></script>
</head>
<body>
<h3> Linear Regression </h3>
<div id="vis1" > </div>
```

> <div>標籤，id="vis2"

```
<div id="vis2" > </div>
<script>
```

> 宣告lossarray，初始值為空陣列

```
var lossarray=[];
```

> 宣告epocharray，初始值為空陣列

```
var epocharray=[]; //宣告 epocharray，初始值為空陣列
```

> 新增 plotloss 函數

```
function plotloss(container, loss, epoch) {

    //準備要繪製的資料
```

> 將loss值增加入lossarray組成

```
    lossarray.push(loss);
```

> 將epoch值增加入lossarray組成

```
epocharray.push(epoch);
```

> 組合出繪製圖形所需要的資料values

```
const values = Array.from(lossarray).map((x, i) => {
    return {'epoch': epocharray[i], 'loss': lossarray[i]};
});
```

> 設定spec物件包或繪圖格式與內容

```
const spec = {
    '$schema': 'https://vega.github.io/schema/vega-lite/v3.json',
        'width': 300,        //圖的寬
        'height': 300,       //圖的高
        'data': {'values': values}, //資料為 JSON 格式
        'layer': [
                {
                'mark': 'line',  //畫線
                'encoding': {
                                'x': {'field': 'epoch', 'type': 'quantitative'},
                                'y': {'field': 'loss', 'type': 'quantitative'}
                                }
                }
```

> 根據spec物件在container上繪圖

```
        ]
    };
return vegaEmbed(container, spec);

} //end of plotloss
// 資料視覺化的函數
function plotData2(container, xs, ys, xspreds, yspreds) {

    …
} // end of plotData2
```

```
//產生數據集的函數
function generateXYData(coeffs)
{
  ...
}// end of generateXYData
var model=[]; //宣告 model，初始值為空陣列
//訓練模型的函數
async function fitting(x,y)
{
  ...
  //訓練模型
    const batchSize = 10;
    const epochs  = 200;
    await model.fit( xtensor,ytensor, {
    batchSize: batchSize,
    epochs: epochs,
    callbacks: {
    onEpochEnd: async (epoch, log) => {
      console.log(epoch), console.log(log.loss); Prediction(x);
```

呼叫plotloss函數，loss對epoch作圖在id="vis2"處

```
      plotloss("#vis2", log.loss, epoch);
    }}
    });

    ...

} // end of fitting 函數
```

　　程式輸入完畢後，至瀏覽器按「F5」重新執行 linear_regression.html 檔，可看到網頁上多了一張圖片，縱座標是 loss ，橫座標是 epoch ，呈現 loss 對 epoch 在訓練過程之狀況。透過 loss 對 epoch 做圖，可動態呈現在訓練過程中 loss 函數的收斂情形。使用 Google Chrome 執行結果如圖 3-22 所示。

**Linear Regression**

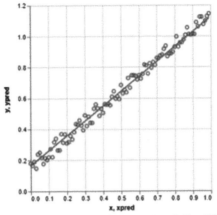

Save as SVGSave as PNGView SourceOpen in Vega Editor

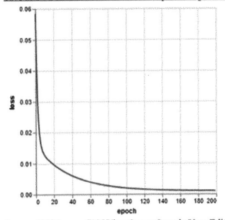

Save as SVGSave as PNGView SourceOpen in Vega Editor

圖 3-22　使用 TensorFlow 進行線性回歸實驗結果

## 六、完整的程式碼

　　本範例使用 TensorFlow 進行線性回歸，以一層全連接層建立網路模型，由 100 個模擬的數據點轉換成輸入張量與輸出張量來訓練模型，再將訓練完成的模型進行資料預測，最後將原來的數據集與預測結果一起呈現在一張圖上。使用 TensorFlow 進行線性回歸的完整程式如表 3-17 所示。

表 3-17　使用 TensorFlow.js 進行線性回歸完整程式

```
<html>
<head>
<script src="https://unpkg.com/@tensorflow/tfjs"> </script>
<script src="https://cdn.jsdelivr.net/npm/vega@4.3.0/build/vega.js"></script>
<script src="https://cdn.jsdelivr.net/npm/vega -lite@3.0.0-rc10/build/vega-lite.js"></script>
  <script src="https://cdn.jsdelivr.net/npm/vega-embed@3.24.1/build/vega-embed.js"></script>
</head>
<body>
<h3> Linear Regression </h3>
<div id="vis1" > </d iv>
<div id="vis2" > </div>
<script>
var lossarray=[];
var epocharray=[];
// loss 對 epoch 做圖的函數
function plotloss(container, loss, epoch) {
   //準備要繪製的資料
   lossarray.push(loss);
   epocharray.push(epoch);
   const values = Array.from(lossarray).map((x, i)=> {
   return {'epoch': epocharray[i], 'loss': lossarray[i]};
   });
   //設定繪圖內容
   const spec = {
   '$schema': 'https://vega.github.io/schema/vega-lite/v3.json',
    'width': 300,
    'height': 300,
    'data': {'values': values},
    'layer': [
           {
             'mark': 'line',
             'encoding': {
                 'x': {'field': 'epoch', 'type': 'quantitative'},
                 'y': {'field': 'loss', 'type': 'quantitative'}
             }
           }
```

```
      ]
    };
    return vegaEmbed(container, spec); //繪圖
} //end of plotloss
//資料視覺化的函數
function plotData2(container, xs, ys, xspreds, yspreds) {
    //準備要繪製的資料
    const values = Array.from(xs).map((x, i) => {
    return {'x': xs[i], 'y': ys[i], 'xpred': xspreds[i], 'ypred': yspreds[i]};
    });
    //設定繪圖內容
    const spec = {
    '$schema': 'https://vega.github.io/schema/vega-lite/v3.json',
    'width': 300,
    'height': 300,
    'data': {'values': values},
    'layer': [

    {
    'mark': 'point',
    'encoding': {
        'x': {'field': 'x', 'type': 'quantitative'},
        'y': {'field': 'y', 'type': 'quantitative'}
      }
    },
    {
      'mark': 'line',
      'encoding': {
       'x': {'field': 'xpred', 'type': 'quantitative'},
       'y': {'field': 'ypred', 'type': 'quantitative'},
       'color': {'value': 'tomato'}
      }
     }
    ]
    };
    return vegaEmbed(container, spec); //繪圖
} // end of plotData2
```

```
//產生數據集的函數
function generateXYData(coeffs)
{
  const datax = [];   //宣告 datax 為 const，初始值為空陣列
  const datay = [];   //宣告 datay 為 const，初始值為空陣列
  for (var x = 0; x < 1; x += 0.01) //遞迴 x 從 0 到 1，遞增值 0.01
   {
     datax.push(x);       //新增 x 於 datax 陣列中
     let y= coeffs[0] * x + coeffs[1]*(1+Math.random()); //計算 y
     datay.push( y );     //新增 y 於 datay 陣列中
   }// end of for
   // plotData1("#vis1", datax,datay);
   return [datax,datay]; //回傳陣列
}// generateXYData 結束
var  model=[]; //宣告 model，初始值為空陣列
```

//訓練模型的函數
```
async function fitting(x,y)
{
   model = tf.sequential();//建構網路模型
   //定義一個 dense 層，基於 input 與 output 建構這模型
   //設定輸入變量為 2，輸出變量為 1，不使用 bias
   model.add(tf.layers.dense({units: 1, inputShape: [2],  useBias: false}));
   //組譯模型
   const learningRate = 0.01;   //設定學習率為 0.01
   //設定 sgd 為 Tensorflow.js 庫提供的函數 tf.train.sgd
   //設定學習率為 0.01
   const sgd = tf.train.sgd(learningRate);
   //最佳化方式為 sgd,損失函數為'meanSquaredError'
   model.compile({optimizer: sgd, loss: 'meanSquaredError'});
   //準備資料
   const nVx= x;    //宣告變數 nVx 為 x 值
   console.log( 'nVx=', nVx); //印出 nVx
   const nVy= y;  //宣告變數 nVy 為 y
   console.log( 'nVy=', nVy); // 印出 nVy
```

```
const xArrayData = []; //宣告 xArrayData 初值為空陣列
//組成陣列 1, nVx_1, ...., 1, nVx_n,
for (let i = 0; i < nVx.length; ++i) {
    xArrayData.push(1);
    xArrayData.push(nVx [i]);
} // end of for
console.log( 'xArrayData=',xArrayData);
//將陣列 xArrayData 轉成 2D 張量 xtensor，張量大小為[nVx.length, 2]
const xtensor = tf.tensor2d(xArrayData, [nVx.length, 2]);
xtensor.print();//印出 xtensor 資料
//將陣列 nVy 轉成 2D 張量 ytensor，張量大小為[nVy.length, 1]
const ytensor = tf.tensor2d(nVy, [nVy.length, 1]);
ytensor.print();//印出 ytensor 資料
//訓練模型
const batchSize = 10;
const epochs  = 200;
await model.fit( xtensor,ytensor, {
batchSize: batchSize,
epochs: epochs,
callbacks: {
    onEpochEnd: async (epoch, log) => { console.log(epoch),
        console.log(log.loss); Prediction(x);
        plotloss("#vis2", log.loss, epoch);
        }}
        });
//印出完成模型訓練之後模型的權重值
console.log( 'Model weights
 (normalized):',Array.from(model.trainableWeights[0].read().dataSync()));
//釋放 GPU 記憶體
xtensor.dispose();
ytensor.dispose();
//將原來的 xtensor 帶回到模型中，模型產生的輸出為預測結果
Prediction(x); //模型預測
} // end of fitting
```

```
//執行模型預測的函數
async function Prediction(x){
  //準備資料
  const nVx= x;     //宣告 nVx 為 x 值
  console.log( 'nVx=', nVx); //印出 nVx
  const xArrayData = []; //宣告 xArrayData 初值為空陣列
  //組成陣列 1, nVx_1, ...., 1, nVx_n,
  for (let i = 0; i < nVx.length; ++i) {
    xArrayData.push(1);
    xArrayData.push(nVx [i]);
  } // end of for
  console.log( 'xArrayData=',xArrayData);
  //將陣列 xArrayData 轉成 2D 張量 xtensor，張量大小為[nVx.length, 2]
  const xtensor = tf.tensor2d(xArrayData, [nVx.length, 2]);
  xtensor.print();//印出 xtensor 資料
  const predictOut = await model.predict(xtensor);
  //將 predictOut 的值載下來存至 normalizedYs 變數。
  Ysfinal = predictOut.dataSync();
  console.log('Ysfinal =', Ysfinal);//印出預測結果
  //console.log('Yoriginal=', xyData[1]);//印出原始訓練資料
  predictOut.dispose();//釋放 GPU 記憶體
  xtensor.dispose();//釋放 GPU 記憶體
  plotData2("#vis1", xyData[0], xyData[1], xyData[0],Ysfinal);
} // end of Prediction
var xyData=[]; //宣告 xyData，初始值為空陣列
//控制流程的函數
function process()
{
  const coeffs = [1, 0.1 ]; //設定係數 y=ax+b    a=1  b=0.1
  xyData= generateXYData( coeffs); //呼叫 generateXYData 函數
  console.log(xyData); //印出 xyData 值於 console 視窗
  var datax=xyData[0];
  var datay=xyData[1];
  fitting( datax, datay); //呼叫 fitting 函數
} // end of process
process(); //呼叫 process 函數
```

```
</script>
</body>
</html>
```

## 隨堂練習

將 loss 圖對兩個模型參數做圖，可以使用「vis.js」之 3D 會圖函式庫進行繪圖。提示：先在 <body> 和 </body> 間創造一個 HTML 的 <div></div> 組件其 id 是 "vis3"，用來呈現資料視覺化的位置，再至 <body> 下的 <script> 下一行宣告一個 drawVisualizationdot 函數，在 callbacks 事件觸發的地方也設定每一次 epoch 結束，會觸發事件呼叫一次畫圖函數，程式說明如表 3-18 所示。

表 3-18　loss 對模型參數做 3D 圖

```
<html>
<head>
<script src="https://unpkg.com/@tensorflow/tfjs"> </script>
<script src="https://cdn.jsdelivr.net/npm/vega@4.3.0/build/vega.js"></script>
<script src="https://cdn.jsdelivr.net/npm/vega-lite@3.0.0-rc10/build/vega-lite.js"></script>
<script src="https://cdn.jsdelivr.net/npm/vega-embed@3.24.1/build/vega-embed.js"></script>
<script type="text/javascript" src="https://unpkg.com/vis-graph3d@latest/dist/vis-graph3d.min.js"></script>
</head>
<body>
<h3> Linear Regression </h3>
<div id="vis1" > </div>
<div id="vis2" > </div>
<div id="vis3" > </div>
```

```
<script>
```

宣告 data3d

```
var data3d = new vis.DataSet();
```

新增 drawVisualizationdot 函數

```
function drawVisualizationdot(containerid,datadot) {
  var options ={width:  '600px',
    height: '600px',
    style: 'dot-color',
    showPerspective: true,
    showGrid: true,
    keepAspectRatio: true,
    verticalRatio: 1.0,
    cameraPosition: {
      horizontal: -0.5,
      vertical: 0.22,
      distance: 1.8
  }};
  // create our graph
  var container = document.getElementById(containerid);
      graph = new vis.Graph3d(container, datadot, options);
} //end of drawVisualizationdot

var lossarray=[];
var epocharray=[];
// loss 對 epoch 做圖的函數
function plotloss(container, loss, epoch) {
  …
} //end of plotloss
//資料視覺化的函數
function plotData2(container, xs, ys, xspreds, yspreds) {
  …

} // end of plotData2
```

```
//產生數據集的函數
function generateXYData(coeffs)
{
 …
}// end of generateXYData
var model=[]; //宣告 model，初始值為空陣列
//訓練模型的函數
async function fitting(x,y)
{
 …
  //訓練模型
  const batchSize = 10;
  const epochs  = 200;
  await model.fit( xtensor,ytensor, {
    batchSize: batchSize,
    epochs: epochs,
    callbacks: {
      onEpochEnd: async (epoch, log) => { console.log(epoch),
        console.log(log.loss); Prediction(x);
        plotloss("#vis2", log.loss, epoch);
```

從 GPU 讀回模型參數

```
        var W= Array.from(model.trainableWeights[0].read().dataSync());

        var style = log.loss;
```

設定 3 維圖形資料的來源，z 軸為 loss 值，x 為 W[0]，與 y 為 W[1]

```
        data3d.add({x:W[0],y:W[1],z:log.loss,style:style});
```

呼叫 drawVisualizationdot 函數，將資料data3d畫在id="vis3"的區域上

```
        drawVisualizationdot("vis3",data3d);
```

```
      }}
    });
  …

} // end of fitting
//執行模型預測的函數
async function Prediction(x){
 …
} // end of Prediction
var xyData=[]; //宣告 xyDa ta，初始值為空陣列
//控制流程的函數
function process()
{
  …
} // end of process
process(); //呼叫 process 函數
</script>
</body>
</html>
```

使用 Google Chrome 執行結果如圖 3-23 所示，會看到新增一張 3D 圖在網頁最下方。圖中 $x$ 軸代表模型參數 $W_0$，$y$ 軸代表模型參數 $W_1$，$z$ 軸代表 loss。從圖中可以看到不同參數對應到的 loss 值會不同，也會看到在每次 epoch 訓練完成更新 $W_0$ 與 $W_1$ 後 loss 降低的狀況。

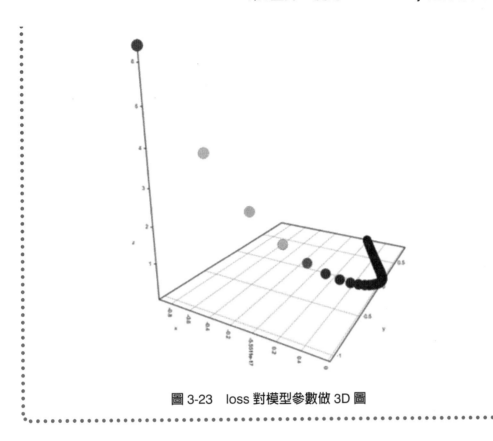

圖 3-23　loss 對模型參數做 3D 圖

## 七、課後測驗

( 　 ) 1. 本範例使用的資料為　(A) 模擬的資料　(B) 股市資料　(C) 物理實驗數據

( 　 ) 2. 本範例使用的模型有幾個輸入神經元　(A) 2 個　(B) 3 個　(C) 4 個

( 　 ) 3. 本範例使用的模型有幾個輸出神經元　(A) 1 個　(B) 2 個　(C) 3 個

( 　 ) 4. 本範例使用之損失函數為　(A) mean Squared Error　(B) sigmoid Cross Entropy　(C) log Loss

( 　 ) 5. 本範例使用之最佳化函數為　(A) sgd　(B) momentum　(C) adam

第 **4** 堂課

# AI玩乒乓球遊戲——設計乒乓球遊戲

## 一、實驗介紹

　　爲了增加學習樂趣，本章節與接下來的幾個章節會介紹如何教 AI 在瀏覽器玩乒乓球。爲了讓初學者容易了解，本範例設計的乒乓球只有一個球拍與一個球。首先需要先建立乒乓球網頁程式讓人去操作球拍的移動，再記錄玩乒乓球遊戲時成功擊球的移動軌跡，再將這些資料去訓練乒乓球遊戲模型並儲存模型，最後再加載訓練好的模型讓 AI 在網頁上玩乒乓球遊戲。完整流程圖如圖 4-1 所示。

圖 4-1　AI 玩乒乓球完整流程

　　在本章先介紹如何設計一個乒乓球遊戲，第五章會介紹記錄哪些乒乓球遊戲的資料。第六章介紹如何用乒乓球遊戲資料去訓練多層神經網路模型與儲存模型，第七章則介紹如何加載預存的網路模型讓 AI 在網頁上玩乒乓球遊戲。本章節設計的乒乓球遊戲外觀如圖 4-2 所示。有個綠色的球桌、一個黃色的桌球與一個藍色的球拍。乒乓球拍設計成可以左移、右移或不動。若乒乓球撞到左邊界、右邊界或上邊界時會反彈，若乒乓球到下邊界時被球拍接到就會反彈，但若是球拍沒接到乒乓球就會從桌面中心發出一顆乒乓球。

圖 4-2　乒乓球遊戲外觀

## 二、實驗流程圖

　　本堂課運用 HTML5 建立乒乓球遊戲網頁，方法為先建立一個 HTML 畫布當成乒乓球桌之範圍，並設計一個乒乓球與一個球拍，再設定更新球拍座標的方法與更新球座標的方法，最後設定每六十分之一秒定期執行更新全部畫面，乒乓球遊戲實驗流程圖如圖 4-3 所示。

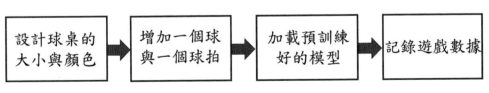

圖 4-3　乒乓球遊戲實驗流程圖

## 三、程式架構

本範例建立一個乒乓球遊戲的 HTML5 檔案，程式架構如圖 4-4 所示。網頁初始化呈現一個球桌、一個球與一個球拍，再定期更新球與球拍位置，最後定期更新畫面，而球拍位置可由按鍵觸發控制。此乒乓球遊戲可以直接在瀏覽器中運行。

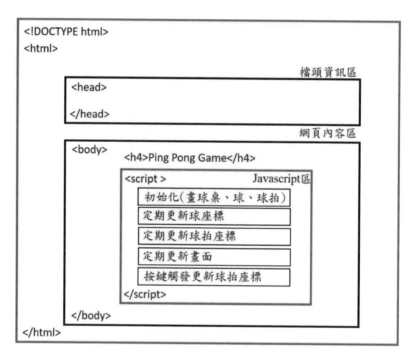

圖 4-4　乒乓球遊戲程式架構

## 四、重點說明

1. HTML canvas：HTML 的 <canvas> 標籤透過 Java Script 畫圖。使用 get Context("2d") 提供用來畫二維繪圖的 API，如畫線、圓與矩形等。get Context("2d") 畫弧線與矩形之方法整理如表 4-1 所示。

### 表 4-1　get Context ("2d") 畫圖之 API

| | 語法 | 說明 |
|---|---|---|
| 畫弧線 | context.arc(x,y,r,sAngle,eAngle,counterclockwise); | x：圓的中心 x 座標<br>y：圓的中心 y 座標<br>sAngle：弧線起始角度<br>eAngle：弧線結束角度<br>counterclockwise：預設值為 false 是順時針，true 時是逆時針。 |
| 填滿顏色設定 | context.fillStyle = color; | color：HTML 顏色的編碼，例如 #00ff00 或 rgb(0,255,0) 如表 4-2。 |
| 填滿路徑內容區域 | context.fill(); | 填滿路徑內容區域來產生圖形。 |
| 畫填滿顏色的長方形 | context.fillRect(x,y,width,height) | x：矩形左上角 x 座標<br>y：矩形左上角 y 座標<br>width：矩形寬（單位為 pixel）<br>height：矩形高（單位為 pixel） |

　　HTML 顏色的編碼舉例如表 4-2 所示。

### 表 4-2　舉例 HTML 顏色的編碼

| 顏色名稱 | HEX 色碼 | RGB 色碼 | HSL 色碼 | 說明 |
|---|---|---|---|---|
| Black | #000000 | rgb(0,0,0) | hsl(0, 0%, 0%) | 黑色 |
| DarkRed | #8b0000 | rgb(139,0,0) | hsl(0, 100%, 27%) | 暗紅色 |
| Red | #ff0000 | rgb(255,0,0) | hsl(0, 100%, 50%) | 紅色 |
| Green | #008000 | rgb(0,128,0) | hsl(120, 100%, 25%) | 綠色 |
| Lime | #00ff00 | rgb(0,255,0) | hsl(120, 100%, 50%) | 綠黃色 |
| DarkBlue | #00008b | rgb(0,0,139) | hsl(240, 100%, 27%) | 深藍色 |
| Blue | #0000ff | rgb(0,0,255) | hsl(240, 100%, 50%) | 藍色 |

　　2. 畫圓形與矩形：本範例在畫布上建立一個圓形球與一個矩形球拍，球的中心座標為（ball_cx, ball_cy），球的半徑為 ball_radius，如圖 4-5 所示。球拍的左上角座標為（paddle1_x, paddle1_y），球拍寬度 paddle1_w，球拍高度為 paddle1_h，

如圖 4-6 所示。

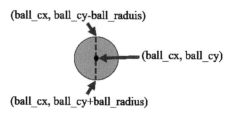

圖 4-5　球的座標

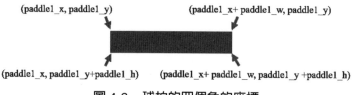

圖 4-6　球拍的四個角的座標

　　在畫布上增加一個圓形的球於畫布中心，並增加一個長方形球拍於畫布下方，也就是相當於在球桌上新增一個乒乓球與球拍，如圖 4-7 所示。

圖 4-7　乒乓球與球拍

於畫布上增加一個圓形與一個矩形之範例如表 4-3 所示。

表 4-3　在畫布上增加一個圓形與一個矩形

| 範例 | 程式 | 說明 |
|------|------|------|
| 畫乒乓球 | context.beginPath();<br>context.arc(5,20,5 , 0, 2 * Math.PI);<br>context.fillStyle = "#ddff59";<br>context.fill(); | 產生一個新路徑。畫出弧線，弧度從 0 到 2pi（0 到 360 度），弧線設定中心點為球座標為（5,20），弧半徑為 5。填滿顏色設定為黃色，再填滿路徑內容區域來產生圖形。 |
| 畫矩形 | context.beginPath();<br>context.fillStyle = "#59a6ff";<br>context.fillRect(0, 589, 50,10); | 產生一個新路徑，填滿顏色設定為藍色，畫一個填滿的矩形區域，矩形左上角座標為（0,589），矩形寬為 50 個像素，矩形高為 10 個像素。 |

3. DOM 新增節點：DOM 是 W3C 制定的一個規範，當一個網頁被載入到瀏覽器時，瀏覽器會先分析這個 HTML 檔案，然後依照這份 HTML 的內容解析成「DOM」（Document Object Model，文件物件模型）。document 物件是「DOM tree」的根節點，所以當我們要存取 HTML 時，都從 document 物件開始。本範例使用 DOM API 建立新的節點，元素。本範例使用到的 DOM API 整理如表 4-4 所示，Javascript 提供的 document.createElement 語法可以用來創造一個網頁的物件，例如「document.createElement("canvas");」為創造一個畫布物件。

表 4-4　本範例有使用到的 DOM API

| Javascript | 說明 |
|------------|------|
| document.createElement("canvas"); | 創造一個畫布元素 |
| document.body.appendChild(canvas); | 將 canvas 添加成 body 最後一個子節點 |

4. 鍵盤觸發更新 keysDown 內容：JavaScript 中的 window.addEventListener 是一種可監聽整個視窗的事件並可處理相應的函數，本範例使用到壓下鍵盤（keydown）與放開鍵盤（keyup）的事件。所謂的 keydown 就是指按下任何鍵盤按鍵時，都可以取得對應的鍵盤代碼，也就是所謂的 keyCode。大寫和小寫是一樣的 keyCode，例如：a 與 A 都是 65、b 與 B 都是 66、c 與 C 都是 67……依此類推，

其中包括 Enter 鍵是 13、ESC 鍵是 27 等等。此外當按下鍵盤不放時，則會不斷地連續觸發該事件。而 keyup 是指放開鍵盤時觸發該事件，取得對應的鍵盤代碼。說明如表 4-5 所示。

表 4-5　window.addEventListener 函數

| 監控視窗事件 | 說明 |
|---|---|
| window.addEventListener("keydown", function(e){<br>　console.log(e.keyCode);<br>　}); | 監聽鍵盤按鍵按下事件，並回傳所按的按鍵代碼。 |
| window.addEventListener("keyup", function (e) {<br>　console.log(e.keyCode);<br>}); | 監聽鍵盤按鍵放開事件，並回傳所放開的按鍵代碼。 |

當按下鍵盤左鍵時，回傳 keyCode 為 37，當按下鍵盤右鍵時，回傳 keyCode 為 39。本範例設計當按下鍵盤左鍵，觸發事件，執行將 keysDown 增加一個 {"37":true} 的內容，當放開鍵盤左鍵，觸發事件，執行將 keysDown 刪除 {"37":true}；當按下鍵盤右鍵，觸發事件，執行將 keysDown 增加一個 {"39":true} 的內容，當放開鍵盤右鍵，觸發事件，執行將 keysDown 刪除 {"39":true}，按鍵觸發所執行的動作整理如表 4-6 所示。

表 4-6　按鍵觸發所執行的動作

| 按鍵（key） | 代碼（keycode） | 事件（event） | 執行動作（action） |
|---|---|---|---|
| ← | 37 | keydown<br>（按下按鍵） | keysDown= {"37":true} |
| | | keyup<br>（放開按鍵） | keysDown= { } |
| → | 39 | keydown<br>（按下按鍵） | keysDown= {"39":true} |
| | | keyup<br>（放開按鍵） | keysDown= { } |

5. 依據 keysDown 內容更新球拍座標：透過判斷 keysDown 物件中的 key 是否是 37，是的話就將球拍 x 座標減 4；否則判斷 key 是否是 39，是的話就將球拍 x 座標加 4；否則球拍 x 座標不變，此部分流程圖如圖 4-8 所示。若球拍 x 座標小於 0，則令球拍 x 座標等於 0；若球拍 x 座標大於球桌寬度減去球拍寬度（width-paddle1_w），則令球拍 x 座標等於球桌寬度減去球拍寬度（width-paddle1_w）。

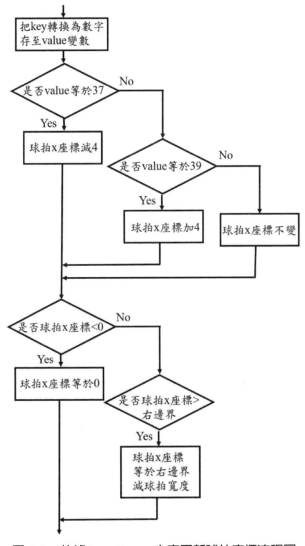

圖 4-8　依據 keysDown 內容更新球拍座標流程圖

6. 更新乒乓球座標：只有球碰到球拍或左右及上方邊界時，球才會改變運動方向；球若從下方跑出球桌範圍，會重新從球桌中心產生一顆球。詳細說明如下：若球撞到畫布左邊則將 x 遞增量變爲正值，y 遞增量不變；若球撞到球桌右邊則將 x 遞增量變爲負值，y 遞增量不變；若球撞到球桌上邊則將 y 遞增量變爲正值，x 遞增量不變；若球碰到下方球拍，則 y 遞增量變爲負值，x 遞增量不變。若球跑出球桌範圍外，則重置球位置至初始值，否則會依 x 遞增量與 y 遞增量更新球座標。更新乒乓球座標之流程圖如圖 4-9 所示。

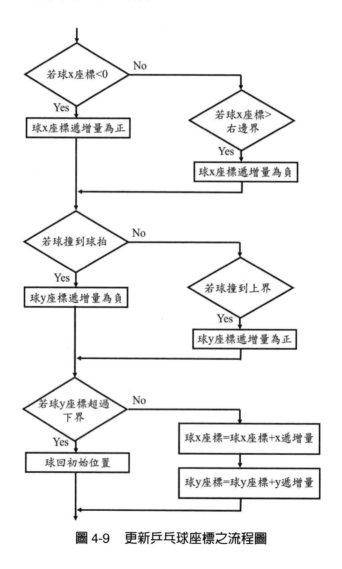

圖 4-9　更新乒乓球座標之流程圖

7. 定時更新設定：本範例每五毫秒執行一次 update 函數，動作包括依目前的變數值重新畫球桌、乒乓球與球拍。週期性執行的技巧可以使用 setInterval() 方法與 clearInterval() 方法。setInterval() 是在每隔指定的毫秒數週期的呼叫函式或表示式，直到 clearInterval 把它清除。也就是可以開始週期性執行或停止週期性執行，說明如表 4-7 所示。

表 4-7　setInterval() 方法與 clearInterval() 方法

| | 語法 | 說明 |
|---|---|---|
| 週期性執行 | var myVar = setInterval("javascript function", milliseconds); | "javascript function"：函數 milliseconds: 以千分之一秒為單位 |
| 清除週期性執行 | clearInterval(myVar); | maVar：是一個變數名字儲存著 setInterval() 方法所回傳的值。 |

本範例所設計的 update 函數內容包括更新乒乓球座標、更新球拍座標、畫球桌、畫乒乓球與畫球拍，程式重點如表 4-8 所示。可以看到 updateball 為更新乒乓球之座標之函數、updatepaddle1 為更新球拍之座標之函數、drawtable 為畫球桌之函數、drawball 為畫乒乓球之函數、drawpaddle1(paddle1_x, paddle1_y, paddle1_w, paddle1_h) 為畫球拍之函數。

表 4-8　週期性地更新遊戲畫面重點程式

```
//設定每六十分之一秒執行一次 update 函數
var myTimer=setInterval(update, 1000/60);
//update 函數
function   update(){
     updateball() ; //更新乒乓球之座標
     updatepaddle1(); //更新球拍之座標
     drawtable(width, height); //畫球桌
     drawball(ball_x, ball_y, ball_radius); //畫乒乓球
     drawpaddle1(paddle1_x, paddle1_y, paddle1_w, paddle1_h ); //畫球拍
} // end of update
```

　　本範例採用定時器定時更新乒乓球與球拍的位置。球在 x 方向或 y 方向變化的速度由定時器 myTimer=setInterval(update, T) 設定，球移動的快慢由時間 T 毫秒與常數 ball_speed 決定（ball_speed/T），例如若是定時器設定每六十分之一秒更新一次畫面，且常數 ball_speed=3，則就是每六十分之一秒 x 方向移動 3 個像素，即每秒移動 3x60 個像素。

　　8. 判斷球撞到球拍的條件：乒乓球與球拍接觸的情況可用乒乓球座標與球拍座標的相對關係式判斷。如圖 4-10 所示，以 X 方向來考慮；乒乓球最右邊的 x 座標「ball_x_right」要在球拍最左邊座標的右邊，且乒乓球最左邊的 x 座標「ball_x_left」要在球拍最右邊座標的左邊；以 Y 方向來考慮；乒乓球最下邊的 y 座標「ball_y_bottom」要在球拍最上邊座標的下面，且乒乓球最上邊的 y 座標「ball_y_top」要在球拍最下邊座標的上面。

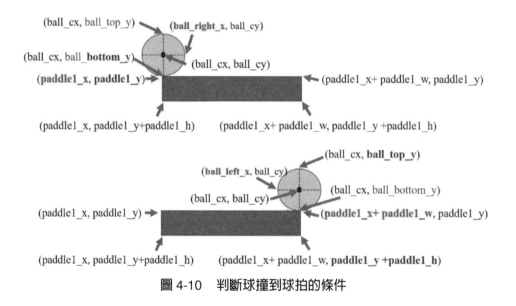

圖 4-10　判斷球撞到球拍的條件

判斷球撞到球拍的條件式如 (4-1)

ball_top_y < (paddle1_y + paddle1_h) && ball_bottom_y > paddle1_y && ball_left_x < (paddle1_x + paddle1_w) && ball_right_x > paddle1_x　　　　　　　(4-1)

## 五、實驗步驟

　　AI 玩乒乓球遊戲──設計乒乓球遊戲實驗步驟如圖 4-11 所示。

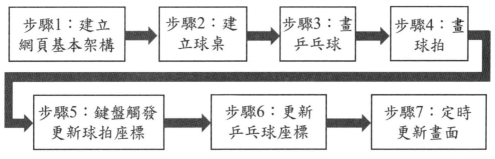

圖 4-11　AI 玩乒乓球遊戲──設計乒乓球遊戲之實驗步驟

**步驟 1**　建立網頁基本架構：開啟文字編輯器，建立一個新的 html 檔案，如「ping_pong1.html」檔，程式如表 4-9 所示。

表 4-9　建立網頁基本架構

```
<html>
<head>
<title>Ping Pong</title>
</head>
<body>
<h3> Ping Pong Game </h3>
</body>
</html>
```

　　利用 Google Chrome 開啟「ping_pong1.html」檔案，可以看到執行結果。請開啟右上方工具列下 -> 更多工具 -> 開發人員工具，如圖 4-12 所示，或同時按鍵盤「CTRL+ALT+I」，可以開啟「開發人員工具」視窗。

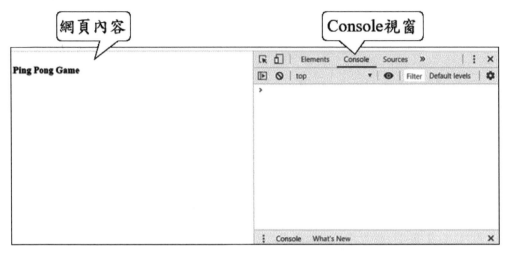

圖 4-12　使用 Google 開啟網頁

**步驟 2**　建立球桌：本範例可編寫 Javascript 創造一個畫布，設成綠色的長方形範圍作為乒乓球遊戲的球桌，程式編輯如表 4-10 所示。其中 drawtable(w,h) 函數為畫乒乓球桌的函數，init() 為初始化函數。以瀏覽器開啟這程式會出現一個綠色的區域如圖 4-13 所示，畫布設定為綠色作為乒乓球桌面。

表 4-10　建立球桌程式

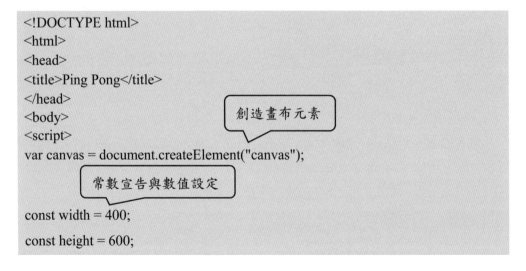

設定畫布寬度

```
canvas.width = width;
```

設定畫布高度

```
canvas.height = height;
```

回傳 canvas 類型為 2d 的方法與屬性

```
var context = canvas.getContext('2d');
```

設定填滿顏色為綠色

```
context.fillStyle = "#008000";
```

畫填滿顏色的長方形，矩形左上角座標為 (0,0)。寬為 400 像素，高為 600 像素

```
context.fillRect(0, 0, width, height);
```

將 canvas 添加成 body 最後一個子節點

```
document.body.appendChild(canvas);
```

畫乒乓球桌的函數

```
function drawtable(w,h)
{
```

設定填綠色

```
    context.fillStyle = "#008000";
```

畫填滿顏色的長方形，矩形左上角座標為 (0,0)。寬為 w 像素，高為 h 像素

```
    context.fillRect(0, 0, w, h);
} // end of drawtable
```

初始化函數

```
function init()
```

```
{
```

> 呼叫畫乒乓球桌函數drawtable，畫出
> 寬度為400，高度為600的球桌

```
    drawtable(width, height);
} // end of init
```

> 呼叫初始化函數

```
init();
</script>
</body>
</html>
```

圖 4-13　畫布設定為綠色作為乒乓球桌面

**步驟3**　畫乒乓球：本範例在畫布上要再畫上一個圓作為乒乓球，程式如表 4-11 所示。圓的半徑為 5 個 pixel，圓的初始位置為畫布的正中間，圓的顏色為黃色。

表 4-11　畫一個圓型當成乒乓球之程式

```
<script>
...                     常數宣告與數值設定

const ball_radius = 5;          //球半徑為 5
const ball_initialx = width/2;     //球初始值為畫布寬度除以 2
const ball_initialy = height/2;   //球初始值為畫布高度除以 2
var ball_x;   //球中心點 x 座標
var ball_y;   //球中心點 y 座標
//畫球桌的函數
function drawtable(w,h)
{
  ...                   新增畫乒乓球的函數
}//end of drawtable

function drawball(x, y, radius)
{
            開始新的路徑

    context.beginPath();

            以(x,y)為圓心畫弧線，起始角度為 0，
            結束角度為 2pi，畫弧方向為順時鐘

    context.arc(x, y, radius,0, 2 * Math.PI, false);
```

設定填黃色

```
    context.fillStyle = "#ddff59";
    context.fill(); //填滿
    ball_x=x; //將 x 值存至 ball_x
    ball_y=y; //將 y 值存至 ball_y
} // end of drawball
//初始化的函數          修改 init 函數
function init()
{
    drawtable(width, height);     //畫寬度為 400，高度為 600 的球桌
    drawball(ball_initialx, ball_initialy, ball_radius);   畫乒乓球
} // end of init
init();          //呼叫初始化函數
</script>
```

**步驟 4** 畫球拍：在畫布上要再畫上一個長方形作為球拍，程式如表 4-12 所示。球拍的寬度為半徑為 50 個像素，高度為 10 個像素，球拍的初始位置左上角座標的 x 為 0，y 為（height - 2*paddle1_h），球拍的顏色為藍色。

表 4-12　畫一個長方形當成球拍之程式

常數宣告與數值設定

```
const paddle1_w = 50;               //球拍寬度為 50
const paddle1_h = 10;               //球拍高度為 10
const paddle1_initialx = 0;         //球拍初始 x 座標為 0
const paddle1_initialy = height - 2*paddle1_h;   //球拍初始 y 座標為 600-2*10
var paddle1_x;                      //宣告設定球拍左上角 x 座標變數
var paddle1_y;                      //宣告設定球拍左上角 y 座標變數
```

畫球拍的函數

```
function drawpaddle1(x, y, w, h)
{
```

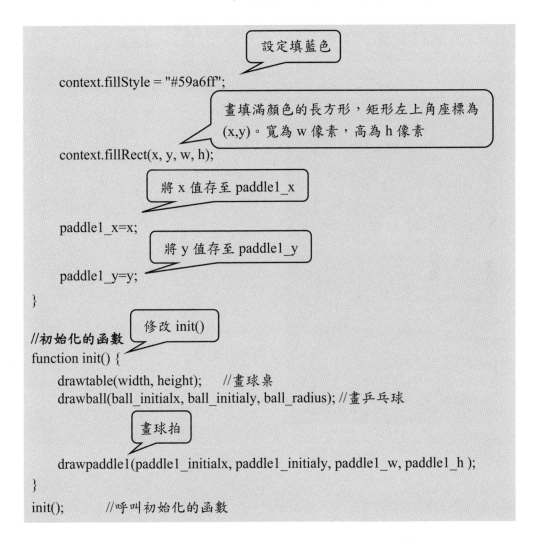

```
                                        設定填藍色
context.fillStyle = "#59a6ff";

                          畫填滿顏色的長方形，矩形左上角座標為
                          (x,y)。寬為 w 像素，高為 h 像素
context.fillRect(x, y, w, h);

                   將 x 值存至 paddle1_x

paddle1_x=x;
                   將 y 值存至 paddle1_y

paddle1_y=y;
}

                   修改 init()
//初始化的函數
function init() {
    drawtable(width, height);        //畫球桌
    drawball(ball_initialx, ball_initialy, ball_radius); //畫乒乓球

                   畫球拍

    drawpaddle1(paddle1_initialx, paddle1_initialy, paddle1_w, paddle1_h );
}
init();        //呼叫初始化的函數
```

在瀏覽器視窗按 F5 重新整理「ping_pong1.html」，可以看到有一個黃色的球與藍色的球拍，如圖 4-14 所示。若是程式錯誤，會在 Console 視窗顯示出錯誤訊息，請再根據錯誤訊息修正。

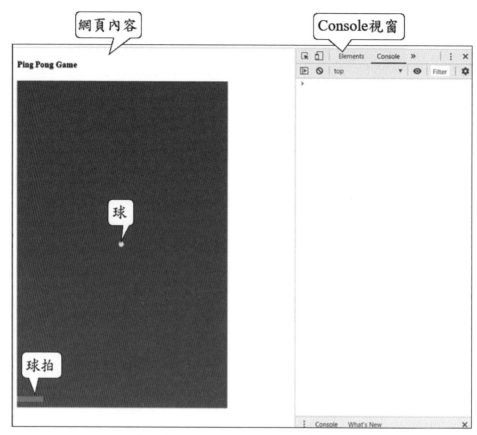

圖 4-14　畫布上的一個球與一個球拍

步驟 5　鍵盤觸發更新球拍座標：本範例利用按下鍵盤的左鍵與右鍵來控制球拍的位置，按鍵觸發球拍移動的程式如表 4-13 所示。當按下按鍵時，會先記錄下來被按到的鍵碼，再呼叫 update 函數。update 函數則會呼叫一個更新球拍（x,y）座標的函數 updatepaddle1，updatepaddle1 根據所按的鍵碼決定新的球拍的 x 座標，接著重新畫球桌、球與球拍。

表 4-13 鍵盤觸發更新球拍座標

新增更新畫面的函數

```
function   update(){
  updatepaddle1();
  drawtable(width, height);
  drawball(ball_x, ball_y, ball_radius);
  drawpaddle1(paddle1_x, paddle1_y, paddle1_w, paddle1_h );
}
```

宣告 keysDown 為 JSON 物件

```
var keysDown = {};
```

依按鍵碼更新球拍 x 座標的函數

```
function updatepaddle1(){
```

對在 keysDown 中所有的 key 執行

```
  for (var key in keysDown) {
```

將 key 值轉為數值

```
    var value = Number(key);
```

若 value 值為 37

```
    if (value == 37) {
```

球拍 x 座標減 8

```
      paddle1_x= paddle1_x-8;
```

若 value 值為 39

```
    } else if (value == 39) {
```

球拍 x 座標加 8

```
paddle1_x= paddle1_x+8;
```

否則

```
} else {
```

球拍座標不變

```
paddle1_x= paddle1_x;

}
```

若球拍 x 座標小於 0

```
if (paddle1_x <0)
```

球拍 x 座標等於 0

```
{
    paddle1_x =0;
```

否則若球拍 x 座標大於 400-50

```
}
else if (paddle1_x> (width-paddle1_w))
```

則球拍 x 座標等於 400-50

```
{
    paddle1_x =width-paddle1_w;
}
} //end of for
} //end of updatepaddle1
```

監聽鍵盤按鍵按下事件，並回傳事件物件

```
window.addEventListener("keydown", function (event) {
```

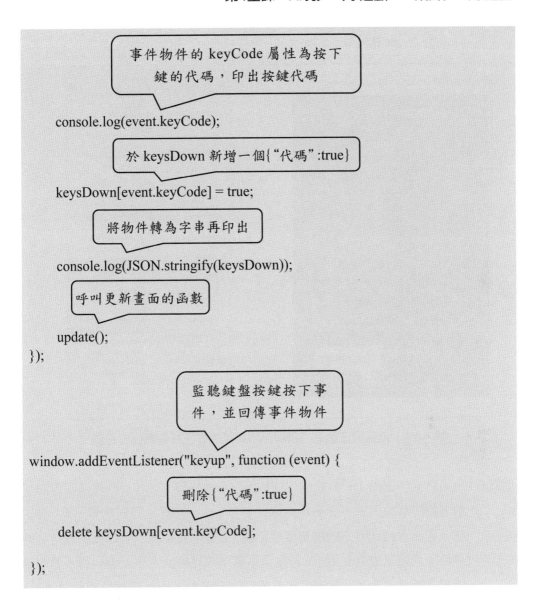

事件物件的 keyCode 屬性為按下鍵的代碼，印出按鍵代碼

```
console.log(event.keyCode);
```

於 keysDown 新增一個{"代碼":true}

```
keysDown[event.keyCode] = true;
```

將物件轉為字串再印出

```
console.log(JSON.stringify(keysDown));
```

呼叫更新畫面的函數

```
update();
});
```

監聽鍵盤按鍵按下事件，並回傳事件物件

```
window.addEventListener("keyup", function (event) {
```

刪除{"代碼":true}

```
    delete keysDown[event.keyCode];

});
```

　　在瀏覽器視窗按 F5 重新整理「ping_pong1.html」，可看到有黃色的桌球與藍色的球拍，按鍵盤左鍵或右鍵可以移動球拍往左移動或往右移動，如圖 4-15 所示。在 Console 視窗也可顯示出按鍵代碼，出現 37 代表按到往左的左鍵，出現 39 代表按到往右的右鍵。

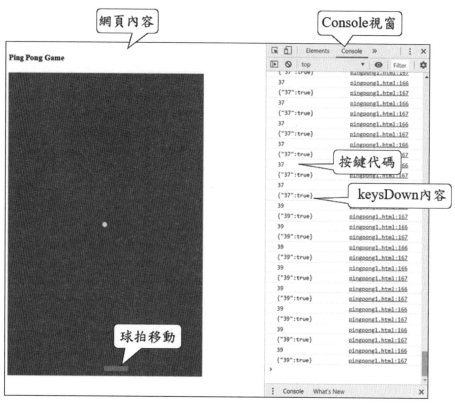

圖 4-15　按鍵盤左鍵或右鍵可以移動球拍往左移動或往右移動

**步驟 6**　更新乒乓球座標：只有球碰到球拍或左右邊界時，球才會改變運動方向；
球若跑出球桌範圍，會重新從球桌中心產生一顆球。詳細說明如下：若球
撞到畫布左邊則將 x 遞增量變為正值，y 遞增量不變；若球撞到球桌右邊
則將 x 遞增量變為負值，y 遞增量不變；若球撞到球桌上邊則將 y 遞增量
變為正值，x 遞增量不變；若球碰到下方球拍，則 y 遞增量變為負值，x
遞增量不變。若球跑出球桌範圍外，則重置球位置至初始值，否則會依 x
遞增量與 y 遞增量更新球座標。更新乒乓球座標之程式如表 4-14 所示。

表 4-14　更新乒乓球座標之程式

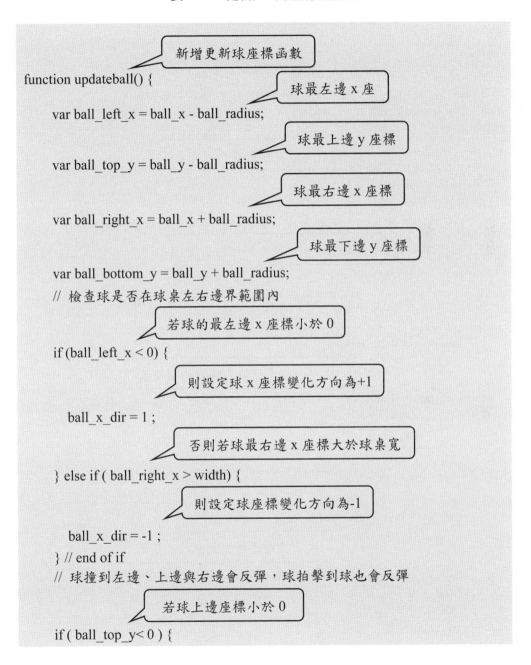

```
function updateball() {

    var ball_left_x = ball_x - ball_radius;

    var ball_top_y = ball_y - ball_radius;

    var ball_right_x = ball_x + ball_radius;

    var ball_bottom_y = ball_y + ball_radius;
    // 檢查球是否在球桌左右邊界範圍內

    if (ball_left_x < 0) {

        ball_x_dir = 1 ;

    } else if ( ball_right_x > width) {

        ball_x_dir = -1 ;
    } // end of if
    // 球撞到左邊、上邊與右邊會反彈，球拍擊到球也會反彈

    if ( ball_top_y< 0 ) {
```

新增更新球座標函數

球最左邊 x 座標

球最上邊 y 座標

球最右邊 x 座標

球最下邊 y 座標

若球的最左邊 x 座標小於 0

則設定球 x 座標變化方向為+1

否則若球最右邊 x 座標大於球桌寬

則設定球座標變化方向為-1

若球上邊座標小於 0

> 則設定球 y 座標變化方向為 1

```
        ball_y_dir = 1;
    }
```

> 若球拍擊到球

```
    else if ( ball_top_y < (paddle1_y + paddle1_h) && ball_bottom_y >
paddle1_y && ball_left_x < (paddle1_x + paddle1_w) && ball_right_x >
paddle1_x) {
```

> 則設定球 y 座標變化方向為-1

```
        ball_y_dir = -1;
    } // end of if
    //若球跑出畫布底部，重新發球，否則依 x 與 y 遞增量更新球座標
```

> 若球中心 y 座標大於球桌高度

```
    if(ball_y > height)
    {
```

> 球中心 x 座標值為球初始 x 座標

```
        ball_x = ball_initialx;
```

> 球中心 y 座標值為球初始 y 座標

```
        ball_y = ball_initialy;
    }
```

> 否則

```
    else {
```

> 依 x 遞增值更新球中心 x 座標

```
        ball_x += ball_x_dir*ball_speed;
```

> 依 y 遞增值更新球中心 y 座標

```
        ball_y += ball_y_dir*ball_speed;
    } // end of if
    console.log(ball_x);
} // end of updateball
```

**步驟 7** 定時更新畫面：本範例利用 setInterval()，定時執行更新座標與畫面的函數 update。而 update 函數呼叫了更新乒乓球座標的函數 updateball。在 updateball 函數中依照球的目前的位置與跟球拍的位置來更新球的座標，執行完成 updateball 函數後再重新畫球桌、球與球拍畫面。本範例在 init 函數中增加 myTimer =setInterval(update,1000/60)，代表每 1/60 秒會執行一次 update 函數，且返回定時器 ID 於 myTimer。定時更新畫面之程式如表 4-15 所示。

表 4-15　定時更新畫面之程式

```
//初始化的函數                      修改 init 函數
function init() {
    drawtable(width, height);        //畫球桌
    drawball(ball_initialx, ball_initialy, ball_radius);   //畫乒乓球
    //畫球拍
    drawpaddle1(paddle1_initialx, paddle1_initialy, paddle1_w, paddle1_h );

                         每六十分之一秒執行一次 update 函數

    myTimer=setInterval(update, 1000 / 60);
} // end of init
init(); //執行初始化函數
//更新球座標的函數
function updateball() {
   …
} end of updateball
//更新畫面函數
                     修改 update 函數

function    update(){
                    更新球座標
    updateball() ;
    updatepaddle1();            //更新球拍座標
    drawtable(width, height);       //畫球桌
```

```
        drawball(ball_x, ball_y, ball_radius);   //畫球
        drawpaddle1(paddle1_x, paddle1_y, paddle1_w, paddle1_h ); //畫球拍
} // end of update
```

在瀏覽器視窗按 F5 重新整理「ping_pong1.html」，可以看到有一個黃色的球與藍色的球拍，球會自動移動，如圖 4-16 所示。若球撞到左邊、右邊或上邊會反彈，球碰到球拍也會反彈。由鍵盤左鍵與右鍵可控制球拍，如圖 4-17 所示。

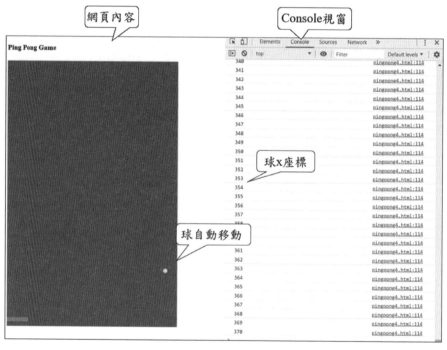

圖 4-16　乒乓球自動移動

Ping Pong Game

Ping Pong Game

圖 4-17　乒乓球遊戲執行結果

## 六、完整的程式碼

本範例 AI 玩乒乓球遊戲——設計乒乓球遊戲的完整程式碼如表 4-16 所示。

表 4-16　使用鍵盤控制的乒乓球遊戲完整程式

```
<!DOCTYPE html>
<html>
<head>
<title>Ping Pong</title>
</head>
<body>
<h4>Ping Pong Game</h4>
<script>
var canvas = document.createElement("canvas");   //創造一個畫布組件
const width = 400;              //宣告常數 width，數值為 400
```

```
const height = 600;              //宣告常數 height，數值為 600
canvas.width = width;            //設定畫布寬度為 400
canvas.height = height;          //設定畫布高度為 600
document.body.appendChild(canvas);   //添加 canvas 組件至 HTML body
const ball_radius = 5;           //設定球半徑為常數，數值為 5
const ball_initialx = width/2;   //設定球初始 x 座標為常數，200
const ball_initialy = height/2;  //設定球初始 y 座標為常數，300
var ball_x;                      //設定球中心 x 座標為變數
var ball_y;                      //設定球中心 y 座標為變數
const paddle1_w = 50;            //設定球拍寬度為常數，數值為 50
const paddle1_h = 10;            //設定球拍高度為常數，數值為 10
const paddle1_initialx = 0;      //設定球拍左上角 x 座標初始值為常數，數值為 0
//設定球拍左上角 y 座標初始值為常數，數值為 580
const paddle1_initialy = height - 2*paddle1_h;
var paddle1_x;                   //宣告球拍左上角 x 座標值為變數
var paddle1_y;                   //宣告球拍左上角 y 座標值為變數
var myTimer;                     //宣告變數
var ball_x_dir=1;                //宣告球的 x 座標變化的方向為變數，初始值為 1
var ball_y_dir=1;                //宣告球的 x 座標變化的方向為變數，初始值為 1
const ball_speed = 1;            //宣告球的變化量為常數，值為 1
//畫球桌的函數
function drawtable(w,h)
{
    context.fillStyle = "#008000" ;   //設定綠色
    context.fillRect(0, 0, w, h);     //填滿長方形區域
} //end of drawtable
//畫球的函數
function drawball(x, y, radius)
{
    context.beginPath();              //開始畫曲線
    //以順時鐘方向從 0 到 2  畫弧線
    context.arc(x, y, radius, 0, 2 * Math.PI, false);
    context.fillStyle = "#ddff59"; //設定填滿的顏色為黃色
    context.fill();                  //執行填滿弧線
    ball_x=x;                        //將 x 值指定給 ball_x
    ball_y=y;                        //將 y 值指定給 ball_y
} //end of drawtable
```

```javascript
//畫球拍的函數
function drawpaddle1(x, y, w, h)
{
   context.fillStyle = "#59a6ff";      //設定填滿的顏色為藍色
   context.fillRect(x, y, w, h);       //執行填滿長方形區域
   paddle1_x=x;                        //將 x 值指定給 paddle1_x
   paddle1_y=y;                        //將 y 值指定給 paddle1_y
} //end of drawpaddlel
//初始化函數
function init() {
   drawtable(width, height);   //畫球桌
   drawball(ball_initialx, ball_initialy, ball_radius);            //畫乒乓球
   //畫球拍
   drawpaddle1(paddle1_initialx, paddle1_initialy, paddle1_w, paddle1_h );
   //每六十分之一秒執行一次 update 函數
   myTimer=setInterval(update, 1000 / 60);
} //end of init
init();            //呼叫初始化函數
//更新球座標的函數
function updateball() {
   var ball_left_x = ball_x - ball_radius;  //球左邊 x 座標
   var ball_top_y = ball_y - ball_radius;   //球上邊 y 座標
   var ball_right_x = ball_x + ball_radius;  //球右邊 x 座標
   var ball_bottom_y = ball_y + ball_radius;  //球下邊 y 座標
   // 檢查球是否在球桌左右邊界範圍內
   if (ball_left_x < 0) {            //若球的左邊 x 座標小於 0
     ball_x_dir = 1 ;               //則設定球 x 座標變化方向為+1
   } else if ( ball_right_x > width) {       //否則若球右邊 x 座標大於球桌寬度
     ball_x_dir = -1 ;              //則設定球座標變化方向為-1
   } //end of if
   // 球撞到左邊、上邊與右邊會反彈，球拍擊到球也會反彈
   if ( ball_top_y< 0 ) {           //若球上邊座標小於 0
     ball_y_dir = 1;               //則設定球 y 座標變化方向為 1
   } //end of if
   //若球拍擊到球
   else if ( ball_top_y < (paddle1_y + paddle1_h) && ball_bottom_y > paddle1_y
&& ball_left_x < (paddle1_x + paddle1_w) && ball_right_x > paddle1_x) {
```

111

```
      ball_y_dir = -1;          //則設定球 y 座標變化方向為-1
   } //end of if
   //若球跑出畫布底部，重新發球，否則依 x 與 y 遞增量更新球座標
   if(ball_y > height)          //若球中心 y 座標大於球桌高度
   {
      ball_x = ball_initialx;   //球中心 x 座標值為球初始 x 座標
      ball_y = ball_initialy;   //球中心 y 座標值為球初始 y 座標
   }
   else {
      ball_x += ball_x_dir*ball_speed;   //依 x 遞增值更新球中心 x 座標
      ball_y += ball_y_dir*ball_speed;   //依 y 遞增值更新球中心 y 座標
   }
   console.log(ball_x);
} //end of updataball
//更新所有畫面的函數
function   update(){
   updateball() ;               //更新球座標
   updatepaddle1();             //更新球拍座標
   drawtable(width, height);    //更新球桌座標
   drawball(ball_x, ball_y, ball_radius);     //畫球
   drawpaddle1(paddle1_x, paddle1_y, paddle1_w, paddle1_h ); //畫球拍
} //end of update
var keysDown = {};
//更新球拍座標的函數
function updatepaddle1(){
   for (var key in keysDown) {   //在 keysDown 中對所有的 key 執行
      var value = Number(key);   //將 key 值轉為數值
      if (value == 37) {        //若值為 37
         paddle1_x= paddle1_x-8;    //球拍 x 座標減 8
      } else if (value == 39) {           //若值為 39
         paddle1_x= paddle1_x+8;   //球拍 x 座標加 8
      } else {                            //否則
         paddle1_x= paddle1_x;          //球拍座標不變
      } //end of if
      if (paddle1_x <0)    //若球拍 x 座標小於 0
      {
         paddle1_x =0;   //球拍 x 座標等於 0
```

```
        }
        else if (paddle1_x> (width-paddle1_w))   //否則若球拍 x 座標大於 400-50
        {
            paddle1_x =width-paddle1_w; //則球拍 x 座標等於 400-50
        } //end of if
    } //end of for
} //end of updatepaddle1
//壓下按鍵觸發事件
window.addEventListener("keydown", function (event) {
    keysDown[event.keyCode] = true;              //紀錄壓下的鍵碼
    console.log(event.keyCode);
    console.log(JSON.stringify(keysDown)); //將物件轉為字串再印出
//    update();
});
//放開鍵盤觸發事件
window.addEventListener("keyup", function (event) {
    delete keysDown[event.keyCode];        //刪除 keysDown[放開的鍵碼]
});
</script>
</body>
</html>
```

## 隨堂練習

將乒乓球速度降至本章範例的一半。

## 七、課後測驗

(　　) 1. 本範例如何控制球拍左右移動？　(A) 壓按鍵盤　(B) 擺動頭　(C) 發出不同聲音

(　　) 2. 本範例球移動的角度是　(A) 45 度　(B) 90 度　(C) 180 度

(　　) 3. 本範例壓按鍵值為 37 之鍵時球拍是會　(A) 左移　(B) 右移　(C) 不動

(　　) 4. 本範例放開鍵盤時球拍是會　(A) 不動　(B) 右移　(C) 左移

(　　) 5. 本範例畫乒乓球是使用何種繪圖函數？　(A) arc　(B) fillRect　(C) line

第
5
堂
課

CHAPTER ▶▶ ▶

# ＡＩ玩乒乓球遊戲——記錄乒乓球遊戲資料

## 一、實驗介紹

　　爲了增加學習樂趣，本書介紹如何教 AI 在瀏覽器玩乒乓球。在前一堂課中先完成乒乓球遊戲的設計，本堂課著重在記錄玩乒乓球遊戲時成功擊球的移動軌跡，再將這些資料去訓練乒乓球遊戲模型並儲存模型，最後再加載訓練好的模型讓 AI 在網頁上玩乒乓球遊戲，完整流程圖如圖 5-1 所示。在後續的第六堂課將介紹如何以乒乓球遊戲資料去訓練多層神經網路模型與儲存模型，第七堂課則介紹如何加載預訓練的網路模型讓 AI 在網頁上玩乒乓球遊戲。

圖 5-1　AI 玩乒乓球完整流程

　　本堂課介紹如何記錄乒乓球遊戲的資料，包括前一個時刻球拍的 x 座標、前一個時刻乒乓球位置的 x 與 y 座標、目前球拍的 x 座標、與目前乒乓球位置的 x 與 y 座標，希望可以建立一個多層神經網路模型，能根據這六個變量推論出球拍該左移、不變還是右移，如圖 5-2 所示。本範例介紹如何記錄乒乓球遊戲數據才能用以「教」網路模型調整模型參數。

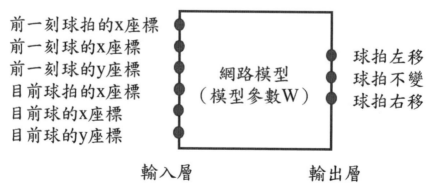

圖 5-2　模型依據前一時刻與目前時刻球拍與球的位置預測球拍動作

本範例是要儲存玩乒乓球遊戲時成功擊球的紀錄範例，儲存內容的格式為 {"xs":[ [],[],...[] ],"ys":[[],[],...[] ] } ，並存成「training_data.json」檔，如圖 5-3 所示。 "xs" 中的每個元素記錄對應著前一個時刻球拍的 x 座標、前一個時刻乒乓球的 x 座標、前一個時刻乒乓球的 y 座標、目前球拍的 x 座標、目前乒乓球的 x 座標與目前乒乓球的 y 座標；"ys" 中的每個元素記錄對應著 "xs" 的記錄球拍移動分類，可以看到圖 5-3 中 [1,0,0] 代表球拍左移的狀況，[0,1,0] 代表球拍不動的狀況，[0,0,1] 代表球拍右移的狀況。

"training_data.json"檔

{"xs":[[280,312,572,272,304,564],[272,304,564,264,296,556],[264,296,556,256,28
8,548],[256,288,548,248,280,540],[248,280,540,240,272,532],[240,272,532,232,26
4,524],[232,264,524,224,256,516],[224,256,516,216,248,508],[216,248,508,208,24
0,500],[208,240,500,200,232,492],[200,232,492,192,224,484],[192,224,484,184,21
6,476],[184,216,476,176,208,468],[176,208,468,168,200,460],[168,200,460,160,19
2,452],[160,192,452,152,184,444],[152,184,444,144,176,436],[144,176,436,136,16
8,428],[136,168,428,128,160,420],[128,160,420,120,152,412],[120,152,412,112,14
4,404],[112,144,404,104,136,396],[104,136,396,96,128,388],[96,128,388,88,120,3
80],[88,120,380,80,112,372],[80,112,372,72,104,364],[72,104,364,64,96,356],[0,32
,292,0,24,284],[0,24,284,0,16,276],[0,16,276,0,8,268],[0,8,268,0,0,260],[0,0,260,0,
8,252],[0,8,252,0,16,244],[0,16,244,0,24,236],[0,24,236,0,32,228],[0,32,228,0,40,2
20],[0,40,220,0,48,212],[0,48,212,0,56,204],[328,384,132,328,392,140],[328,392,1
40,328,400,148],[328,400,148,328,392,156],[328,392,156,328,384,164],[328,384,1
64,328,376,172],[328,376,172,328,368,180],[328,368,180,328,360,188],[328,360,1
88,328,352,196],[8,32,516,8,24,524],[8,24,524,8,16,532],[8,16,532,8,8,540],[8,8,54
0,8,0,548],[8,0,548,8,8,556],[8,8,556,8,16,564],[8,16,564,8,24,572],[8,24,572,8,32,
580],[0,56,204,8,64,196],[8,64,196,16,72,188],[16,72,188,24,80,180],[24,80,180,32
,88,172],[32,88,172,40,96,164],[40,96,164,48,104,156],[48,104,156,56,112,148],[5
6,112,148,64,120,140],[64,120,140,72,128,132],[72,128,132,80,136,124],[80,136,1
24,88,144,116],[88,144,116,96,152,108],[96,152,108,104,160,100],[104,160,100,11
2,168,92],[112,168,92,120,176,84],[120,176,84,128,184,76],[128,184,76,136,192,6
8],[136,192,68,144,200,60],[144,200,60,152,208,52],[152,208,52,160,216,44],[160,
216,44,168,224,36],[168,224,36,176,232,28],[176,232,28,184,240,20],[184,240,20,
192,248,12],[192,248,12,200,256,4],[200,-
256,4,208,264,12],[208,264,12,216,272,20]],"ys":[[1,0,0],[1,0,0],[1,0,0],[1,0,0],[1,0
,0],[1,0,0],[1,0,0],[1,0,0],[1,0,0],[1,0,0],[1,0,0],[1,0,0],[1,0,0],[1,0,0],[1,0,0],
[1,0,0],[1,0,0],[1,0,0],[1,0,0],[1,0,0],[1,0,0],[1,0,0],[1,0,0],[1,0,0],[1,0,0],[0,1
,0],[0,1,0],[0,1,0],[0,1,0],[0,1,0],[0,1,0],[0,1,0],[0,1,0],[0,1,0],[0,1,0],[0,1,0],[0,1,0],
[0,1,0],[0,1,0],[0,1,0],[0,1,0],[0,1,0],[0,1,0],[0,1,0],[0,1,0],[0,1,0],[0,1,0],[0,1
,0],[0,1,0],[0,1,0],[0,0,1],[0,0,1],[0,0,1],[0,0,1],[0,0,1],[0,0,1],[0,0,1],[0,0,1],
[0,0,1],[0,0,1],[0,0,1],[0,0,1],[0,0,1],[0,0,1],[0,0,1],[0,0,1],[0,0,1],[0,0,1],[0,0,1],[0,0
,1],[0,0,1],[0,0,1],[0,0,1],[0,0,1],[0,0,1],[0,0,1]]}

圖 5-3 乒乓球遊戲時成功擊球的紀錄

## 二、實驗流程圖

本堂課記錄乒乓球遊戲接球成功前的資料，方法為先修改前一章節設計的乒乓球遊戲，改變週期時間與球速度，再增加接球成功與否的旗標，然後增加乒乓球座標與球拍目前與前一個時刻的座標紀錄，當累積球拍「向左」、「不動」、「向右」紀錄筆數每分項最少達 10 筆時，自動下載紀錄至電腦端。記錄乒乓球遊戲之實驗流程圖如圖 5-4 所示。

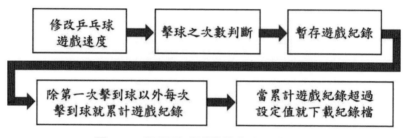

圖 5-4　記錄乒乓球遊戲之實驗流程圖

## 三、程式架構

本範例記錄乒乓球遊戲資料，程式架構如圖 5-5 所示。網頁初始化後出球桌、桌球與球拍，再定期更新桌球與球拍位置及畫面，而球拍位置可由按鍵觸發控制。此乒乓球遊戲可以直接在瀏覽器中運行，並會記錄球拍成功擊球的數據。

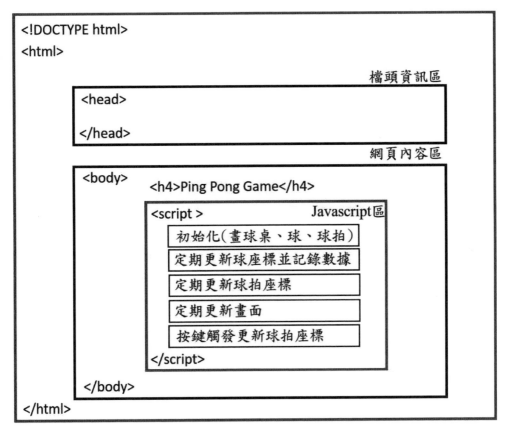

圖 5-5　記錄乒乓球遊戲資料程式架構

## 四、重點說明

1. 「one-hot」編碼：本範例將球拍左移、球拍不動與球拍右移這三類數據使用「one-hot」編碼形式分出三種標籤，如將球拍左移的數據用 [1,0,0] 表示，球拍不動的數據用 [0,1,0] 表示，而球拍右移的數據用 [0,0,1] 表示，如表 5-1 所示。所謂的「one-hot」編碼就是陣列中只有一個元素為 1，其他元素全為 0 的一種編碼制。

表 5-1　分三類之「one-hot」編碼

| 分類 | 標籤 |
|------|------|
| 球拍左移 | [1,0,0] |
| 球拍不動 | [0,1,0] |
| 球拍右移 | [0,0,1] |

2. 資料處理：本範例記錄 6 個數據，分別是 [ 前一刻球拍 x 座標 , 前一刻球的 x 座標 , 前一刻球的 y 座標 v 目前球拍 x 座標 v 目前球的 x 座標 , 目前球的 y 座標 ]，再依球拍的移動分類，如圖 5-6 所示。

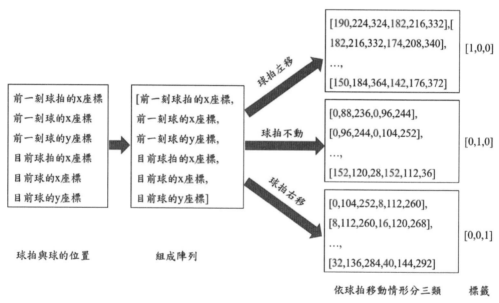

圖 5-6　依球拍移動情形分三類

依球拍移動之分類結果，把數據存進另一個陣列對應的三個元素中，例如宣告一個陣列 training_batch_data，其元素為 3 個陣列，training_batch_data[0] 存放球拍左移時的數筆資料、training_batch_data[1] 存放球拍不動時的數筆資料、training_batch_data[2] 存放球拍右移時的數筆資料，如圖 5-7 所示。

# training_batch_data[ [ ], [ ], [ ] ]

存放球拍左移數據 存放球拍不動數據 存放球拍右移數據

圖 5-7 training_batch_data 陣列的元素為三個陣列

本範例從發球到第一次接到球開始,記下兩次成功擊球間的桌球與球拍位置的資料,每筆資料是 [ 前一刻球拍 x 座標, 前一刻球的 x 座標, 前一刻球的 y 座標, 目前球拍 x 座標, 目前球的 x 座標, 目前球的 y 座標 ]。資料依拍子移動的方向,可分為三類存進成功擊球的陣列中,第一類是球拍向左移動,第二類是球拍位置不變,第三類是球拍向右移動。例如 training_batch_data[0] 存放球拍左移時的資料、training_batch_data[1] 存放球拍不動時的資料、training_batch_data[2] 存放球拍右移時的資料。

3. 旗標:本範例設計了三個旗標,一個是「擊球旗標」,若球拍成功擊球,則「擊球旗標」為 true,否則為 false。另一個是「第一次擊球旗標」,重新發球後,球拍第一次擊球,則「第一次擊球旗標」設定為 true,否則設定為 false。第三種旗標是「暫存資料清空旗標」,暫存資料會在球拍漏接球、球拍第一次擊球或球撞到上邊界等情況需要被清空,也就是當球拍漏接球、球拍第一次擊球或球撞到上邊界時「暫存資料清空旗標」要為 true,整理如表 5-2 所示。控制旗標的流程圖如圖 5-8 所示。

表 5-2 本範例使用到的旗標說明

| 旗標 | 說明 |
|---|---|
| 「擊球旗標」 | 球拍接到球,則「擊球旗標」設定為 true,否則設定為 false。 |
| 「第一次擊球旗標」 | 重新發球後,球拍第一次接到球,則「第一次擊球旗標」設定為 true,否則設定為 false。 |
| 「暫存資料清空旗標」 | 當球拍漏接球、球拍第一次擊球或球撞到上邊界時,「暫存資料清空旗標」要為 true,否則設定為 false。 |

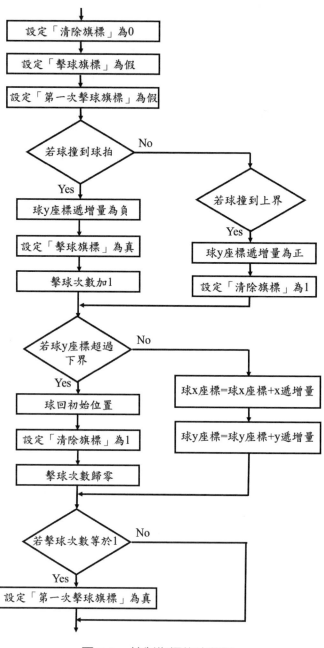

圖 5-8　控制旗標的流程圖

4. 儲存遊戲紀錄：本範例設計兩種儲存資料的陣列，第一種是「暫時記錄球與球拍數據之陣列資料」，會在球拍漏接球、球拍第一次擊球或球撞到上邊界等情況被清空。第二種是記錄各種成功擊球類別之陣列，程式編寫如下。依前次球拍座標與目前球拍座標之比較會將數據分三類，「左移」之紀錄存至陣列 training_batch_data[0] 處，「不變」之紀錄存至陣列 training_batch_data[1] 處，「右移」之紀錄則存至陣列 training_batch_data[2] 處。儲存遊戲紀錄之流程圖如圖 5-9 所示。

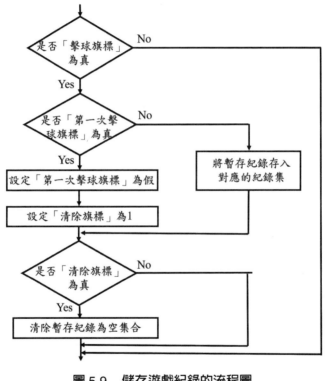

圖 5-9　儲存遊戲紀錄的流程圖

5. Blob：Blob（Binary Large Object）物件代表了一個相當於檔案的不可變的原始資料（Immutable Raw Data），類似檔案的二進制資料，通常像是一些圖片、音訊或者是可執行的二進制程式碼也可以被儲存為 Blob。Blob 說明如表 5-3 所示。

表 5-3　Blob 說明

| | 語法 | 說明 |
|---|---|---|
| 建構式 | Blob(array, options) | array：blob 資料片段的 array。<br>options：選擇性物件，可以設定 type 與 endings 屬性，其中 type 屬性代表將被放進 Blob 物件的陣列內容之 MIME (Multipurpose Internet Mail Extensions) 類型，能包含文字、圖像、音頻、視頻等。<br>endings 代表 "\n" 換行字元的字串要如何輸出，可選擇字串 'transparent', 'native'。<br>transparent（預設值）：保留 Blob 物件中資料的換行字元。<br>native：換行字元會被轉為目前作業系統的換行字元編碼。 |
| 範例 | var file = new Blob([JSON.stringify({xs: data_xx, ys: data_yy})], {type: 'application/json'}); | array: [JSON.stringify({xs: data_xx, ys: data_yy})]，JSON 文字。<br>type: {type: 'application/json'}，副檔名是 .json。 |

## 五、實驗步驟

　　記錄乒乓球遊戲資料之實驗步驟如圖 5-10 所示。

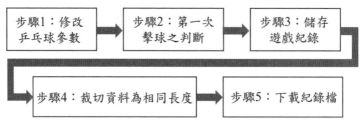

圖 5-10　記錄乒乓球遊戲資料之實驗步驟

**步驟 1**　修改乒乓球參數：複製第四章乒乓球遊戲之結果，例如另存新檔為「ping-pong5.html」，再將乒乓球遞增量改為 8（原來為 1）。將更新畫面之週期改為 1/30 秒，修改處如表 5-4 所示。

表 5-4　修改乒乓球遊戲球速

```
<!DOCTYPE html>
<html>
<head>
<title>Ping Pong</title>
</head>
<body>
<h4>Ping Pong Game</h4>
<script>
var canvas = document.createElement("canvas");   //創造一個畫布組件
const width = 400;     //宣告常數 width，數值為 400
const height = 600;    //宣告常數 height，數值為 600
canvas.width = width;     //設定畫布寬度為 400
canvas.height = height;     //設定畫布寬度為 600
document.body.appendChild(canvas);   //添加 canvas 組件至 HTML body
const ball_radius = 5;     //設定球半徑為常數，數值為 5
const ball_initialx = width/2;   //設定球初始 x 座標為常數，200
const ball_initialy = height/2;   //設定球初始 y 座標為常數，300
var ball_x;     //設定球中心 x 座標為變數
var ball_y;     //設定球中心 y 座標為變數
const paddle1_w = 50;        //設定球拍寬度為常數，數值為 50
const paddle1_h = 10;        //設定球拍高度為常數，數值為 10
const paddle1_initialx = 0;   //設定球拍左上角 x 座標初始值為常數，數值為 0
//設定球拍左上角 y 座標初始值為常數，數值為 580
const paddle1_initialy = height   - 2*paddle1_h;
var paddle1_x;        //宣告球拍左上角 x 座標值為變數
var paddle1_y;        //宣告球拍左上角 y 座標值為變數
var myTimer;        //宣告變數
var ball_x_dir=1;     //宣告球的 x 座標變化的方向為變數，初始值為 1
var ball_y_dir=1;     //宣告球的 x 座標變化的方向為變數，初始值為 1
```

修改為 8

```
const ball_speed = 8;        //宣告球的變化量為常數，值為 8
//畫球桌的函數
function drawtable(w,h)
{
  …
```

```
} //end of drawtable
//畫球的函數
function drawball(x, y, radius)
{
    ...
} //end of drawball
//畫球拍的函數
function drawpaddle1(x, y, w, h)
{
    ...
} //end of drawpaddle1
//初始化函數
function init() {
    drawtable(width, height);      //畫球桌
    drawball(ball_initialx, ball_initialy, ball_radius);          //畫乒乓球
    //畫球拍
    drawpaddle1(paddle1_initialx, paddle1_initialy, paddle1_w, paddle1_h );
```

> 修改為 1/30

```
    myTimer=setInterval(update, 1000 / 30); //每 1/30 秒執行一次 update
} //end of init
init();        //呼叫初始化函數
//更新球座標的函數
function updateball() {
    ...
} //end of updateball
//更新所有畫面的函數
function   update(){
    ...
} //end of update
var keysDown = {};
//更新球拍座標的函數
function updatepaddle1(){
...
} //end of updatepaddle1
//壓下按鍵觸發事件
window.addEventListener("keydown", function (event) {
    keysDown[event.keyCode] = true;    //記錄壓下的鍵碼
```

```
        console.log(event.keyCode);
        console.log(JSON.stringify(keysDown)); //將物件轉為字串再印出
});
//放開鍵盤觸發事件
window.addEventListener("keyup", function (event) {
        delete keysDown[event.keyCode];
});
</script>
</body>
</html>
```

在瀏覽器視窗開啟整理「ping_pong5.html」，可以看到乒乓球移動的速度比第四章的乒乓球遊戲快，按鍵盤左鍵或右鍵也可以移動球拍往左移動或往右移動。同時按鍵盤「CTRL+ALT+I」，開啟「開發人員工具」視窗。在 Console 視窗也可顯示出按鍵代碼，與球目前的 x 座標值，出現 39 代表按到往右的鍵，連續按右鍵情形如圖 5-11 所示。

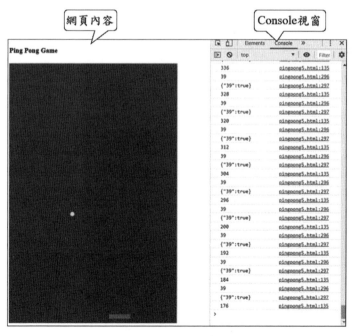

圖 5-11　連續按右鍵

步驟 2　第一次擊球之判斷：本範例設計了兩個旗標，一個是「擊球旗標」pad-dle1_strikes，若球拍成功擊球，則「擊球旗標」為 true，否則為 false。另一個是「第一次擊球旗標」paddle1_first_strike。本範例設計自重新發球後，會開始計算球拍成功擊球的次數。程式需修改 updateball() 函數內容，如表 5-5。宣告的全域變數「strikesTIMES」是用來統計自重新開始發球後累計擊球的次數，漏接就會歸零。若 strikesTIMES 等於 1，也就是第一次擊到球則 paddle1_first_strike 為「真」，否則為「假」。

表 5-5　第一次擊球之判斷程式

```
...
<script>
...
var strikesTIMES=0;                    宣告擊球次數變數，設定初值為 0

//更新球座標的函數                      修改 updateball 函數
function updateball() {
                                       宣告擊球旗標變數，設定初值為假
    var paddle1_strikes = false;
                                       宣告第一次擊球旗標變數，設定初值為假
    var paddle1_first_strike = false;
    var ball_left_x = ball_x - ball_radius;    //球左邊 x 座標
    var ball_top_y = ball_y - ball_radius;     //球上邊 y 座標
    var ball_right_x = ball_x + ball_radius;   //球右邊 x 座標
    var ball_bottom_y = ball_y + ball_radius;  //球下邊 y 座標
    // 檢查球是否在球桌左右邊界範圍內
    if (ball_left_x < 0) {             //若球的左邊 x 座標小於 0
        ball_x_dir = 1 ;              //則設定球 x 座標變化方向為+1
    } else if ( ball_right_x > width) {   //否則若球右邊 x 座標大於球桌寬度
        ball_x_dir = -1 ;            //則設定球座標變化方向為-1
    } //end of if
    // 球撞到左邊、上邊與右邊會反彈，球拍接到球也會反彈
    if ( ball_top_y< 0 ) {            //若球上邊座標小於 0
```

```
        ball_y_dir = 1;              //則設定球 y 座標變化方向為 1
    }
    //若球拍擊到球
    else if ( ball_top_y < (paddle1_y + paddle1_h) && ball_bottom_y > paddle1_y
&& ball_left_x < (paddle1_x + paddle1_w) && ball_right_x > paddle1_x) {
        ball_y_dir = -1;             //則設定球 y 座標變化方向為-1
```

> 擊球旗標設定為真

```
        paddle1_strikes = true;
```

> 擊球次數加 1

```
        strikesTIMES ++ ;
    } // end of if
    // 檢查球是否在球桌左右邊界範圍內
    if(ball_y > height)          //若球 y 座標大於球桌底部
    {
```

> 漏接就將擊球次數歸 0

```
        strikesTIMES = 0;
        ball_x = ball_initialx;       //球 x 座標等於球的 x 初始值
        ball_y = ball_initialy;       //球 y 座標等於球的 y 初始值
    }
    else {
        //球 x 座標遞增量等於 x 變化方向乘上遞增量
        ball_x += ball_x_dir*ball_speed;
        //球 y 座標遞增量等於 y 變化方向乘上遞增量
        ball_y += ball_y_dir*ball_speed;
    } //end of if
    console.log(ball_x);
```

> 若第一次擊球

```
    if (strikesTIMES ===1) {
```

> 將第一次擊球旗標設為 true

```
        paddle1_first_strike = true;
```

```
    }
} //end of updateball
...
```

在瀏覽器視窗重新整理「ping_pong5.html」，按鍵盤「CTRL+ALT+I」，開啟「開發人員工具」視窗。在 Console 視窗看是否有錯誤訊息。若是沒有錯誤就可以繼續下一個步驟。

**步驟 3** 儲存遊戲紀錄：本範例設計兩種儲存資料的陣列，第一種是暫時記錄球與球拍數據之陣列 training_batch_data，會在球拍漏接球、球拍第一次擊球或球撞到上邊界等情況被清空。第二種是記錄各種成功擊球類別之陣列 training_data。當擊球成功（除了第一次）時，會將 training_batch_data 存入 training_data，再清空用來暫存資料的 training_batch_data 陣列。數據存入陣列的方式可以依前次球拍座標與目前球拍座標之比較結果將數據分三類，"左移"之紀錄會存至陣列 training_batch_data[0] 處，"不變"之紀錄會存至陣列 training_batch_data[1] 處，"右移"之紀錄會存至陣列 training_batch_data[2] 處。儲存遊戲紀錄之程式設計如表 5-6 所示。

表 5-6　儲存遊戲紀錄程式設計

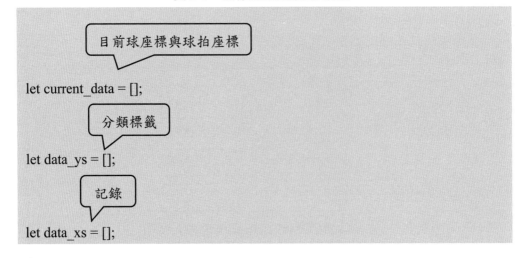

前一次球的座標與球拍的座標

```
let previous_data=[];
```

暫時記錄球與球拍數據之陣列資料

```
let training_batch_data = [[], [], []];
```

記錄成功擊球的球與球拍座標之陣列

```
let training_data=[[], [], []];
var strikesTIMES=0;        //重新發球後的擊球次數
```

修改 updateball 函數

```
//更新球座標的函數
function updateball() {

...
```

目前球與球拍之座標

```
    current_data = [paddle1_x, ball_x, ball_y]; //目前球與球拍之座標
```

將球拍分類為"左移"、"不動"與"右移"分別對應到數字 0, 1, 2；目前球拍 x 座標小於前一次球拍 x 座標的話，index=0，目前球拍 x 座標等於前一次球拍 x 座標的話，index=1，目前球拍 x 座標大於前一次球拍 x 座標的話，index=2

```
    var index = (paddle1_x < previous_data[0])?0:((paddle1_x ==
previous_data[0])?1:2);
```

[前一次紀錄,目前紀錄]

```
    data_xs = [...previous_data, ... current_data];
```

依球拍的狀態是"左移"、"不動"或"右移"去增加數據至對應的紀錄集；球拍左移就將紀錄存入至 training_batch_data[0]；球拍不動就將紀錄存入至 training_batch_data[1]；球拍右移就將紀錄存入至 training_batch_data[2]

```
training_batch_data[index].push([data_xs[0], data_xs[1], data_xs[2],
data_xs[3], data_xs[4], data_xs[5]]);
```

儲存目前座標成前一筆座標

```
previous_data = current_data;
//除了第一次擊球以外，每次擊球就增加整筆紀錄至訓練資料集
```

若是擊球旗標為真

```
if(paddle1_strikes){
```

若是第一次擊球旗標為真

```
    if(paddle1_first_strike){
```

設定第一次擊球旗標為假

```
    paddle1_first_strike = false;
```

設定清除旗標為 1

```
    clear_training_batch_data = 1;
    console.log('emtying batch');
    }
```

球拍擊到球但不是第一次擊到球

```
    else
    {
        for(i = 0; i < 3; i++){
```

依照 i 增加至對應的紀錄集

```
        training_data[i].push(...training_batch_data[i]);
    } //end of for
```

在 console 印出 training_data

```
    console.log(training_data );

    console.log('adding batch');
```

設定清除旗標為 1

```
        clear_training_batch_data = 1;
    } //end of if
```

若清除旗標為 1

```
    if( clear_training_batch_data == 1)

    {
```

清除暫存紀錄為空集合

```
        training_batch_data = [[], [], []];
    } //end of if
    }   //end of if
}//end of updateball
```

　　在瀏覽器視窗重新整理「ping_pong5.html」，按鍵盤「CTRL+ALT+I」，開啟「開發人員工具」視窗。玩一下乒乓球用球拍擊球兩次以上，可觀察到 training_data 陣列內會增加數據，舉例如圖 5-12。由於 training_data 紀錄三種類別之筆數不盡相同，圖中球拍左移的紀錄筆數為 47 筆，球拍不動的紀錄筆數為 83 筆，球拍右移的筆數是 15 筆。

```
▼ (3) [Array(47), Array(83), Array(15)] 📋
  ▶ 0: (47) [Array(6), Array(6), Array(6), Array(6), Array(6), Array(6), Array(6), Array(6), Array(6),
  ▶ 1: (83) [Array(6), Array(6), Array(6), Array(6), Array(6), Array(6), Array(6), Array(6), Array(6),
  ▶ 2: (15) [Array(6), Array(6), Array(6), Array(6), Array(6), Array(6), Array(6), Array(6), Array(6),
    length: 3
  ▶ __proto__: Array(0)
```

圖 5-12　在 Console 視窗觀察 training_data 陣列

**步驟 4**　裁切資料為相同長度：將球拍 " 左移 "、" 不動 " 與 " 右移 " 的紀錄，裁切成相同筆數，方法為設定陣列的最小長度，例如 10，再檢視球拍 " 左移 "、" 不動 " 與 " 右移 " 數據集最短的長度，若各類紀錄累積長度皆大於 10，則配合最短的紀錄的長度。每類取相同長度（len）的紀錄增加至 data_xx 中；再來對 training_data[i] 中的 i = 0 時填入長度為 len 的 [1,0,0] 至 data_yy，代表記錄類別是左移。當 i = 1 時填入長度為 len 的 [0,1,0] 至 data_yy，代表記錄類別是不變。當 i = 2 時填入長度為 len 的 [0,0,1] 至 data_yy，代表記錄右移類別的資料。裁切資料為相同長度程式設計如表 5-7 所示。

表 5-7　裁切資料維相同長度

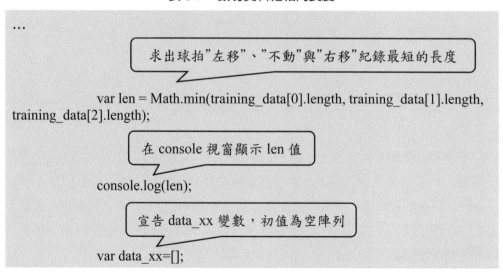

...

> 求出球拍"左移"、"不動"與"右移"紀錄最短的長度

```
var len = Math.min(training_data[0].length, training_data[1].length,
training_data[2].length);
```

> 在 console 視窗顯示 len 值

```
console.log(len);
```

> 宣告 data_xx 變數，初值為空陣列

```
var data_xx=[];
```

宣告 data_yy 變數，初值為空陣列

var data_yy=[];

若 len 大於 10

```
if (len > 10){
    for(i = 0; i < 3; i++){
```

配合分項最短的紀錄長度，每類取 len 的紀錄增加至 data_xx

```
        data_xx.push(...training_data[i].slice(0, len));
```

i=0 時填入長度為 len 的[1, 0, 0]至 data_yy，代表記錄類別是"左移"；i=1 時填入長度為 len 的[ 0,1, 0]至 data_yy，代表記錄類別是"不動"；i=2 時填入長度為 len 的[0, 0, 1] 至 data_yy，代表記錄類別是"右移"

```
        data_yy.push(...Array(len).fill([i==0?1:0, i==1?1:0, i==2?1:0]));
    }
```

在 console 視窗顯示 data_xx 陣列

```
console.log(data_xx);
```

在 console 視窗顯示 data_yy 陣列

```
console.log(data_yy);
```

　　在瀏覽器視窗重新整理「ping_pong5.html」，按鍵盤「CTRL+ALT+I」，開啟「開發人員工具」視窗。玩一下乒乓球用球拍擊球兩次以上，可以在 Console 視窗看到 len 值、data_xx 值與 data_yy 值，舉例如圖 5-10 所示，每次玩都會有不一樣的紀錄。圖 5-13 中的 training_data 陣列中的 3 個元素的長度最小是 36，所以 len 值為 36。再將 training_data 陣列中的 3 個元素各取出 36 個再放到 data_xx 中，

data_yy 也要有 3 組 36 個標籤值。讀者可以繼續展開每個元素觀察。

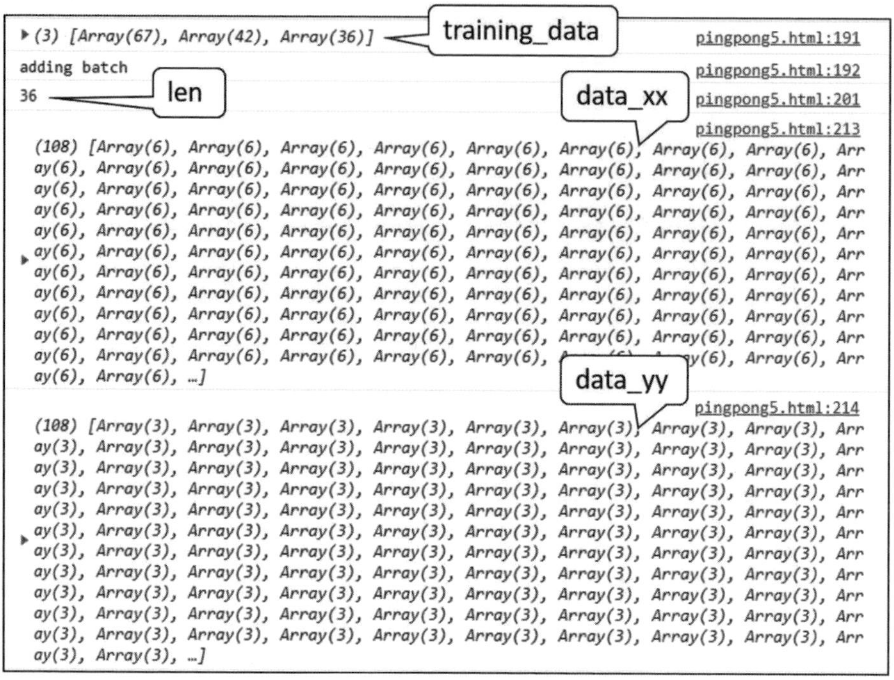

圖 5-13　觀察 data_xx 與 data_yy

步驟5　下載紀錄檔：當三類紀錄都大於特定筆數，例如 10 筆時，就將紀錄存成 JSON 格式之資料並自動下載至電腦。紀錄是以「JSON.stringify({xs: data_xx, ys: data_yy})」的形式存成「training_data.json」檔並下載至電腦中。方法為使用 Blob，下載紀錄檔程式設計如表 5-8 所示。累積到大於預期數量的紀錄後（目前範例是最少十筆），會停止定時器，遊戲畫面會停住。

表 5-8　下載紀錄檔程式設計

修改 updateball 函數

```
//更新球座標的函數
function updateball() {
   …
   //求球拍"左移"、"不動"與"右移"紀錄中最短的長度
   var len = Math.min(training_data[0].length, training_data[1].length,
training_data[2].length);
   console.log(len);
   var data_xx=[];   //宣告 data_xx 變數，初值為空陣列
   var data_yy=[];   //宣告 data_yy 變數，初值為空陣列
   if (len > 10){      //若各類紀錄累積長度皆大於 10
      for(i = 0; i < 3; i++){
         //配合最短的紀錄長度，每類取 len 的紀錄增加至 data_xx
         data_xx.push(...training_data[i].slice(0, len));
         //i=0 時填入長度為 len 的[1, 0, 0]至 data_yy，代表記錄類別是左移
         //i=1 時填入長度為 len 的[ 0,1, 0]至 data_yy，代表記錄類別是不變
         //i=2 時填入長度為 len 的[ 0, 0,1]至 data_yy，代表記錄類別是右移
         data_yy.push(...Array(len).fill([i==0?1:0, i==1?1:0, i==2?1:0]));
      } //end of for
   console.log(data_xx); //在 console 視窗顯示 data_xx 陣列
   console.log(data_yy); //在 console 視窗顯示 data_yy 陣列
```

創造一個組件 a

```
   var a = document.createElement("a");
```

產生一個二進制檔，內容為 JSON 文字，副檔名為.json

```
   var file = new Blob([JSON.stringify({xs: data_xx, ys: data_yy})], {type:
'application/json'});
```

建立 url 且設定給 a 的 href

```
   href = URL.createObjectURL(file);
```

設定下載的檔名

```
a.download = 'training_data.json';
```

觸發 a 的點擊函數進行檔案下載

```
a.click();
```

印出文字'download

```
console.log('download training_data.json');
```

清除定時器 ID

```
    clearInterval(myTimer);
  }//end of if
} //end of if
if( clear_training_batch_data == 1) //若清除旗標為 1
{
    training_batch_data = [[], [], []];   //清為空集合
} //end of if
  }
} //end of updateball
```

　　在瀏覽器視窗重新整理「ping_pong5.html」，用鍵盤左右鍵控制乒乓球遊戲球拍，累積 training_data 次數到大於預期數量的紀錄後（目前範例是最少十筆），會停止定時器，畫面停住，並自動下載「training_data.json」至電腦，如圖 5-11 所示。從圖 5-14 中可以看到，目前累積了球拍往左移動的紀錄有 26 筆，球拍不動的紀錄有 53 筆，球拍右移的紀錄有 65 筆。三類紀錄筆數最少的數為 26，比設定的數字 10 還大，所以定時器會被停止，並取三類紀錄各 26 筆變成一個「training_data.json」下載至電腦。

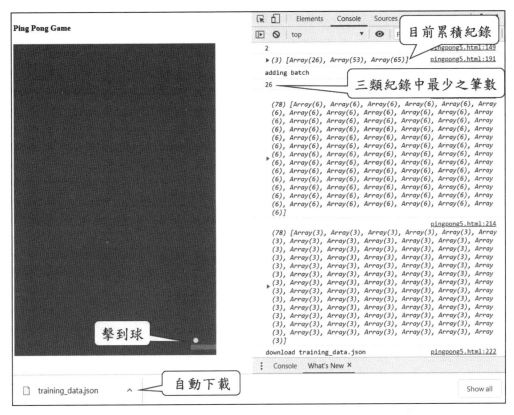

圖 5-14　乒乓球遊戲網頁

接著我們開啟「training_data.json」檔，觀看儲存的內容，如表 5-9 所示。注意，每個人的紀錄都會不同。儲存內容的格式為 {"xs":[ ],"ys":[ ]} ，其中 "xs" 與 "ys" 值在範例中各為 26 個元素的陣列，"xs" 中每筆資料的六個數據分別為前一個時刻球拍的 x 座標、前一個時刻乒乓球的 x 座標、前一個時刻乒乓球的 y 座標、目前球拍的 x 座標、乒乓球目前的 x 座標與乒乓球目前的 y 座標；"ys" 則記錄著對應 "xs" 的球拍移動分類。表 5-13 中代表球拍左移的 [1,0,0] 有 26 筆，代表球拍不動的 [0,1,0] 有 26 筆，代表球拍右移的 [0,0,1] 有 26 筆。

表 5-9　儲存的内容

{ "xs":[[272,328,188,264,320,180],[264,320,180,256,312,172],[256,312,172,248,304,164],[248,304,1
64,240,296,156],[240,296,156,232,288,148],[232,288,148,224,280,140],[224,280,140,216,272,132],[
216,272,132,208,264,124],[208,264,124,200,256,116],[200,256,116,192,248,108],[192,248,108,184,
240,100],[184,240,100,176,232,92],[176,232,92,168,224,84],[168,224,84,160,216,76],[160,216,76,15
2,208,68],[152,208,68,144,200,60],[144,200,60,136,192,52],[136,192,52,128,184,44],[128,184,44,12
0,176,36],[120,176,36,112,168,28],[112,168,28,104,160,20],[104,160,20,96,152,12],[96,152,12,88,14
4,4],[88,144,4,80,136,12],[80,136,12,72,128,20],[72,128,20,64,120,28],[40,88,572,40,96,564],[40,96,
564,40,104,556],[40,104,556,40,112,548],[40,112,548,40,120,540],[40,120,540,40,128,532],[40,128,
532,40,136,524],[40,136,524,40,144,516],[40,144,516,40,152,508],[40,152,508,40,160,500],[40,160,
500,40,168,492],[40,168,492,40,176,484],[40,176,484,40,184,476],[272,384,244,272,376,236],[272,3
76,236,272,368,228],[272,368,228,272,360,220],[272,360,220,272,352,212],[272,352,212,272,344,2
04],[272,344,204,272,336,196],[272,336,196,272,328,188],[64,120,28,64,112,36],[64,112,36,64,104,
44],[64,104,44,64,96,52],[64,96,52,64,88,60],[64,88,60,64,80,68],[64,80,68,64,72,76],[64,72,76,64,6
4,84],[40,184,476,48,192,468],[48,192,468,56,200,460],[56,200,460,64,208,452],[64,208,452,72,216
,444],[72,216,444,80,224,436],[80,224,436,88,232,428],[88,232,428,96,240,420],[96,240,420,104,24
8,412],[104,248,412,112,256,404],[112,256,404,120,264,396],[120,264,396,128,272,388],[128,272,3
88,136,280,380],[136,280,380,144,288,372],[144,288,372,152,296,364],[152,296,364,160,304,356],[
160,304,356,168,312,348],[168,312,348,176,320,340],[176,320,340,184,328,332],[184,328,332,192,
336,324],[192,336,324,200,344,316],[200,344,316,208,352,308],[208,352,308,216,360,300],[216,360
,300,224,368,292],[224,368,292,232,376,284],[232,376,284,240,384,276],[240,384,276,248,392,268]]
,"ys":[[1,0,0],[1,0,0],[1,0,0],[1,0,0],[1,0,0],[1,0,0],[1,0,0],[1,0,0],[1,0,0],[1,0,0],[1,0,0],[1,0,0],[1,0,0],[
1,0,0],[1,0,0],[1,0,0],[1,0,0],[1,0,0],[1,0,0],[1,0,0],[1,0,0],[1,0,0],[1,0,0],[1,0,0],[1,0,0],[1,0,0],[0,1,0],[
0,1,0],[0,1,0],[0,1,0],[0,1,0],[0,1,0],[0,1,0],[0,1,0],[0,1,0],[0,1,0],[0,1,0],[0,1,0],[0,1,0],[0,1,0],[0,1,0],[
0,1,0],[0,1,0],[0,1,0],[0,1,0],[0,1,0],[0,1,0],[0,1,0],[0,1,0],[0,1,0],[0,1,0],[0,1,0],[0,0,1],[0,0,1],[0,0,1],[
0,0,1],[0,0,1],[0,0,1],[0,0,1],[0,0,1],[0,0,1],[0,0,1],[0,0,1],[0,0,1],[0,0,1],[0,0,1],[0,0,1],[0,0,1],[0,0,1],[
0,0,1],[0,0,1],[0,0,1],[0,0,1],[0,0,1],[0,0,1],[0,0,1],[0,0,1],[0,0,1]]}

## 六、完整程式

　　本範例介紹如何記錄成功擊球時乒乓球遊戲的資料，包括球拍與乒乓球在前
一個時刻與目前的座標以及球拍的移動分類，儲存內容的格式為 {"xs":[ [],[],...[]
],"ys":[[],[],...[] ] } ，並存成「training_data.json」檔。AI 玩乒乓球遊戲——記錄乒
乓球遊戲資料完整程式如表 5-10 所示。

表 5-10　AI 玩乒乓球遊戲——記錄乒乓球遊戲資料完整程式

```html
<!DOCTYPE html>
<html>
<head>
<title>Ping Pong</title>
</head>
<body>
<h4>Ping Pong Game</h4>
<script>
// create canvas
var canvas = document.createElement("canvas");
const width = 400;
const height = 600;
canvas.width = width;
canvas.height = height;
var context = canvas.getContext('2d');
//加入畫布於網頁
document.body.appendChild(canvas);
//宣告球相關變數
const ball_radius = 5;
const ball_initialx = width/2;
const ball_initialy = height/2;
var ball_x;
var ball_y;
//宣告球拍相關變數
const paddle1_w = 50;
const paddle1_h = 10;
const paddle1_initialx = 0;
const paddle1_initialy = height    - 2*paddle1_h;
var paddle1_x;
var paddle1_y;
//球的方向與速度控制的相關變數
var myTimer;
var ball_x_dir=1;
var ball_y_dir=1;
const ball_speed = 8;
//畫球桌的函數
function drawtable(w,h)
{
```

```
        context.fillStyle = "#008000";      //設定綠色
        context.fillRect(0, 0, w, h);       //填滿長方形區域
} //end of drawtable
//畫球的函數
function drawball(x, y, radius)
{
        context.beginPath();
        context.arc(x, y, radius, 0, 2 * Math.PI, false);
        context.fillStyle = "#ddff59";
        context.fill();
        ball_x=x;
        ball_y=y;
} //end of updateball
//畫球拍的函數
function drawpaddle1(x, y, w, h)
{
        context.fillStyle = "#59a6ff";
        context.fillRect(x, y, w, h);
        paddle1_x=x;
        paddle1_y=y;
} //end of drawpaddle1
//初始化函數
function init() {
        drawtable(width, height);      //畫球桌
        drawball(ball_initialx, ball_initialy, ball_radius);   //畫乒乓球
        //畫球拍
        drawpaddle1(paddle1_initialx, paddle1_initialy, paddle1_w, paddle1_h );
        myTimer=setInterval(update, 1000 / 30); //設定每 1/30 執行 1 次 update 函數
} //end of drawball
init();         //呼叫初始化函數
let current_data = [];        //目前球座標與球拍座標
let data_ys = [];      //分類標籤_
let data_xs = [];      //紀錄
let previous_data=[];         //前一次球座標與球拍座標
let training_batch_data = [[], [], []];     //暫時紀錄球與球拍數據之陣列資料
let training_data=[[], [], []];   //紀錄成功擊球的球與球拍座標之陣列
var strikesTIMES=0;         //重新發球後的擊球次數
```

```
//更新球座標的函數
function updateball() {
    var clear_training_batch_data=0;      //宣告清除旗標變數
    var paddle1_strikes = false;          //宣告擊球旗標變數
    var paddle1_first_strike = false;     //宣告第一次擊球旗標變數
    var ball_left_x = ball_x - ball_radius;   //球左邊 x 座標
    var ball_top_y = ball_y - ball_radius;    //球上邊 y 座標
    var ball_right_x = ball_x + ball_radius;  //球右邊 x 座標
    var ball_bottom_y = ball_y + ball_radius; //球下邊 y 座標
    // 檢查球是否在球桌左右邊界範圍內
    if (ball_left_x < 0) {              //若球的左邊 x 座標小於 0
        ball_x_dir = 1 ;               //則設定球 x 座標變化方向為+1
    } else if ( ball_right_x > width) {     //否則若球右邊 x 座標大於球桌寬度
        ball_x_dir = -1 ;              //則設定球座標變化方向為-1
    } end of if
    //球撞到左邊、上邊與右邊會反彈，球拍接到球也會反彈
    if ( ball_top_y< 0 ) {     //若球上邊座標小於 0
        ball_y_dir = 1;        //則設定球 y 座標變化方向為 1
        clear_training_batch_data = 1;   //清除旗標設定為 1
    }
    //若球拍擊到球
    else if ( ball_top_y < (paddle1_y + paddle1_h) && ball_bottom_y >
paddle1_y && ball_left_x < (paddle1_x + paddle1_w) && ball_right_x >
paddle1_x) {
        ball_y_dir = -1;   //則設定球 y 座標變化方向為-1
        paddle1_strikes=true; //擊球旗標設定為真
        strikesTIMES++;       //擊球次數加 1
    } //end of if
    //若球跑出畫布底部，重新發球，否則依 x 與 y 遞增量更新球座標
    if(ball_y > height)     //若球中心 y 座標大於球桌高度
    {
        ball_x = ball_initialx; //球中心 x 座標值為球初始 x 座標
        ball_y = ball_initialy; //球中心 y 座標值為球初始 y 座標
        clear_training_batch_data = 1;  //清除旗標設定為 1
        strikesTIMES=0;  //擊球次數歸零
    }
```

```
    else {
        ball_x += ball_x_dir*ball_speed;   //依 x 遞增值更新球中心 x 座標
        ball_y += ball_y_dir*ball_speed; //依 y 遞增值更新球中心 y 座標
    } //end of if
    if (strikesTIMES===1) {     //若第一次擊球
        paddle1_first_strike = true;   //將第一次擊球旗標設為 true
    } //end of if
    current_data = [paddle1_x, ball_x, ball_y]; //目前球與球拍之座標
    //將球拍分類為左移、不變與右移分別對應到數字 0, 1, 2
    //目前球拍 x 座標小於前一次球拍 x 座標的話，index=0
    //目前球拍 x 座標等於前一次球拍 x 座標的話，index=1
    //目前球拍 x 座標大於前一次球拍 x 座標的話，index=2
    var index = (paddle1_x < previous_data[0])?0:((paddle1_x ==
previous_data[0])?1:2);
    data_xs = [...previous_data, ... current_data]; //[前一次紀錄,目前記錄]
    //依球拍的狀態是"左移"、"不動"或"右移"去增加數據至對應的紀錄集
    //球拍左移就將記錄存入至 training_batch_data[0]
    //球拍不動就將記錄存入至 training_batch_data[1]
    //球拍右移就將記錄存入至 training_batch_data[2]
    training_batch_data[index].push([data_xs[0], data_xs[1], data_xs[2],
data_xs[3], data_xs[4], data_xs[5]]);
    //儲存目前座標成前一筆座標
    previous_data = current_data;
    //若是拍子打到球，增加一批數據至訓練資料
    if(paddle1_strikes){
        if(paddle1_first_strike){
            paddle1_first_strike = false;
            clear_training_batch_data = 1;
            console.log('emtying batch');
        }
        else
        {
            for(i = 0; i < 3; i++){
                training_data[i].push(...training_batch_data[i]);
            } //end of for
            console.log(training_data );
            console.log('adding batch');
            clear_training_batch_data = 1;
```

```
//求球拍"左移"、"不動"、"右移"3分項紀錄中最短的長度
var len = Math.min(training_data[0].length, training_data[1].length,
training_data[2].length);
console.log(len);
var data_xx=[];   //宣告 data_xx 變數，初值為空陣列
var data_yy=[];   //宣告 data_yy 變數，初值為空陣列
if (len > 10){      //若各類數據集累積長度皆大於 10
    for(i = 0; i < 3; i++){
        /*配合最短的紀錄長度，每類取 len 的紀錄增加至 data_xx*/
        data_xx.push(...training_data[i].slice(0, len));
        /*i=0 時填入長度為 len 的[1, 0, 0]至 data_yy，代表記錄類別是左移*/
        /*i=1 時填入長度為 len 的[ 0,1, 0]至 data_yy，代表記錄類別是不變*/
        /*i=2 時填入長度為 len 的[ 0, 0,1]至 data_yy，代表記錄類別是右移*/
        data_yy.push(...Array(len).fill([i==0?1:0, i==1?1:0, i==2?1:0]));
    }//end of for
    //創造一個組件 a
    var a = document.createElement("a");
    //產生一個二進制檔，內容為 JSON 文字，副檔名為.json。
    var file = new Blob([JSON.stringify({xs: data_xx, ys: data_yy})], {type:
'application/json'});
    a.href = URL.createObjectURL(file); //建立 url 且設定給 a 的 href
    a.download = 'training_data.json'; //設定下載的檔名
    a.click(); //觸發 a 的點擊函數下載檔案
    //印出文字'download training_data.json'
    console.log('download training_data.json');
    clearInterval(myTimer); //清除定時器 ID
  }//end of if
} //end of if
if( clear_training_batch_data == 1) //若清除旗標為 1
{
    training_batch_data = [[], [], []];   //清為空集合
} //end of if
}//end of if
} //end of updateball
//更新所有畫面的函數
function   update(){
    updateball() ;
    updatepaddle1();
```

```
            drawtable(width, height);
            drawball(ball_x, ball_y, ball_radius);
            drawpaddle1(paddle1_x, paddle1_y, paddle1_w, paddle1_h );
    } //end of update
    var keysDown = {};
    //更新球拍座標的函數
    function updatepaddle1(){
        for (var key in keysDown) {
            var value = Number(key);
            if (value == 37) {
                paddle1_x= paddle1_x-8;
            } else if (value == 39) {
                paddle1_x= paddle1_x+8;
            } else {
                paddle1_x= paddle1_x;
            }//end of if
            if (paddle1_x <0)
            {
                paddle1_x =0;
            }
            else if (paddle1_x> (width-paddle1_w))
            {
                paddle1_x =width-paddle1_w;
            }//end of if
        }//end of for
    } //end of updatepaddle1
    //壓下按鍵觸發事件
    window.addEventListener("keydown", function (event) {
        keysDown[event.keyCode] = true;
        console.log(event.keyCode);
        console.log(JSON.stringify(keysDown)); //將物件轉為字串再印出
    });
    //放開按鍵觸發事件
    window.addEventListener("keyup", function (event) {
        delete keysDown[event.keyCode];
    });
</script>
</body>
</html>
```

**隨堂練習**

修改程式為當各類紀錄累積長度皆大於 3000 時（範例是 10），才下載紀錄檔。

## 七、課後測驗

( ) 1. 本範例儲存之乒乓球紀錄之格式為？　(A) JSON 檔　(B) CSV 檔
(C) Word 檔

( ) 2. 本範例紀錄 y 中的 [0,0,1]，代表球拍是　(A) 右移　(B) 左移　(C) 不動

( ) 3. 本範例紀錄 y 中的 [1,0,0]，代表球拍是　(A) 左移　(B) 右移　(C) 不動

( ) 4. 本範例何時會記錄下乒乓球資料？　(A) 每次拍子擊到球（除了第一次）
(B) 球撞到上邊界　(C) 球拍漏接球

( ) 5. 本範例使用何種儲存檔案的物件？　(A) Blob　(B) Blog　(C) Blue

第
6
堂
課

# AI玩乒乓球遊戲——訓練神經網路模型

## 一、實驗介紹

　　為了增加學習樂趣，本書介紹如何教 AI 在瀏覽器玩乒乓球。在前兩堂課已設計出遊戲及記錄資料，本堂課將介紹如何以乒乓球遊戲資料去訓練多層神經網路模型與儲存模型，最後再介紹如何載入預訓練的網路模型讓 AI 在網頁上玩乒乓球遊戲。完整流程圖如圖 6-1 所示。

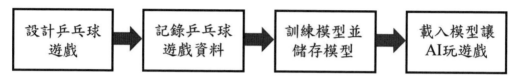

**圖 6-1　AI 玩乒乓球完整流程**

　　在前一堂課中，介紹如何記錄下乒乓球遊戲在成功擊球過程中的資料，存成檔名「training_data.json」並下載至本機。本堂課將介紹如何以乒乓球遊戲資料「training_data.json」檔去訓練多層神經網路模型，模型輸入的資料包括前一個時刻球拍的 x 座標、前一個時刻乒乓球的位置 x 與 y 座標、目前球拍的 x 座標與目前乒乓球位置的 x 與 y 座標。希望可以建立一個網路模型，能根據這六個變量與對應球拍的情況（球拍左移、不變或右移），訓練模型，調適模型參數至最佳化。乒乓球遊戲資料之多層神經網路模型如圖 6-2 所示。最後要儲存網路模型拓樸與調適過的模型參數至 indexeddb 瀏覽器資料庫。

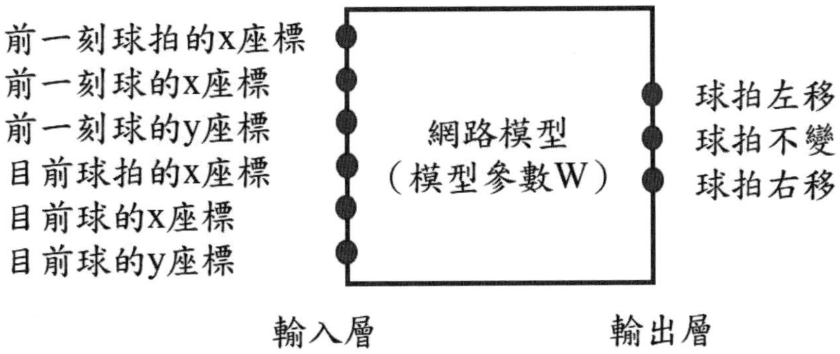

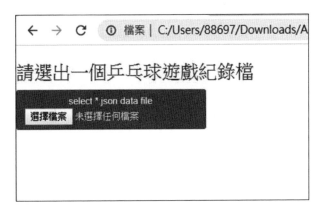

圖 6-2　模型輸入層與輸出層

本範例設計由使用者在瀏覽器中選擇乒乓球遊戲紀錄檔，例如選出「training_data.json」，即開始進行模型訓練，此人機介面設計如圖 6-3 所示。

圖 6-3　訓練乒乓球遊戲神經網路模型人機介面設計

## 二、實驗流程圖

參考前一堂課內容，記錄下乒乓球遊戲球拍左移、不動與右移各 3000 筆以上之遊戲紀錄。本堂課實驗流程如圖 6-4 所示，載入遊戲紀錄檔以後，建構神經網路模型，再進行模型編譯、訓練，最後儲存模型。

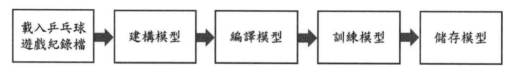

圖 6-4　訓練乒乓球遊戲神經網路模型之實驗流程圖

## 三、程式架構

　　本範例建立一個訓練乒乓球遊戲神經網路模型的 HTML5 檔案，程式架構如圖 6-5 所示。載入遊戲紀錄檔後開始建構神經網路模型，接著編組譯、訓練及儲存模型。

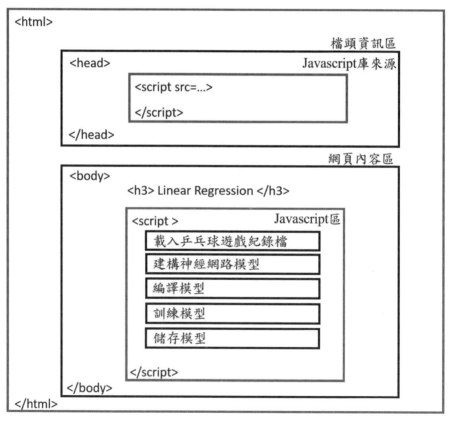

圖 6-5　訓練乒乓球遊戲神經網路模型程式架構

## 四、重點說明

1. 使用外部 Javascript 函式庫：本範例使用了一些外部 Javascript 函式庫，可以幫助網頁開發者用更快速地撰寫網頁，例如機器學習函式庫 TensorFlow 與能讓你簡單地創造出響應式網頁設計前端軟體框架 Bootstrap 函式庫，讓網頁在任何裝置（小的到手機，中的平板，大的電腦螢幕）都能自動漂亮的呈現網頁內容。檔案處理套件等。本範例使用到的函式庫之來源整理如表 6-1 所示。

表 6-1　外部 Javascript 函式庫來源

| Javascript 函式庫 | 來源 |
|---|---|
| 機器學習函式庫 | `<script src="https://cdn.jsdelivr.net/npm/@tensorflow/tfjs@0.13.3/dist/tf.min.js"></script>` |
| Bootstrap 響應式網頁設計函式庫 | `<link rel="stylesheet」 href="https://maxcdn.bootstrapcdn.com/bootstrap/3.3.7/css/bootstrap.min.css">`<br>`<script src="https://ajax.googleapis.com/ajax/libs/jquery/3.3.1/jquery.min.js"></script>`<br>`<script src="https://maxcdn.bootstrapcdn.com/bootstrap/3.3.7/js/bootstrap.min.js"></script>` |

2. 載入乒乓球遊戲紀錄檔：本範例載入以 JSON 格式儲存的乒乓球遊戲紀錄檔，再轉換成 JSON 陣列，接著打亂順序（Shuffle），再提取出 x 成分組成一個陣列，提取出 y 成分組成另一個陣列，最後分別將此兩個陣列轉換成 2 維張量（2D Tensor），如圖 6-6 所示。進行隨機變化順序（Shuffle）的原因係因原始數據已按照某種順序進行排列，例如前三分之一是球拍左移的數據，中間三分之一是球拍不動的數據，而後三分之一是球拍右移的數據。一旦經過打亂順序之後數據的排列就會有一定的隨機性，以期望在每次讀取樣本時，任何一類型數據的機率皆相同。

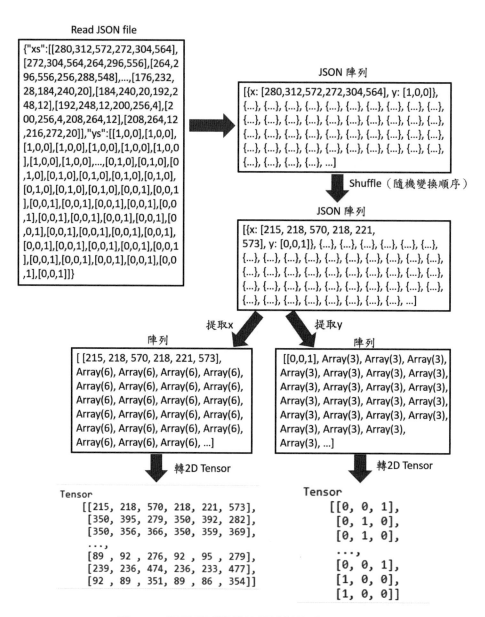

圖 6-6　將乒乓球遊戲紀錄檔轉換成 2 維張量

3. 神經網路模型：本範例建立之機器學習模型輸入會有六種數據，包括乒乓球目前位置的 x 與 y 座標、前一個時刻乒乓球的位置 x 與 y 座標、目前球拍的 x 座標與前一個時刻球拍的 x 座標。輸出有 3 個神經元，分別表示球拍左移的機率、球拍不動的機率與球拍右移的機率，輸出 [1,0,0] 代表球拍左移機率 100%，[0,1,0] 代表球拍不動的機率 100%，[0,0,1] 代表球拍右移機率 100%。本堂課建立之機器學習模型有 6 個輸入變量，所以輸入層需要 6 個神經元；輸出為 3 個神經元。在這範例中我們將建立兩層隱藏層，如圖 6-7 所示。本範例建構網路模型第一層為全連接層，輸入層跟第一層隱藏層間的神經元是完全相連（所以稱為 Fully Connected），第二層隱藏層與輸出層也是完全連接。由於若是每個神經元只用前一層的所有神經元加權結果做輸出，就不能處理輸入輸出是非線性的情況，所以本範例運用到激活函數的非線性特性引入到這網路模型中，也就是將輸入通過加權，求和後，還被一個函數作用後作為該層的輸出，這個函數就是激活函數，如圖 6-8 所示。

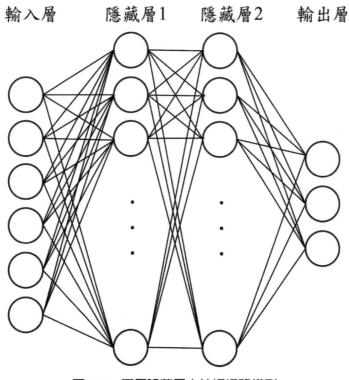

圖 6-7　兩層隱藏層之神經網路模型

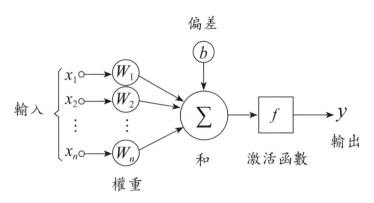

圖 6-8　引入激活函數

　　TensorFlow.js 提供有網路模型，tf.sequential()，與全連結層 API，其中 tf.layers.dense 可提供 output = activation (dot(input, kernel) + bias) 運算，activation 是激活函數，input 是輸入矩陣，kernel 是該層的權重值矩陣，bias 是偏差向量。本範例之網路模型示意圖如圖 6-9 所示。輸入有 6 個神經元，第一層隱藏層有 64 個神經元，第二層隱藏層有 64 個神經元，輸出有 6 個神經元。

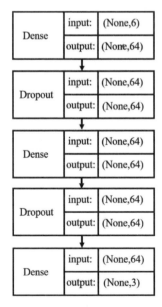

圖 6-9　AI 玩乒乓球遊戲之神經網路模型

本範例前兩個全連接層使用激活函數 ReLU，函數表示如式 (6-1)

$$f(x) = \begin{cases} 0 \text{ for } x < 0 \\ x \text{ for } x \geq 0 \end{cases} \tag{6-1}$$

第三個全連接層使用激活函數「softmax」，函數表示如式 (6-2)，其中向量為每一個元素的輸出。

$$\sigma(z)_i = \frac{e^{z_i}}{\sum_{j=1}^{K} e^{z_j}} \text{ for } i = 1, ..., K \text{ and } z = (z_1, ..., z_K) \in R^K \tag{6-2}$$

本範例使用到的 TensorFlow.js 的神經網路 API，包括 tf.layers.dense 與 tf.layers.dropout，將說明整理如表 6-2 所示。

表 6-2　TensorFlow.js 的神經網路 API 說明

| 函數 | 說明 | 應用實例 |
|---|---|---|
| tf.layers.dropout | 一種防止神經網路過度擬合的手段。會在訓練時隨機的拿掉網路中的部分神經元，從而減小對權重的依賴，以達到減小過擬合的效果。注意：dropout 只能用在訓練模型時，測試的時候不能 dropout。 | tf.layers.dropout (0.1)<br>dropout 函數的 rate 參數在 0 到 1 之間。例如，rate=0.1 將會隨機拿掉輸入神經元的 10%。 |
| tf.layers.dense | 創造全連接層。<br>輸出 =activation(dot(input, kernel) + bias)<br>activation 是一個會作用在每個組成上的激活函數。<br>kernel 是每一層的權重矩陣。<br>bias 是一個偏差向量（只有適用在當 useBias 為「真」的時候）。 | tf.layers.dense ({units: 1, inputShape: [20]})<br>輸入 20 個神經元，輸出 1 個神經元。 |

在機器學習的模型中，如果模型參數太多而訓練樣本不夠多時，可能會讓訓練出來的模型只對訓練過的資料得到較好的預測結果，但當輸入測試資料時無法達到良好的預測結果。此時可使用「Dropout」方法，增加神經網路的性能。所謂的「Dropout」是在每次訓練時，隨機讓某個比例的神經元的權重設為 0，對輸出沒有影響，比如說設定「Dropout」比例為 50%，會讓隱藏層一半的神經元權重值為

0，只更新一半的權重值。本範例設定 dropout 比例爲 50%，使用 TensorFlow.js 的神經網路模型設計如表 6-3 所示。

表 6-3　本範例使用 TensorFlow.js 的神經網路模型

```
//基於 input 與 output 建構這模型
model = tf.sequential();
//加入一個全連接層 tf.layers.dense 層
model.add(tf.layers.dense({units: 64,activation:'relu', inputShape: [6]}));
//設定 ” Dropout” 比例為 50%
model.add(tf.layers.dropout(0.5));
//加入一個全連接層 tf.layers.dense 層
model.add(tf.layers.dense({units: 64,activation:'relu'}));
//設定 ” Dropout” 比例為 50%
model.add(tf.layers.dropout(0.5));
//加入一個全連接層 tf.layers.dense 層
//輸出 3 個神經元，激活函數使用'softmax'
model.add(tf.layers.dense({units: 3,activation:'softmax'}));
```

4. 編譯模型：模型基本上是一種多層結構，藉由一些已知輸入與輸出的數據，來調整模型參數，讓模型能根據輸入算出準確的結果。我們建立一個差異估算實際值與模型輸出值的差異，根據此差異估算調整模型參數讓預測值與已知輸出值的差距越小越好。我們將這個估算差異值的函數，稱做損失函數（loss function）。用來計算模型輸出與實際值差異的損失函數有很多種，本範例使用交叉熵（cross-entropy）函數，是分類問題常用的損失函數，是種針對機率的評量函數。以 categorical_crossentropy 分類交叉熵函式的公式如 (6-3) 所示。

$$CE = \sum_{i=1}^{C} L_i \log_2 (S_i) \tag{6-3}$$

其中 $L_i$ 爲眞實的機率，$S_i$ 爲預測的機率。若是預測值與實際值差越多，計算出的 CE 值會越大，代表越不確定，CE 值越小代表預測值與實際值越接近。本章建立模型使用的最佳化演算法爲 adam（adaptive moment estimation）法，是一種可以替代傳統隨機梯度下降過程的一階優化演算法，以演算法調整模型參數，能讓模型收斂更快。本範例模型編譯語法如表 6-4 所示。設定使用最佳化演算法為 adam，學習率為 0.001。損失函數使用 categoricalCrossentropy。

表 6-4　模型編譯語法

```
// set optimiser and compile model
const learningRate = 0.001; //設定學習率
const optimizer = tf.train.adam(learningRate); //設定最佳化演算法
model.compile({loss: 'categoricalCrossentropy', optimizer: optimizer, metrics: ['accuracy']});
```

5. 訓練模型：本範例使用使用者操作乒乓球遊戲的數據（儲存在一個 json 檔中）來訓練神經網路模型，根據六種球拍與球位置的輸入資料（X Tensor）與分三類的球拍移動方式輸出（Y Tensor），共 9000 筆的數據去訓練神經網路模型（使用 Fit 函數），調適模型參數，找出能讓損失函數最小的模型參數 W，如圖 6-10 所示。

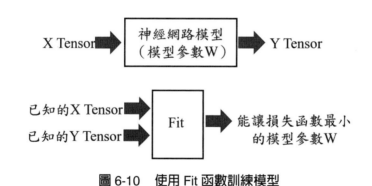

圖 6-10　使用 Fit 函數訓練模型

使用 Fit 函數進行訓練須設定批量（batchSize）與 epochs，進行訓練時會以 batch 的大小逐批將資料輸入網路模型中，然後計算這些樣本的平均損失，據以修正模型參數，使損失最小化。epochs 是全部樣本重複訓練的次數，通常不會只將整個樣本集訓練一次，可通過迭代進行多次的訓練以達到所需的目標或結果，但 epoch 增加也會導致耗時增加。validationSplit 用於在未提供驗證的時候，按一定比例從訓練集中取出一部分作為驗證集。還可設定 callbacks，這個 callbacks 可設定以某方法對應的事件發生時對應要執行的程式。例如 onEpochEnd 就是在訓練一次 epoch 結束前會觸發事件，目前範例為被觸發時會印出 epoch 值與 loss 值，模型訓練語法範例如表 6-5 所示。

表 6-5　模型訓練語法

```
await model.fit(txs, tys, {
            batchSize: 10,
            validationSplit:0.15,
            epochs: 100,
            callbacks: {
              onEpochEnd: async (epoch, logs) => {
                console.log(epoch + ':' + logs.loss);
              }
            }
});
```

6. 儲存模型：訓練完成的網路模型與模型參數，需要儲存才能在進行預測時加載訓練好的模型進行預測。TensorFlow.js 提供了儲存和加載模型的功能。利用 model.save 可以保存一個模型的拓樸結構與模型參數（weights）。儲存方式有數種可供選擇，整理如表 6-6 所示。使用瀏覽器端的 localStorage 功能，可以一直將資料儲存在客戶端本地，除非手動清除，並僅在瀏覽器保存。另外也能使用瀏覽器提供的本地資料庫 indexedDB，儲存空間較大。

表 6-6　TensorFlow.js 提供的模型儲存方式

| 方法 | 語法 | 說明 |
| --- | --- | --- |
| 本地存儲<br>localstorage:// | await model.save ('localstorage://<br>my-model'); | 將一個模型以名稱 my-model 儲存在瀏覽器 localStorage（本地儲存）中，當網頁刷新不會消失。 |
| 瀏覽器資料庫儲存<br>indexeddb:// | await model.save ('indexeddb://<br>my-model'); | 將模型保存至瀏覽器 IndexedDB（瀏覽器資料庫）中。相對於本地存儲有較大的儲存空間。 |

| 方法 | 語法 | 說明 |
|---|---|---|
| 檔案下載<br>downloads:// | await model.save ('downloads://<br>my-model'); | 會讓瀏覽器下載模型檔案至使用者電腦上，會下載兩個檔案，一個名字為 [my-model].json 的 JSON 檔，它包含了模型的拓樸結構，與一個二進制檔案，名字為 [my-model].weights.bin，內容為模型參數。 |
| HTTP(S) Request<br>http:// 或<br>https:// | await model.save ('http://model-server.domain/upload'); | 產生一個 Web 請求，以將模型儲存至遠端伺服器。 |
| Native File System<br>(Node.js only)<br>file:// | await model.save ('file:///path/to/<br>my-model'); | 在 Node.js 上運行時，可以直接指定儲存在電腦系統的哪個資料夾，該資料夾會有檔案 [model].json 與 [model].weights.bin。 |

本範例使用 indexeddb 儲存訓練好的模型檔案，語法範例如表 6-7 所示。

表 6-7　使用 indexeddb 儲存

```
//使用 indexeddb 儲存
await model.save('indexeddb://my-model-ping-pong-3000');
```

## 五、實驗步驟

AI 玩乒乓球遊戲──訓練神經網路模型如圖 6-11 所示。

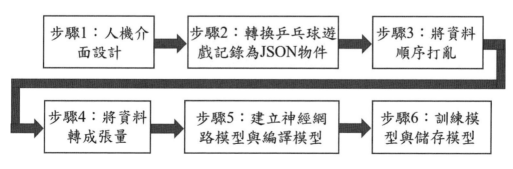

圖 6-11　AI 玩乒乓球遊戲──訓練神經網路模型

161

步驟 1 人機介面設計：本範例使用了一些外部 Javascript 函式庫，可以幫助網頁
開發者用更快速地撰寫網頁。本範例人機介面設計一個檔案選擇按鈕，供
使用者選取乒乓球紀錄檔，用以訓練神經網路模型，網頁程式設計如表
6-8 所示，儲存成「chap6_1.html」。

表 6-8　網頁設計

```
<!DOCTYPE html>
<html lang="en">
<head>
<title>local json</title>
<meta charset="utf-8">
<meta name="viewport" content="width=device-width, initial-scale=1">
<link rel="stylesheet"
href="https://maxcdn.bootstrapcdn.com/bootstrap/3.3.7/css/bootstrap.min.css">
<script
src="https://ajax.googleapis.com/ajax/libs/jquery/3.3.1/jquery.min.js"></script>
<script
src="https://maxcdn.bootstrapcdn.com/bootstrap/3.3.7/js/bootstrap.min.js"></script>
<script
src="https://cdn.jsdelivr.net/npm/@tensorflow/tfjs@0.13.3/dist/tf.min.js"></script>
</head>
<body>
<h3>請選出一個乒乓球遊戲紀錄檔</h3>
<form class="md-form">
     <div class="file-field">
       <div class="btn btn-primary btn-sm float-left">
              <span>select *.json data file</span>
       <input type="file" id="input-data">
       </div>
       </div>
</form>
</body>
</html>
```

接著在 Google Chrome 開啟「chap6_1.html」測試，先按「選擇檔案」按鈕，
再選出乒乓球紀錄檔「training_data.json」，如圖 6-12 所示。

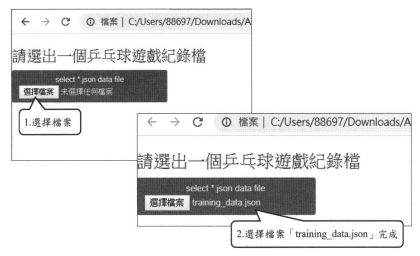

圖 6-12 測試網頁選擇檔案功能

**步驟 2** 轉換乒乓球遊戲紀錄為 JSON 物件：本範例載入以 JSON 格式儲存的乒乓球遊戲紀錄檔，使用標準網頁 <input type="file"> 元素可以選擇本地檔案，如果使用者只選擇一個檔案，則只需要考慮第一個物件，如表 6-9 所示。透過 e.target.files 屬性可以取得該檔案的 Blob（Binary Large Object）物件，e.target.files 是個陣列，因為這裡只上傳一個檔案，所以使用 e.target.files[0] 即可取得上傳檔案的 Blob 物件。接著建立一個 FileReader 物件來讀取檔案內容文字，讀取成功則執行 onload 方法。在 reader.onload 的時候，從 e.target.result 中取到包含有文件的內容，再轉換成 JSON 物件。

表 6-9 在網頁使用本地檔案轉成 JSON 物件

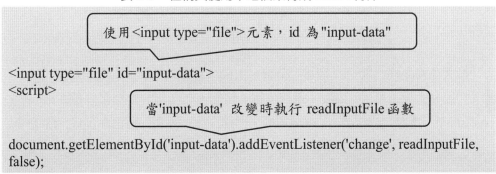

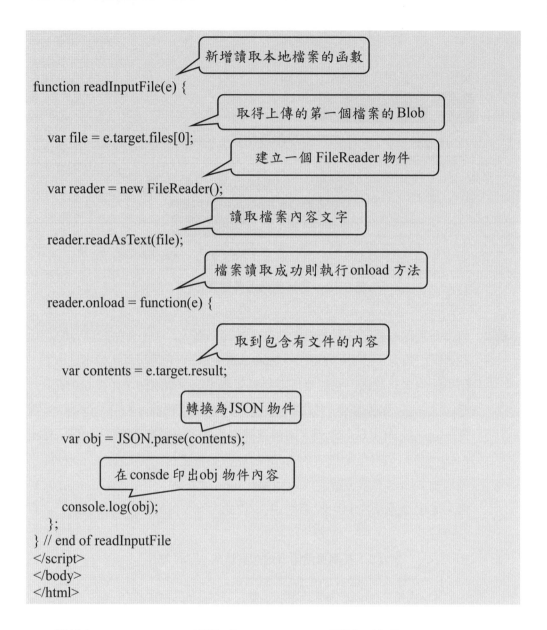

新增讀取本地檔案的函數

```
function readInputFile(e) {
```

取得上傳的第一個檔案的 Blob

```
    var file = e.target.files[0];
```

建立一個 FileReader 物件

```
    var reader = new FileReader();
```

讀取檔案內容文字

```
    reader.readAsText(file);
```

檔案讀取成功則執行 onload 方法

```
    reader.onload = function(e) {
```

取到包含有文件的內容

```
        var contents = e.target.result;
```

轉換為 JSON 物件

```
        var obj = JSON.parse(contents);
```

在 consde 印出 obj 物件內容

```
        console.log(obj);
    };
} // end of readInputFile
</script>
</body>
</html>
```

　　接著在 Google Chrome 開啟「chap6_1.html」測試，按「CTRL+SHIFT+I」，開啟「開發人員工具」，再按「選取檔案」按鈕，再選出乒乓球紀錄檔「training_data.json」，選取完成後，可在 Console 視窗看到將「training_data.json」檔案內容

轉換成 JSON 物件的結果，如圖 6-13 所示。展開 Object 下的 xs 可以看到每個陣列
內容為六個數值，分別代表前一個時刻球拍的 x 座標、前一個時刻乒乓球的位置 x
與 y 座標、目前球拍的 x 座標與乒乓球目前位置的 x 與 y 座標。展開 ys 可以看到
每個陣列內容有三個數值，[1,0,0] 為球拍左移，[0,1,0] 為球拍位置不變、[0,0,1] 為
球拍右移。

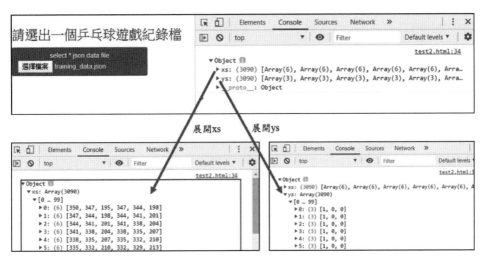

圖 6-13　轉換乒乓球遊戲紀錄為 JSON 物件

**步驟 3**　將資料順序打亂：進行隨機變化順序（Shuffle）以讓數據的排列具有一定
的隨機性，這樣在每次讀取樣本時任何一類型的數據機率就會相同。先將
每個對應的 xs 與 ys 組成一個 JSON 物件 {x:xs[i], y:ys[i]}，把每個 JSON
物件結合成陣列後，再將陣列中的資料排列順序打亂，像洗牌一樣。可將
洗牌前與洗牌後的資料印出來，但因此洗牌程序是隨機操作的，所以讀者
自行操作洗牌的結果與書上的範例結果不同。將資料順序打亂程式如表
6-10 所示。

表 6-10　將資料順序打亂程式

```
<script>
document.getElementById('input-data').addEventListener('change', readInputFile,
false);
//讀取本地檔案的函數
function readInputFile(e) {
    var file = e.target.files[0];
    var reader = new FileReader();
    reader.readAsText(file);
    reader.onload = function(e) {
        var contents = e.target.result;
        var obj = JSON.parse(contents);
        console.log(obj);
```

呼叫 shuffleData 函數，將 obj 傳入

```
        shuffleData(obj);
    };
}end of readInputFile
```

新增將資料順序打亂的函數

```
function shuffleData(obj) {
```

宣告變數初值為空陣列

```
    var data=[];
    var shuffle_data=[];
```

宣告變數初值為 0

```
    var i=0;
```

逐一將{x: 資料, y: 資料}加入陣列

```
    obj.xs.forEach((values) => {
        data.push({x: obj.xs[i], y: obj.ys[i]});
        i++;
    });
```

查看data 內容

```
    console.log(data);
```

複製 data 至 shuffle_data

```
    shuffle_data=[...data];
```

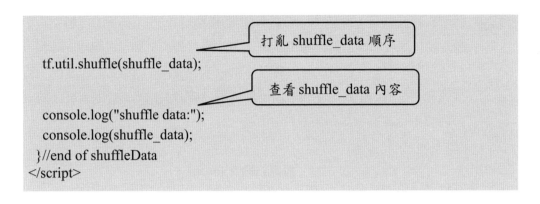

```
tf.util.shuffle(shuffle_data);

console.log("shuffle data:");
console.log(shuffle_data);
}//end of shuffleData
</script>
```

在 Google Chrome 開啟「chap6_1.html」測試，按「CTRL+SHIFT+I」，開啟「開發人員工具」，再按「選取檔案」按鈕，再選出乒乓球紀錄檔「training_data.json」，選取完成，可以在 Console 視窗看到將「training_data.json」檔案內容轉換成 JSON 物件，再轉換成 JSON 陣列，接著打亂順序就是洗牌（Shuffle），並分別印出洗牌前與洗牌後的內容如圖 6-14 所示。展開陣列中的每個組成可以看到洗牌前的前三個組成的 y 都是 [1,0,0]，洗牌後組成順序被打亂，查看前三個組成可看到順序跟洗牌前不同。

洗牌前陣列內容　　　　　　　　　　　　　　　洗牌後陣列內容

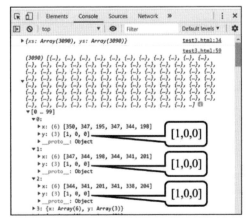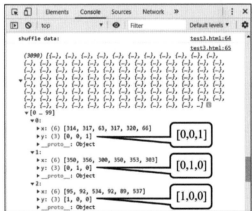

圖 6-14　將資料順序打亂前後的資料

**步驟4** 將資料轉成張量：由於 TensorFlow.js 的模型是接受 Tensor 的資料型別，所以須把訓練數據集轉換成 Tensor，方法爲將前一步驟已洗牌過的陣列資料，分開 x 與 y 各自組成一個陣列 x_avgs 與 y_avgs，再將 x_avgs 陣列轉換成命名爲 txs 的 Tensor，並將 y 陣列轉換成命名爲 tys 的 Tensor。將資料轉成 Tensor 的程式如表 6-11 所示。

表 6-11　將資料轉成 Tensor

```
//將資料順序打亂的函數
function shuffleData(obj) {
    var data=[];
    var shuffle_data=[];
    var i=0;
    obj.xs.forEach((values) => {
        data.push({x: obj.xs[i], y: obj.ys[i]});
        i++;
    });
    console.log(data);
    shuffle_data=[...data];
    tf.util.shuffle(shuffle_data);
    console.log("shuffle data:");
    console.log(shuffle_data);
    convertToTensor(shuffle_data);
}//end of shuffleData


function convertToTensor(data) {
    var x_avgs = [];
    var y_avgs =[];




    data.forEach((values) => {
    x_avgs.push(values.x);
    y_avgs.push(values.y);
});


    console.log( x_avgs);
```

> 呼叫 convertToTensor 函數，傳入 shuffle_data

> 新增轉換陣列成張量的函數

> 宣告變數初值爲空陣列

> 將 data 中的 x 值依序增加至 x_avgs 陣列，將 data 中的 y 值依序增加至 y_avgs 陣列

> 印出 x_avgs 內容

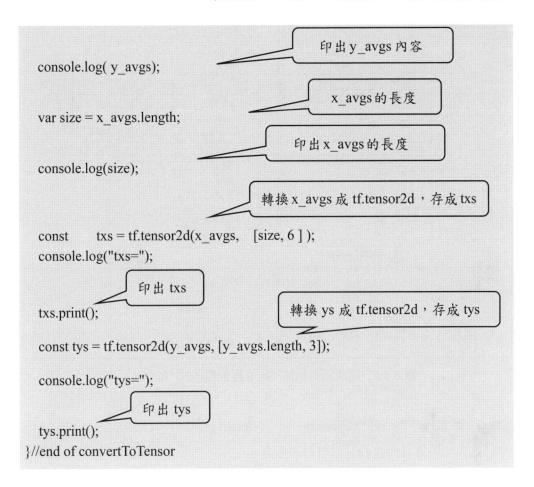

```
console.log( y_avgs);          印出 y_avgs 內容

var size = x_avgs.length;       x_avgs 的長度

console.log(size);              印出 x_avgs 的長度

                               轉換 x_avgs 成 tf.tensor2d，存成 txs
const      txs = tf.tensor2d(x_avgs,    [size, 6 ] );
console.log("txs=");

                 印出 txs
                               轉換 ys 成 tf.tensor2d，存成 tys
txs.print();

const tys = tf.tensor2d(y_avgs, [y_avgs.length, 3]);

console.log("tys=");

            印出 tys
tys.print();
}//end of convertToTensor
```

　　接著在 Google Chrome 開啟「chap6_1.html」測試，按「CTRL+SHIFT+I」，開啟「開發人員工具」，再按「選取檔案」按鈕，再選出乒乓球紀錄檔「training_data.json」，選取完成，可在 Console 視窗看到將「training_data.json」檔案內容轉換成 JSON 物件，再轉換成 JSON 陣列，接著打亂順序。再將已洗牌過的陣列資料，分開 x 與 y 各自組成一個陣列，再將 x 陣列轉換成一個命名為 txs 的 Tensor，將 y 陣列轉換成命名為 tys 的 Tensor，如圖 6-15 所示。

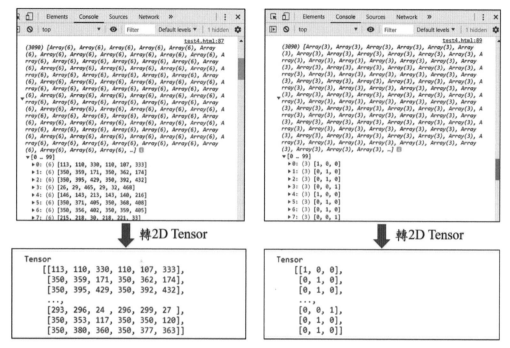

圖 6-15　將陣列資料轉換成 2 維張量（2D Tensor）

**步驟 5**　建立神經網路模型與編譯模型：本範例使用 tf.sequential() 模型。Sequential 模型將網路的每一層簡單的疊在一起，可依照需要的層順序依序加進模型中。本範例建立一個 tf.sequential() 模型，加入一個 tf.layers.dense 層到這模型中，此 tf.layers.dense 層就是一個全連結層 API，設定此 tf.layers.dense 層 inputShape 為 6，unit 為 64（隱藏層神經元個數），激活函數使用 'relu'，第二層全連接層 tf.layers.dense 層 unit 為 64，激活函數也是設定為 'relu'，第三層全連接層 tf.layers.dense 層，unit 為 3（輸出神經元為 3 個），激活函數也是設定為 'softmax'。並在每個全連接層間加入 dropout 層，設定 dropout 比例為 50%。編譯模型須設定最佳化學習率、演算法與損失函數。本範例設定使用最佳化演算法為 adam，學習率為 0.001。損失函數使用 categoricalCrossentropy。修改 convertToTensor 函數內容，建立神經網路模型與編譯模型程式如表 6-12 所示。

表 6-12　建立神經網路模型與訓練模型程式

```
//轉換陣列為張量的函數
async function convertToTensor(data) {
  var x_avgs = [];
  var y_avgs =[];
  data.forEach((values) => {
    x_avgs.push(values.x);
    y_avgs.push(values.y);
  });
  console.log( x_avgs);
  console.log( y_avgs);
  var size = x_avgs.length;
  console.log(size);
  const     txs = tf.tensor2d(x_avgs,    [size, 6 ] );
  console.log("txs=");
  txs.print(); //印出 txs
  const tys = tf.tensor2d(y_avgs, [y_avgs.length, 3]);
  console.log("tys=");   // 在 console 視窗顯示  "tys="
  tys.print();     //印出 tys
```

> 修改 convertToTensor 函數

> 建立一個網路模型

```
model = tf.sequential();
```

> 增加一個全連接層，使用激活函數 relu，輸入 6 個神經元，輸出 64 個神經元

```
model.add(tf.layers.dense({units: 64,activation:'relu', inputShape: [6]}));
```

> 增加一個 dropout 層，比率為 50%

```
model.add(tf.layers.dropout(0.5));
```

> 增加一個全連接層，使用激活函數 relu，輸出 64 個神經元

```
model.add(tf.layers.dense({units: 64,activation:'relu'}));
```

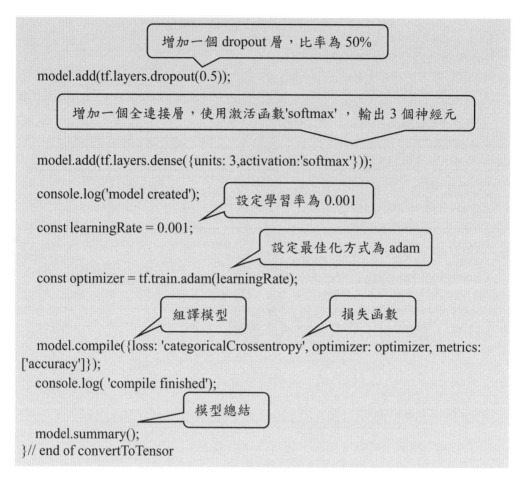

在 Google Chrome 開啟「chap6_1.html」測試，按「CTRL+SHIFT+I」，開啟「開發人員工具」，再按「選取檔案」按鈕，再選出乒乓球紀錄檔「training_data. json」，選取完成，建立模型與組譯模型後，可以在 Console 視窗看到輸出模型各層的參數狀況，如圖 6-16 所示。

| | Elements | Console | Sources | Network | » | | ⋮ |

▶ ⃠ | top ▼ | 👁 | Filter | Default levels ▼ | 1 hidden

```
                                                            layer_utils.ts:62
_____
_____

Layer (type)              Output shape              layer_utils.ts:152
Param #
=========================================           layer_utils.ts:64
=================

dense_Dense1 (Dense)      [null,64]                 layer_utils.ts:152
448
_____            layer_utils.ts:74

dropout_Dropout1 (Dropout) [null,64]                layer_utils.ts:152
0
_____            layer_utils.ts:74

dense_Dense2 (Dense)      [null,64]                 layer_utils.ts:152
4160
_____            layer_utils.ts:74

dropout_Dropout2 (Dropout) [null,64]                layer_utils.ts:152
0
_____            layer_utils.ts:74

dense_Dense3 (Dense)      [null,3]                  layer_utils.ts:152
195
=========================================           layer_utils.ts:74
=================

Total params: 4803                                  layer_utils.ts:83
Trainable params: 4803                              layer_utils.ts:84
Non-trainable params: 0                             layer_utils.ts:85
_____            layer_utils.ts:86
```

圖 6-16　輸出模型各層的參數狀況

步驟 6　訓練模型與儲存模型：本範例使用 Tensor txs 與 tys 來訓練模型，設定 batchSize 為 10，設定 epochs 為 100，設定在訓練一次 epoch 結束前會觸發事件印出 epoch 值與 loss 值。訓練完成後將模型儲存與 indexeddb 中，模型檔名為「my-model-ping-pong-3000」，修改 convertToTensor 函數內容，訓練模型與儲存模型程式如表 6-13 所示。

表 6-13　訓練模型與儲存模型程式

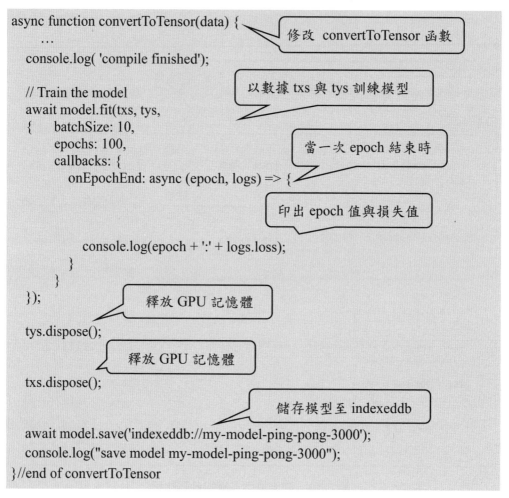

```
async function convertToTensor(data) {                    修改 convertToTensor 函數
    …
    console.log( 'compile finished');

    // Train the model                                    以數據 txs 與 tys 訓練模型
    await model.fit(txs, tys,
    {    batchSize: 10,
         epochs: 100,
         callbacks: {                                     當一次 epoch 結束時
            onEpochEnd: async (epoch, logs) => {

                                                          印出 epoch 值與損失值

             console.log(epoch + ':' + logs.loss);
            }
         }
    });
                                                          釋放 GPU 記憶體
    tys.dispose();
                                                          釋放 GPU 記憶體
    txs.dispose();
                                                          儲存模型至 indexeddb
    await model.save('indexeddb://my-model-ping-pong-3000');
    console.log("save model my-model-ping-pong-3000");
}//end of convertToTensor
```

在 Google Chrome 開啟「chap6_1.html」測試，按「CTRL+SHIFT+I」，開啟
「開發人員工具」，再按「選取檔案」按鈕，再選出乒乓球紀錄檔「training_data.
json」，選取完成後，可在 Console 視窗看到將「training_data.json」檔案內容轉換
成 JSON 物件，再轉換成 JSON 陣列，接著打亂順序（Shuffle）。將已洗牌過的陣
列資料，分開 x 與 y 各自組成一個陣列，再將 x 陣列轉換成命名為 txs 的 Tensor，
將 y 陣列轉換成命名為 tys 的 Tensor，用 txs 與 tys 訓練模型時，在訓練一次 epoch
結束前會觸發事件印出 epoch 值與 loss 值，如圖 6-17 所示。可以看到 epoch 為 0
時 loss 值為 6.17，epoch 為 99 時，loss 值為 0.08，代表增加 epoch 值能降低 loss，
最後儲存模型。

圖 6-17　訓練模型與儲存模型

## 六、完整的程式碼

本範例完整的程式碼如表 6-14 所示。藉由讀取乒乓球遊戲紀錄檔內容，轉換成 txs 與 tys Tensor，txs 代表球拍與球的位置，tys 代表球拍移動情形，分為球拍左移、不動與右移，將這些資料訓練神經網路模型，訓練完成後，將模型檔案儲存在 indexeddb 中。使用 Google Chrome 開啟「chap6_1.html」測試，按「CTRL+SHIFT+I」，開啟「開發人員工具」，再按「選取檔案」按鈕，再選出乒乓球紀錄檔「training_data.json」，最後會進行模型訓練與儲存模型。

表 6-14　訓練乒乓球遊戲神經網路模型完整程式

```
<!DOCTYPE html>
<html lang="en">
<head>
<title>local json</title>
<meta charset="utf-8">
<meta name="viewport" content="width=device-width, initial-scale=1">
<link rel="stylesheet"
href="https://maxcdn.bootstrapcdn.com/bootstrap/3.3.7/css/bootstrap.min.css">
<script
src="https://ajax.googleapis.com/ajax/libs/jquery/3.3.1/jquery.min.js"></script>
<script
src="https://maxcdn.bootstrapcdn.com/bootstrap/3.3.7/js/bootstrap.min.js"></script>
<script
src="https://cdn.jsdelivr.net/npm/@tensorflow/tfjs@0.13.3/dist/tf.min.js"></script>
</head>
<body>
<h3>請選出一個乒乓球遊戲紀錄檔</h3>
<form class="md-form">
        <div class="file-field">
          <div class="btn btn-primary btn-sm float-left">
                <span>select *.json data file</span>
          <input type="file" id="input-data">
          </div>
        </div>
</form>
```

```
<script>
document.getElementById('input-data').addEventListener('change', readInputFile,
false);
//讀取本地檔案的函數
function readInputFile(e) {
    var file = e.target.files[0];
    var reader = new FileReader();
    reader.readAsText(file);
    reader.onload = function(e) {
        var contents = e.target.result;
        var obj = JSON.parse(contents);
        console.log(obj);
        shuffleData(obj);
    };
}//end of readInputFile
//將資料順序打亂的函數
function shuffleData(obj) {
    var data=[];
    var shuffle_data=[];
    var i=0;
    obj.xs.forEach((values) => {
        data.push({x: obj.xs[i], y: obj.ys[i]});
        i++;
    });
    console.log(data);
    shuffle_data=[...data];
    tf.util.shuffle(shuffle_data);
    console.log("shuffle data:");
    console.log(shuffle_data);
    convertToTensor(shuffle_data);
}//end of shuffleData
//轉換陣列為張量再進行模型訓練的函數
async function convertToTensor(data) {
    var x_avgs = [];
    var y_avgs =[];
    data.forEach((values) => {
        x_avgs.push(values.x);
        y_avgs.push(values.y);
    });
    console.log( x_avgs);
    console.log( y_avgs);
```

```
var size = x_avgs.length;
console.log(size);
const      txs = tf.tensor2d(x_avgs,   [size, 6 ] );
//轉換 x_avgs 成 tf.tensor2d，存成 txs
console.log("txs=");
//在 console 視窗顯示 "txs="
txs.print();
//印出 txs
const tys = tf.tensor2d(y_avgs, [y_avgs.length, 3]);
//轉換 ys 成 tf.tensor2d，存成 tys
console.log("tys=");   //在 console 視窗顯示 "tys="
tys.print();    //印出 tys
model = tf.sequential();
model.add(tf.layers.dense({units: 64,activation:'relu', inputShape: [6]}));
model.add(tf.layers.dropout(0.5));
model.add(tf.layers.dense({units: 64,activation:'relu'}));
model.add(tf.layers.dropout(0.5));
model.add(tf.layers.dense({units: 3,activation:'softmax'}));
console.log('model created');
// 設定最佳化函數與組譯模型
const learningRate = 0.001;
const optimizer = tf.train.adam(learningRate);
model.compile({loss: 'categoricalCrossentropy', optimizer: optimizer, metrics:
['accuracy']});
console.log( 'compile finished');
model.summary();
//訓練模型
await model.fit(txs, tys, {
    batchSize: 10,
    epochs: 100,
    callbacks: {
        onEpochEnd: async (epoch, logs) => {
            console.log(epoch + ':' + logs.loss);
        }
    }
});
await model.save('indexeddb://my-model-ping-pong-3000');
console.log("save model my-model-ping-pong-3000");
tys.dispose();    //釋放 GPU 記憶體
txs.dispose();    //釋放 GPU 記憶體
```

```
  }//end of convertToTensor
  </script>
</body>
</html>
```

## 隨堂練習

將訓練次數提高到 200，觀察 loss 的變化。

## 七、課後測驗

(　　) 1. 本範例使用的資料檔案是？　(A) JSON 檔　(B) CSV 檔　(C) Word 檔

(　　) 2. 本範例之神經網路模型有幾個輸入神經元？　(A) 6 個　(B) 7 個　(C) 8 個

(　　) 3. 本範例之神經網路模型有幾個輸出神經元？　(A) 3 個　(B) 4 個　(C) 5 個

(　　) 4. 本範例儲存模型至　(A) indexeddb　(B) localstorage　(C) 雲端資料庫

(　　) 5. 本範例使用了幾個 Dense 層？　(A) 3 個　(B) 4 個　(C) 5 個

第7堂課

# AI玩乒乓球遊戲
## —— 載入模型

## 一、實驗介紹

　　為了增加學習樂趣，本書介紹如何教 AI 在瀏覽器玩乒乓球。在前三堂課已完成遊戲並取出遊戲資料訓練神經網路的模型，本堂課介紹如何載入前一堂課訓練好的乒乓球神經網路模型，讓 AI 玩乒乓球。讀者需依前幾堂課的流程，完成後才會產生訓練好的乒乓球神經網路模型，完整流程如圖 7-1 所示。

圖 7-1　AI 玩乒乓球完整流程

　　本堂課介紹如何載入預訓練好的網路模型讓 AI 在網頁上玩乒乓球遊戲，進行遊戲時模型會根據前一個時刻球拍的 x 座標、前一個時刻乒乓球的位置 x 與 y 座標、目前球拍的 x 座標乒乓球與目前位置的 x 與 y 座標，去推斷球拍該左移、不變或右移，如圖 7-2 所示。

圖 7-2　根據網路模型與調適過的參數來推論球拍移動方向

　　前一堂課介紹如何以乒乓球遊戲資料去訓練多層神經網路模型，模型輸入的資料包括前一個時刻球拍的 x 座標、前一個時刻乒乓球的位置 x 與 y 座標、目前球拍的 x 座標乒乓球與目前位置的 x 與 y 座標。希望可以建立一個網路模型，能根據這六個變量與對應球拍的情況（球拍左移、不變或右移），訓練模型，調適模型參數至最佳化，並將網路模型拓樸與調適過的模型參數儲存在 indexeddb，檔名爲「my-model-ping-pong-3000」。

　　本堂課的範例係先加載已訓練好的模型，再藉由球拍位置與乒乓球位置推論出球拍移動的方式，將介紹如何加載 indexeddb 中的「my-model-ping-pong-3000」檔案，取得神經網路拓樸與調適過的模型參數，遊戲開始會自動移動乒乓球，系統會將前一個時刻球拍的 x 座標、前一個時刻乒乓球的位置 x 與 y 座標、目前球拍的 x 座標乒乓球與目前位置的 x 與 y 座標，輸入至神經網路模型。此模型會輸出一個張量（Tensor），其內有三個數值皆小於 1 的元素（可以看成是機率），例如 [0.91, 0.04, 0.05]，若是第一個元素機率最大，則控制球拍左移；若是第二個元素機率最大，則控制球拍不動；若是第三個元素機率最大，則控制球拍右移。可利用模型輸出結果之最大值的 index 減去 1 再乘上一次變化的量，就可以更新球拍 x 座標。AI 玩乒乓球之主要設計方法如圖 7-3 所示。

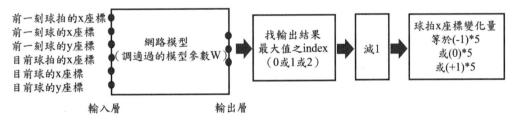

圖 7-3　AI 玩乒乓球設計方法

　　本範例 AI 玩乒乓球之畫面如圖 7-4 所示。畫布下方有一個球拍，使由神經網路模型進行推論來控制球拍左移、右移或不動。遊戲畫面設定成每 1/60 秒更新一次。

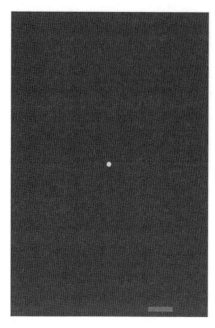

球

球拍

畫面每1/60秒更新一次

圖 7-4　AI 玩乒乓球

## 二、實驗流程圖

　　AI 玩乒乓球實驗流程如圖 7-4 所示。開啟乒乓球單人遊戲 HTML5 程式碼，設定使用外部 Javascript 函式庫，再加載預訓練好的模型，記錄遊戲前一個時刻球拍的 x 座標、前一個時刻乒乓球的位置 x 與 y 座標、目前球拍的 x 座標乒乓球與目前位置的 x 與 y 座標，將這六項數據組成陣列再轉成 Tensor，輸入至神經網路模型進行預測，再分析神經網路模型輸出之結果，最後依模型輸出之結果更新球拍位置，實驗流程圖如圖 7-5 所示。

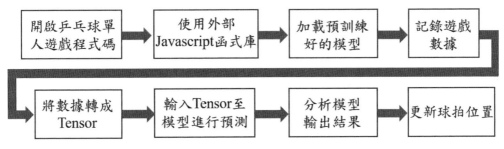

圖 7-5　AI 玩乒乓球實驗流程圖

## 三、程式架構

　　本範例建立一個 AI 玩乒乓球遊戲 HTML5 檔案，程式架構如圖 7-6 所示。網頁初始化呈現球桌、桌球與球拍，再載入神經網路模型，再定期更新球與球拍位置，其中球拍位置是依模型預測結果計算出球拍移動方向去更新球拍座標，再定期更新畫面。此乒乓球遊戲可以直接在 Google Chrome 瀏覽器中運行。

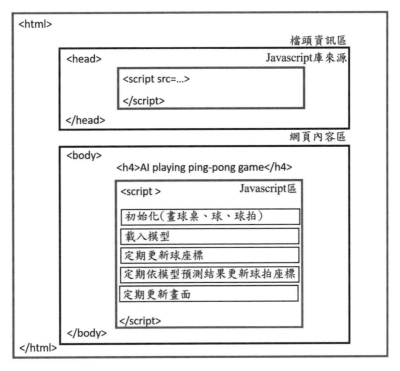

圖 7-6　AI 玩乒乓球遊戲程式架構

## 四、重點說明

1. 載入預訓練好的模型：儲存完訓練完成的網路模型與模型參數，可以使用加載功能在另外的瀏覽器分頁取得神經模型與調適好的模型參數。TensorFlow.js 提供了儲存和加載模型的功能。利用 model.save 可以保存模型的拓樸結構與模型參數（weights）。有幾種儲存方式可供選擇，其各配合不同的加載方式，整理如表 7-1 所示。使用瀏覽器端的 localStorage 功能，可以一直將資料儲存在客戶端本地，此資料僅在瀏覽器保存，除非手動清除。另外也能使用瀏覽器提供的本地資料庫 indexedDB，儲存空間較大。

表 7-1　TensorFlow.js 提供的加載方式

| 方法 | 語法 | 說明 |
| --- | --- | --- |
| 從本地存儲中加載 localstorage:// | const model = await tf.loadLayersModel ('localstorage://my-model-1'); | 宣告一個 model，從瀏覽器 localstorage（本地存儲）中加載名叫 'my-model-1' 之檔案，取得神經網路拓樸與模型參數。 |
| 從瀏覽器資料庫加載 indexeddb:// | const model = await tf.loadLayersModel ('indexeddb://my-model'); | 宣告一個 model，從瀏覽器 indexeddb（瀏覽器資料庫）中加載名叫 'my-model-1' 之檔案，取得神經網路拓樸與模型參數。 |
| HTTP(S) Request http:// 或 https:// | const model = await tf.loadLayersModel ('http://model-server.domain/download/model.json'); | 宣告一個 model，使用 http 方式從遠端取得神經網路拓樸與模型參數。 |
| Native File System(Node.js only)file:// | const model = await tf.loadLayersModel ('file://path/to/my-model/model.json'); | 在 Node.js 上運行時，宣告一個 model，直接指定儲存在電腦系統的哪個資料夾取得神經網路拓樸與模型參數。 |

2. 記錄遊戲數據：記錄乒乓球遊戲之前一個時刻球拍的 x 座標、前一個時刻乒乓球的位置 x 與 y 座標、目前球拍的 x 座標乒乓球與目前位置的 x 與 y 座標，方法如表 7-2 所示。由球拍的 x 座標（paddle1_x）、乒乓球與目前位置的 x（ball_x）

與 y 座標（ball_y），先組成一個目前數據的陣列 current_data，再將前一個時刻的數據（previous_data）組合成前一時刻的陣列（previous_xs），再將前一個時刻的數據（previous_data）更新為目前數據（current_data）。

表 7-2　記錄遊戲數據

```
current_data = [paddle1_x, ball_x, ball_y];    //目前數據
data_xs = [...previous_data, ...current_data]; //[前一刻數據, 目前數據]
previous_data = current_data;    //更新前一刻數據為目前數據
```

3. 將數據轉成一維張量：TensorFlow.js 之模型輸入需要是張量（Tensor）的格式，本範例使用 tf.tensor 函數可以轉換一個陣列為一維張量。轉換範例如表 7-3 所示。

表 7-3　將數據轉成一維張量

```
//data_x 為一個陣列
var data_x = [ data_xs[0], data_xs[1],data_xs[2],data_xs[3],data_xs[4],
data_xs[5] ];
//將一個陣列轉成一維張量
var inputtensor = tf.tensor([data_x]);
inputtensor.print();   // inputtensor 印出張量
```

4. 輸入張量至模型進行預測：本範例使用 model.predict 進行預測，輸入是由乒乓球與球拍數據組成的數據轉成張量（Tensor），由於模型輸入數據是張量，輸出也是張量，對於模型預測的結果 prediction，可以使用 prediction.print() 印出 prediction 張量內容，如表 7-4 所示。

表 7-4　輸入張量至模型進行預測

```
//輸入張量進行模型預測
var prediction = model.predict(tf.tensor([data_x]));
prediction.print(); //印出 prediction 張量
```

5. 分析模型輸出結果：本範例使用 tf.argMax 函數將輸入 Tensor 中沿著指定維度方向找出最大值的序號（index）回傳，回傳的型別也是 Tensor 物件，再使用 .dataSync() 將 Tensor 所包含的一維張量數據組從 GPU 記憶體取回，程式範例如表 7-5 所示。假如模型輸出為 [0.9999995827674866, 3.631308231888397e-7, 6.146100961501588e-9]，則得到最大值的序號為 0；若模型輸出為 [2.131177882213893e-15, 0.9999980926513672, 0.0000016766583712524152]，則得到最大值的序號為 1；若模型輸出為 [0.07957502454519272, 0.04727330058813095, 0.8731517791748047]，則得到最大值的序號為 2。模型輸出結果中最大值之序號為 0 代表預測結果是球拍要左移，最大值序號為 1 代表預測結果是球拍要不動，最大值序號為 2 代表預測結果是球拍要右移。

表 7-5　取出模型輸出結果最大值的序號

```
//回傳輸入的張量中最大值的序號(index)
var result = tf.argMax(prediction, 1)      //沿維度 1 方向找最大值的 index
console.log(result); //在 console 視窗顯示 result 值
```

6. 更新球拍位置：由於模型輸出結果最大值序號 () 有三種可能，0、1 與 2，分別代表球拍要左移、不動與右移。因此可以將 0、1、2 減去 1，分別對應到 -1、0、1，再乘上每一次的移動量，例如 5，來更新球拍的 x 座標（paddle1_x），如表 7-6 所示。

表 7-6　更新球拍位置

```
//球拍 x 座標 =球拍 x 座標 + 變化量
paddle1_x= paddle1_x+5*(result-1);
//result=0  球拍變化量為-5
//result=1  球拍變化量為 0
//result=2  球拍變化量為+5
```

7. 定時器：本範例採用定時器可定時更新乒乓球與球拍的位置。球在 x 方向或 y 方向變化的速度由定時器 myTimer=setInterval(update, T) 設定，球移動的快慢由時間 T 毫秒與常數 ball_speed 決定（ball_speed/T）。若是定時器設定每六十分之一秒更新一次畫面，且常數 ball_speed=3，就是每六十分之一秒在 x 方向移動 3 個像素，即每秒移動 3x60 個像素。

## 五、實驗步驟

AI 玩乒乓球──載入模型之實驗步驟如圖 7-7 所示。

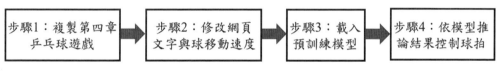

圖 7-7　AI 玩乒乓球──載入模型之實驗步驟

**步驟 1**　複製第四堂課乒乓球遊戲：複製「pingpong4.html」檔至 chap7 資料夾，以 Google Chrome 瀏覽器開啟，會看到綠色球桌、黃色乒乓球與藍色的球拍，如圖 7-8 所示。控制鍵盤左鍵與右鍵可以移動球拍，若是球拍接到球，球會反彈；若是球拍沒有接到球，球會跑出球桌範圍外，並從球桌中間重發一顆球。

**圖 7-8　從第四章遊戲檔案複製的乒乓球遊戲畫面**

**步驟 2**　修改網頁文字與球移動速度：使用文字編輯器編輯「pingpong4.html」，本
範例需引入外部機器學習函式庫 TensorFlow，來源路徑為「https://unpkg.
com/@tensorflow/tfjs」，才能進行模型加載與模型預測。在標籤 <h4> 與
</h4> 之間加入 AI Playing，並修改球移動速度參數為 const ball_speed = 3;
（原來值是 1），如表 7-7 所示。

**表 7-7　修改網頁文字與球移動速度**

```
<!DOCTYPE html>
<html>
<head>
<title>Ping Pong</title>
<script src="https://unpkg.com/@tensorflow/tfjs ">
</script>
</head>
<body>
```

引用外部TensorFlow.js庫

加入"AI Playing"

```
<h4>AI Playing Ping Pong Game</h4>
<script>
// 創造一個畫布
var canvas = document.createElement("canvas");
const width = 400;
const height = 600;

canvas.width = width;
canvas.height = height;
var context = canvas.getContext('2d');

// 加入畫布於網頁
document.body.appendChild(canvas);
// 宣告球相關的變數
const ball_radius = 5;
const ball_initialx = width/2;
const ball_initialy = height/2;
var ball_x;
var ball_y;
// 宣告球拍相關的變數
const paddle1_w = 50;
const paddle1_h = 10;
const paddle1_initialx = 0;
const paddle1_initialy = height   - 2*paddle1_h;
var paddle1_x;
var paddle1_y;
// 宣告球的方向與速度控制相關的變數
var myTimer;
var ball_x_dir=1;
var ball_y_dir=1;
```

修改 ball_speed 為 3

```
const ball_speed = 3;       //球每次變化值
```

以 Google Chrome 瀏覽器執行「pingpong4.html」，可發現球移動速度變快了，按 CTRL+SHIFT+I，開啟「開發人員工具」，控制鍵盤左鍵與右鍵可以移動球拍，如圖 7-9 所示。

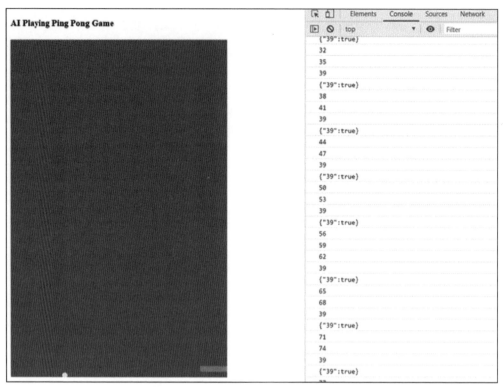

圖 7-9　修改網頁文字與球移動速度

**步驟 3**　載入預訓練模型：在 init 函數中，載入前一章節訓練好的乒乓球神經網路模型檔案（需先要執行第六章訓練乒乓球模型儲存「indexeddb://my-model-ping-pong-3000」），例如「indexeddb://my-model-ping-pong-3000」，並查看模型各層概觀與參數數目，載入預訓練模型之程式如表 7-8 所示。注意需要將原來程式的定時器設定取消，再加入 loadmodel 函數，執行載入模型，再把定時器設定改寫至 loadmodel 函數中。

表 7-8　載入預訓練模型之程式

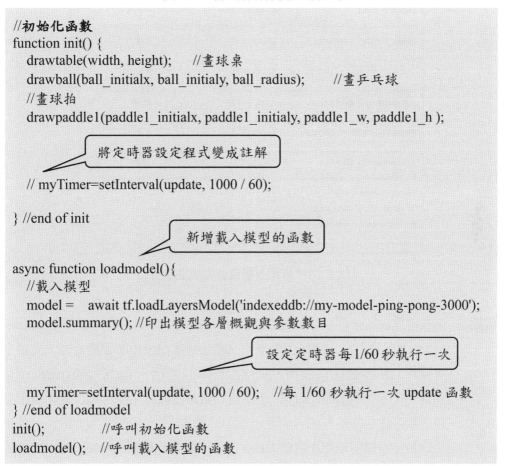

```
//初始化函數
function init() {
    drawtable(width, height);      //畫球桌
    drawball(ball_initialx, ball_initialy, ball_radius);      //畫乒乓球
    //畫球拍
    drawpaddle1(paddle1_initialx, paddle1_initialy, paddle1_w, paddle1_h );


    // myTimer=setInterval(update, 1000 / 60);

} //end of init


async function loadmodel(){
    //載入模型
    model =    await tf.loadLayersModel('indexeddb://my-model-ping-pong-3000');
    model.summary(); //印出模型各層概觀與參數數目


    myTimer=setInterval(update, 1000 / 60);   //每 1/60 秒執行一次 update 函數
} //end of loadmodel
init();         //呼叫初始化函數
loadmodel();   //呼叫載入模型的函數
```

> 將定時器設定程式變成註解

> 新增載入模型的函數

> 設定定時器每 1/60 秒執行一次

以 Google Chrome 瀏覽器執行「pingpong4.html」，按 CTRL+SHIFT+I，開啟「開發人員工具」，若載入模型成功，可以看到模型各層概觀與參數數目，如圖 7-10 所示。

```
Layer (type)                  Output shape          Param #
==========================================================
dense_Dense1 (Dense)          [null,64]             448
_____
dropout_Dropout1 (Dropout)    [null,64]             0
_____
dense_Dense2 (Dense)          [null,64]             4160
_____
dropout_Dropout2 (Dropout)    [null,64]             0
_____
dense_Dense3 (Dense)          [null,3]              195
==========================================================
Total params: 4803
Trainable params: 4803
Non-trainable params: 0
_____
```

**圖 7-10　模型各層概觀與參數數目**

**步驟 4**　依模型推論結果控制球拍：修改 updatepaddle1 函數內容，刪除原 update-paddle1 函數內容，改為依模型預測結果計算出球拍的運動方式。先將六筆資料（前一次球拍 x 座標，前一次球 x 與 y 座標，球拍 x 座標 (paddle1_x) 與球 x 與 y 座標 (ball_x,ball_y)）輸入到神經網路模型，再依據模型預測值去產生球拍移動方向的決策，看是預測結果往左的機率最大的話，就減少球拍 x 座標；若停止的機率最大的話，就控制球拍 x 座標不變；若往右的機率最大的話，就增加球拍 x 座標。使用 argMax 函數可以處理預測結果回傳 0、1 或 2。回傳「0」代表球拍要往左移；回傳「1」代表球拍不動；回傳「2」代表球拍要往右移。將此回傳值減 1 可產生「-1」、「0」或「1」值，可用來控制球拍在 x 方向移動。「-1」為左移、「0」為不變，而「+1」為右移。目前設定球拍一次移動 5 個 pixel，所以球拍位置變化量寫成 5*(result-1)。當 result 等於 0 時，球拍位置變化量為「-5」；當 result 等於 1 時，球拍位置變化量為「0」；當 result 等於 2 時，球拍位置變化量為「+5」。依模型預測結果控制球拍程式設定如表 7-9 所示。

表 7-9　依模型預測結果控制球拍程式

```
//依模型預測結果更新球拍座標的函數
function updatepaddle1(){
  //目前資料 =[球拍 x 座標、球 x 座標、球 y 座標]
  current_data = [paddle1_x, ball_x, ball_y];
  //datax =[前一刻資料, 目前資料]
  data_xs = [...previous_data, ... current_data];
  //前一刻資料=目前資料
  previous_data =   current_data;
  //六種資料組合成一個陣列
  var data_x= [data_xs[0],data_xs[1],data_xs[2],data_xs[3],data_xs[4],data_xs[5]];
  //將陣列轉成張量
  var     inputtensor = tf.tensor([data_x]);
  inputtensor.print(); //印出 inputtensor 張量
  //預測球拍移動
  var     prediction = model.predict(inputtensor);
  prediction.print();   //印出 prediction 張量
  //沿維度 1 方向找最大值的 index
  var     result = tf.argMax(prediction, 1).dataSync();
  console.log(result);   //顯示 result 值在 console 視窗
  //更新球拍 x 座標
  paddle1_x= paddle1_x+5*(result-1);
  //若球拍 x 座標跑至球桌外
  if (paddle1_x <0)
  {
    paddle1_x =0;   //球拍 x 座標等於 0
  }
  else if (paddle1_x> (width-paddle1_w))     //若球拍超過球桌右邊
  {
    paddle1_x =width-paddle1_w; //球拍 x 座標等於球桌寬度剪球拍寬度
  }//end of if
  inputtensor.dispose();   //釋放 GPU 記憶體
  prediction.dispose();    //釋放 GPU 記憶體
}//end of updatepaddle1
```

　　以 Google Chrome 瀏覽器執行「pingpong4.html」，按 CTRL+SHIFT+I，開啟「開發人員工具」，可以看到模型輸入六項數據，輸出有三個元素的張量，取出模型輸出最大值的 index，如圖 7-11 所示。

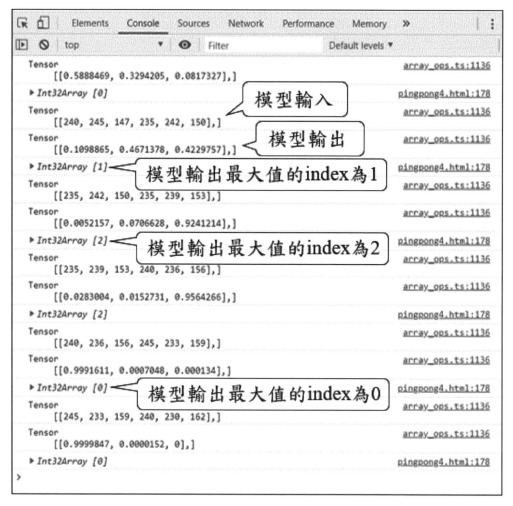

圖 7-11　印出模型預測結果

## 六、完整的程式碼

　　本範例載入預訓練好的模型，記錄遊戲前一個時刻球拍的 x 座標、前一個時刻乒乓球的位置 x 與 y 座標、目前球拍的 x 座標乒乓球與目前位置的 x 與 y 座標，將這六項數據組成陣列再轉成 Tensor，輸入至神經網路模型進行預測，再分析神經網路模型輸出之結果，最後依模型輸出之結果更新球拍位置，完整的程式碼如表 7-10 所示。使用 Google Chrome 執行結果如圖 7-10 所示。

### 表 7-10　AI 玩乒乓球──載入模型之完整程式碼

```
<!DOCTYPE html>
<html>
<head>
<title>Ping Pong</title>
<script src="https://unpkg.com/@tensorflow/tfjs"></script>
</head>
<body>
<h4>AI Playing Ping Pong Game</h4>
<script>
//創造畫布
var canvas = document.createElement("canvas");
const width = 400;
const height = 600;
canvas.width = width;
canvas.height = height;
var context = canvas.getContext('2d');
document.body.appendChild(canvas);
const ball_radius = 5;
//宣告球相關的變數
const ball_initialx = width/2;
const ball_initialy = height/2;
var ball_x;
var ball_y;
//宣告球拍相關的變數
const paddle1_w = 50;
const paddle1_h = 10;
const paddle1_initialx = 0;
```

```
const paddle1_initialy = height    - 2*paddle1_h;
var paddle1_x;
var paddle1_y;
//宣告球的方向與速度控制的相關變數
var myTimer;
var ball_x_dir=1;
var ball_y_dir=1;
const ball_speed = 3;
//宣告紀錄球與球拍座標的變數
let current_data=[];
let data_xs =[];
let previous_data=[];
//畫球桌的函數
function drawtable(w,h)
{
   context.fillStyle = "#008000";//設定綠色
   context.fillRect(0, 0, w, h);//填滿長方形區域
} //end of drawtable
//畫球的函數
function drawball(x, y, radius)
{
   context.beginPath();
   context.arc(x, y, radius, 0, 2 * Math.PI, false);
   context.fillStyle = "#ddff59";
   context.fill();
   ball_x=x;
   ball_y=y;
}//end of drawball
//畫球拍的函數
function drawpaddle1(x, y, w, h)
{
   context.fillStyle = "#59a6ff";
   context.fillRect(x, y, w, h);
   paddle1_x=x;
   paddle1_y=y;
}//end of drawpaddle1
//初始化函數
function init()
{
```

```
  //畫球桌
  drawtable(width, height);
  //畫乒乓球
  drawball(ball_initialx, ball_initialy, ball_radius);
  //畫球拍
  drawpaddle1(paddle1_initialx, paddle1_initialy, paddle1_w, paddle1_h );
  // myTimer=setInterval(update, 1000 / 60);
}//end of init
```

//**載入模型的函數**

```
async function loadmodel(){
  //載入模型
  model =   await tf.loadLayersModel('indexeddb://my-model-ping-pong-3000');
  model.summary();
  myTimer=setInterval(update, 1000 / 60); //每 1/60 秒執行一次 update 函數
} //end of loadmodel
init();          //呼叫初始化函數
loadmodel();   //呼叫載入模型函數
```

//**更新球座標的函數**

```
function updateball() {
  var ball_left_x = ball_x - ball_radius;
  var ball_top_y = ball_y - ball_radius;
  var ball_right_x = ball_x + ball_radius;
  var ball_bottom_y = ball_y + ball_radius;
  // check if ball is   outside of a table
  // bounce off the side walls
  if (ball_left_x < 0) {
    ball_x_dir = 1 ;
  } else if ( ball_right_x > width) {
    ball_x_dir = -1 ;
  }//end of if
  if ( ball_top_y< 0 ) {
    ball_y_dir = 1;
  }
  else if ( ball_top_y < (paddle1_y + paddle1_h) && ball_bottom_y > paddle1_y
&& ball_left_x < (paddle1_x + paddle1_w) && ball_right_x > paddle1_x) {
    ball_y_dir = -1;
  }//end of if
  if(ball_y > height)
  {
```

```
      ball_x = ball_initialx;
      ball_y = ball_initialy;
   }
   else {
      ball_x += ball_x_dir*ball_speed;
      ball_y += ball_y_dir*ball_speed;
   }//end of if
   console.log(ball_x);
}//end of updateball
// pressed keys
var keysDown = {};
//更新球拍座標的函數
function updatepaddle1(){
   //目前資料 =[球拍 x 座標、球 x 座標、球 y 座標]
   current_data = [paddle1_x, ball_x, ball_y];
   //datax =[前一刻資料, 目前資料]
   data_xs = [...previous_data, ... current_data];
   //前一刻資料=目前資料
   previous_data =   current_data;
   var data_x=[data_xs[0], data_xs[1],data_xs[2],data_xs[3],data_xs[4],data_xs[5]];
   //預測球拍移動
   var     inputtensor = tf.tensor([data_x]); //轉換一個陣列為張量
   inputtensor.print();   //印出 inputtensor 張量
   var     prediction = model.predict(inputtensor);   //模型預測
   prediction.print();   //印出 prediction 張量
   var result =tf.argMax(prediction, 1).dataSync(); //沿著維度 1 找最大值的 index
   console.log(result);  //顯示 result 值在 console 視窗
   paddle1_x= paddle1_x+5*(result-1);   //更新球拍 x 座標
   if (paddle1_x <0)
   {
      paddle1_x =0;
   }
   else if (paddle1_x> (width-paddle1_w))
   {
      paddle1_x =width-paddle1_w;
   }
   inputtensor.dispose();
   prediction.dispose();
}//end of updatepaddle1
```

```
//更新全部畫面的函數
function   update(){
    updateball() ;
    updatepaddle1();
    drawtable(width, height);
    drawball(ball_x, ball_y, ball_radius);
    drawpaddle1(paddle1_x, paddle1_y, paddle1_w, paddle1_h );
}//end of update
</script>
</body>
</html>
```

## 隨堂練習

幫 AI 玩乒乓球遊戲加上計分功能。

## 七、課後測驗

(　　) 1. 本範例從何處載入乒乓球遊戲神經網路模型？　(A) indexeddb　(B) lo-
calstorage　(C) 雲端資料庫

(　　) 2. 本範例 AI 控制的球拍在？　(A) 球桌下方的球拍　(B) 球桌上方的球拍
(C) 全部都是

(　　) 3. 本範例使用以何方式控制球拍移動？　(A) AI　(B) 壓按鍵盤　(C) 發出不
同聲音

(　　) 4. 本範例不是乒乓球遊戲需要記錄的資料？　(A) 日期　(B) 乒乓球的座標
(C) 球拍的座標

(　　) 5. 本範例若球拍 x 座標跑至球桌左邊界外，如何處理？　(A) 讓球拍座標 x
為 0　(B) 球拍不動　(C) 球拍消失

第
8
堂
課

CHAPTER ▶▶ ▶

# 與AI對打乒乓球遊戲

● ● ● ● ● ● ● ● ● ● ● ● ● ● ● ● ● ● ● ● ● ● ● ● ● ● ● ●

## 一、實驗介紹

　　前面章節介紹如何訓練 AI 玩乒乓球遊戲之專案，設計了桌球與一個球拍，載入訓練好的神經網路模型讓 AI 控制乒乓球。本章介紹如何新增第二個球拍，讓人與 AI 對打乒乓球。方法為在畫布最上方增加一個球拍，可讓人以按鍵控制新增的球拍左右移動擊球，遊戲畫面如圖 8-1 所示。球拍 1（paddle1）由 AI 控制，球拍 2（paddle2）由鍵盤左右鍵控制，球會以 45 度移動。

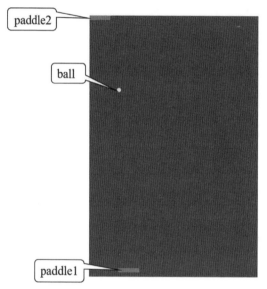

paddle1：球拍1由AI控制
paddle2：球拍2由鍵盤左右鍵控制
ball：球以45度移動

圖 8-1　與 AI 對打乒乓球遊戲畫面

## 二、實驗流程圖

　　本堂課實驗流程如圖 8-2 所示。開啟乒乓球單人遊戲 HTML5 程式碼，設定使用外部 Javascript 函式庫，再加載預訓練好的模型，將前一個時刻球拍的 x 座標、前一個時刻乒乓球的位置 x 與 y 座標、目前球拍的 x 座標，與目前乒乓球位置的 x 與 y 座標這六項數據組成陣列再轉成 Tensor，輸入至神經網路模型進行預測，最後依模型輸出之結果更新球拍 1 位置。再新增球拍 2，設定由電腦按鍵控制球拍 2 的位置，再設定只有球碰到球拍 1 或球拍 2 時，球才會反彈，漏接則重發球。

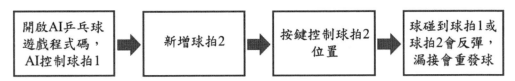

圖 8-2　與 AI 對打乒乓球遊戲之實驗流程圖

## 三、程式架構

本範例建立一個與 AI 對打乒乓球遊戲的 HTML5 檔案，程式架構如圖 8-3 所示。網頁初始化呈現球桌、桌球與兩個球拍。再加載模型，定期更新球與兩個球拍的位置，其中球拍 1 的位置是依模型預測結果計算出球拍 1 移動方向去更新球拍 1 座標；球拍 2 由玩家操作按鍵控制。此乒乓球遊戲可以直接在 Google Chrome 瀏覽器中運行。

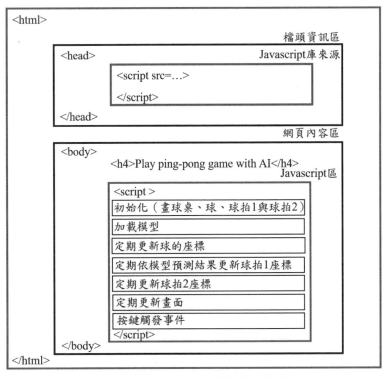

圖 8-3　與 AI 對打乒乓球遊戲之程式架構

205

## 四、重點說明

1. 鍵盤觸發事件：JavaScript 中的 window.addEventListener 是一種監聽整個視窗的事件並處理相應動作的函數，本範例使用到壓下鍵盤（keydown）與放開鍵盤（keyup）的事件。所謂的 keydown 就是指按下任何鍵盤按鍵時，都可以取得對應的鍵盤代碼，也就是所謂的 keyCode，但大小寫的 keyCode 相同。例如：a 與 A 都是 65、b 與 B 都是 66、c 與 C 都是 67……依此類推。按右鍵代碼為 39，按左鍵代碼為 37，Enter 鍵是 13、ESC 鍵是 27 等等。此外當按下鍵盤不放時，則會不斷地連續觸發該事件。而 keyup 是指放開鍵盤時觸發該事件，取得對應的鍵盤代碼。說明如表 8-1 所示。

表 8-1　window.addEventListener 函數

| 監控視窗事件 | 說明 |
|---|---|
| window.addEventListener("keydown", function(e){<br>　console.log(e.keyCode);<br>　}); | 監聽鍵盤按鍵按下事件，並回傳所按的按鍵代碼。 |
| window.addEventListener("keyup", function (e) {<br>　console.log(e.keyCode);<br>　}); | 監聽鍵盤按鍵放開事件，並回傳所放開的按鍵代碼。 |

2. 定時器：本範例採用定時器可定時更新乒乓球與球拍的位置。球在 x 方向或 y 方向變化的速度由定時器 myTimer=setInterval(update, T) 設定，球移動的快慢由時間 T 毫秒與常數 ball_speed 決定（ball_speed/T），例如若是定時器設定每六十分之一秒更新一次畫面，且常數 ball_speed=3，則就是每六十分之一秒 x 方向移動 3 個像素，即每秒移動 3x60 個像素。

3. 球運動方向的控制：只有球碰到球拍 1 或球拍 2 或左右邊界時，球才會改變運動方向；球若跑出球桌範圍，會重新從球桌中心產生一顆球。圖 8-4 為乒乓球運動方向控制的流程圖。若球撞到畫布左邊則將 x 遞增量 ball_x_dir 變為正值，y 遞增量不變；若球撞到球桌右邊則將 x 遞增量 ball_x_dir 變為負值，y 遞增量不變；若球撞到球桌上邊則將 y 遞增量變為正值，x 遞增量不變；若球碰到下方球拍 1，則 y 遞增量 ball_y_dir 變爲正值，x 遞增量不變。若球碰到上方球拍 2，則 y 遞增量 ball_y_dir 變爲負值，x 遞增量不變。若球跑出球桌範圍外，則重置球位置至初始值，否則會依 x 遞增量與 y 遞增量更新球座標。

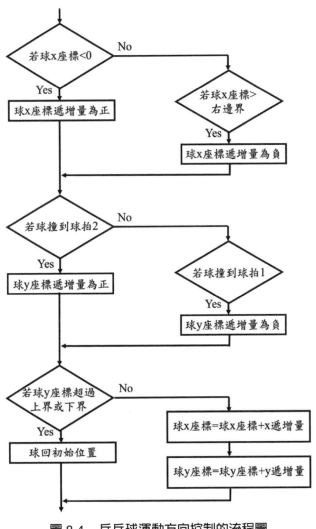

圖 8-4　乒乓球運動方向控制的流程圖

4. 鍵盤觸發更新 keysDown 內容：JavaScript 中的 window.addEventListener 是一種可監聽整個視窗的事件並可處理相應的函數，本範例使用到壓下鍵盤（key-down）與放開鍵盤（keyup）的事件。所謂的 keydown 就是指按下任何鍵盤按鍵時，都可以取得對應的鍵盤代碼，也就是所謂的 keyCode。大寫和小寫是一樣的 keyCode，例如：a 與 A 都是 65、b 與 B 都是 66、c 與 C 都是 67……依此類推。此外當按下鍵盤不放時，則會不斷地連續觸發該事件。而 keyup 是指放開鍵盤時觸發該事件，取得對應的鍵盤代碼。說明如表 8-2 所示。

表 8-2　window.addEventListener 函數

| 監控視窗事件 | 說明 |
|---|---|
| window.addEventListener("keydown", function(e){<br>　　console.log(e.keyCode);<br>　}); | 監聽鍵盤按鍵按下事件，並回傳所按的按鍵代碼。 |
| window.addEventListener("keyup", function (e) {<br>　　console.log(e.keyCode);<br>　}); | 監聽鍵盤按鍵放開事件，並回傳所放開的按鍵代碼。 |

當按下鍵盤左鍵時，回傳 keyCode 為 37，當按下鍵盤右鍵時，回傳 key-Code 為 39。本範例設計當按下鍵盤左鍵，觸發事件，執行將 keysDown 增加一個 {"37":true} 的內容，當放開鍵盤左鍵，觸發事件，執行將 keysDown 刪除 {"37":true}；當按下鍵盤右鍵，觸發事件，執行將 keysDown 增加一個 {"39":true} 的內容，當放開鍵盤右鍵，觸發事件，執行將 keysDown 刪除 {"39":true}，按鍵觸發所執行的動作整理如表 8-3 所示。

表 8-3　按鍵觸發所執行的動作

| 按鍵<br>（key） | 代碼<br>（keycode） | 事件（event） | 執行動作（action） |
|---|---|---|---|
|  ← | 37 | keydown<br>（按下按鍵） | keysDown= {"37":true} |
| | | keyup<br>（放開按鍵） | keysDown= { } |
|  → | 39 | keydown<br>（按下按鍵） | keysDown= {"39":true} |
| | | keyup<br>（放開按鍵） | keysDown= { } |

　　5. 依據 keysDown 內容更新球拍 2 座標：透過判斷 keysDown 物件中的 key 是否是 37，是的話就將球拍 2 的 x 座標減 8；否則判斷 key 是否是 39，是的話就將球拍 x 座標加 8；否則球拍 2 的 x 座標不變，此部分流程圖如圖 8-5 所示。若球拍 2 的 x 座標小於 0，則令球拍 2 的 x 座標等於 0；若球拍 2 的 x 座標大於球桌寬度減去球拍寬度（width-paddle1_w），則令球拍 2 的 x 座標等於球桌寬度減去球拍寬度（width-paddle1_w）。

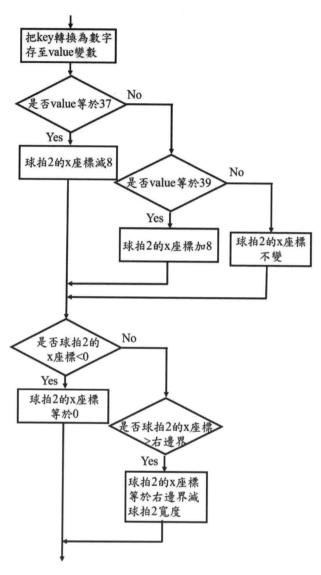

圖 8-5　依據 keysDown 內容更新球拍 2 的 x 座標流程圖

# 五、實驗步驟

與 AI 對打乒乓球遊戲之實驗步驟如圖 8-6 所示。

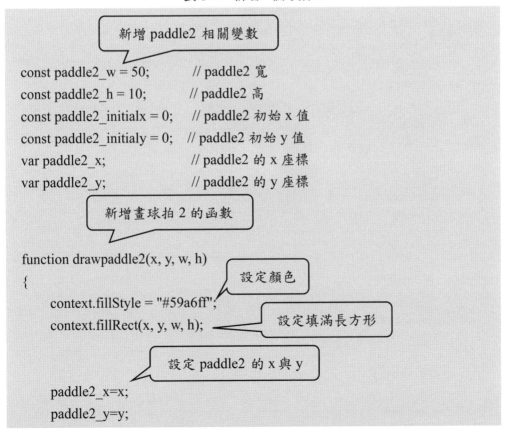

圖 8-6　與 AI 對打乒乓球遊戲之實驗步驟

**步驟 1**　新增一個球拍：複製第七章的 AI 玩乒乓球的程式，存檔成為「pingpong8. html」。（需先要執行第六章訓練乒乓球模型儲存「indexeddb://my-model-ping-pong-3000」，再執行「pingpong9.html」才不會有誤）。新增一個球拍 paddle2，初始位置在畫布左上方，球拍 2（paddle2）可由按鍵控制左移或右移，程式如表 8-4 所示。

表 8-4　新增一個球拍 2

```
                    新增 paddle2 相關變數

const paddle2_w = 50;          // paddle2 寬
const paddle2_h = 10;          // paddle2 高
const paddle2_initialx = 0;    // paddle2 初始 x 值
const paddle2_initialy = 0;    // paddle2 初始 y 值
var paddle2_x;                 // paddle2 的 x 座標
var paddle2_y;                 // paddle2 的 y 座標

                    新增畫球拍 2 的函數

function drawpaddle2(x, y, w, h)
{                                      設定顏色
    context.fillStyle = "#59a6ff";
    context.fillRect(x, y, w, h);           設定填滿長方形

                設定 paddle2 的 x 與 y

    paddle2_x=x;
    paddle2_y=y;
```

211

```
}//end of drawpaddle2
```

> 修改 init 函數

```
//初始化函數
function init() {
    drawtable(width, height);       //畫球桌
    drawball(ball_initialx, ball_initialy, ball_radius);   //畫乒乓球
    //畫球拍 1
    drawpaddle1(paddle1_initialx, paddle1_initialy, paddle1_w, paddle1_h );
```

> 呼叫 drawpaddle2 畫球拍 2

```
    drawpaddle2(paddle2_initialx, paddle2_initialy, paddle2_w, paddle2_h );
}//end of init
//載入模型的函數
async function loadmodel(){
    //加載模型
    model =   await tf.loadLayersModel('indexeddb://my-model-ping-pong-3000');
    model.summary();
    myTimer=setInterval(update, 1000 / 60); //每 1/60 秒執行一次 update 函數
}//end of loadmodel
init();         //呼叫初始化函數
loadmodel();    //載入模型
…
```

> 新增更新球拍 2 座標的函數

```
function updatepaddle2(){
```

> 每個在 keysDown 中的 key

```
    for (var key in keysDown) {
        var value = Number(key);
```

> 若 key 值是 37

```
        if (value == 37) {
```

> paddle2_x 減 8

```
    paddle2_x= paddle2_x-8;
}
```

> 若 key 值是 39

```
else if (value == 39) {
```

> paddle2_x 加 8

```
    paddle2_x= paddle2_x+8;
}
else {
```

> paddle2_x 不變

```
    paddle2_x= paddle2_x;
}//end of if
```

> 若 paddle2_x 小於 0

```
if (paddle2_x <0)
{
```

> paddle2_x 等於 0

```
    paddle2_x =0;
}
```

> 若 paddle2_x 大於球桌寬度

```
else if (paddle2_x> (width-paddle2_w))
{
```

> paddle2_x 等於球桌寬度減 paddle2 寬度

```
    paddle2_x =width-paddle2_w;
}//end of if
}//end of for
}//end of updatepaddle2
//更新全部畫面的函數
```

> 修改 update 函數

```
function  update(){
```

```
    updateball() ;
    updatepaddle1();
    updatepaddle2();
    drawtable(width, height);
    drawball(ball_x, ball_y, ball_radius);
    drawpaddle1(paddle1_x, paddle1_y, paddle1_w, paddle1_h );


    drawpaddle2(paddle2_x, paddle2_y, paddle2_w, paddle2_h );
}//end of update



//壓下按鍵觸發事件
window.addEventListener("keydown", function (event) {
    keysDown[event.keyCode] = true;
    console.log(event.keyCode);
    console.log(JSON.stringify(keysDown)); //將物件轉為字串再印出



});
//放開按鍵觸發事件
window.addEventListener("keyup", function (event) {
    delete keysDown[event.keyCode];
});
</script>
</body>
</html>
```

> 呼叫 drawpaddle2 更新 daddle2 座標

> 呼叫 drawpaddle2 函數畫 daddle2

> 當按鍵被壓下時，將 keyDown[按鍵碼]設成 true

> 當按鍵被釋放時，刪除 keyDown 內容

以 Google Chrome 瀏覽器執行「pingpong8.html」，按 CTRL+SHIFT+I ，開啟「開發人員工具」，控制鍵盤左鍵與右鍵可以移動位於畫布上方的球拍 2，如圖 8-7 所示。但目前上方球拍沒有接到球時，球也會反彈，因為仍維持原先上方邊界的設定。

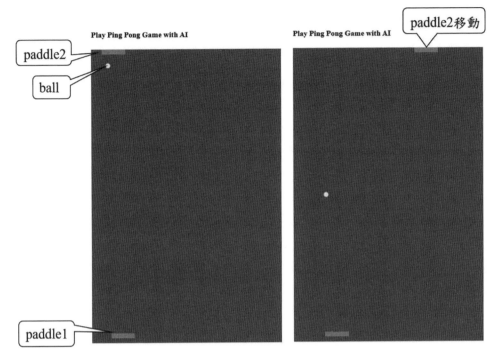

圖 8-7　可用鍵盤做右鍵控制位於畫布上方的球拍（paddle2）

**步驟 2**　漏接重發球：原來的乒乓球遊戲是撞到畫布上邊界會反彈，現在要修改成當球撞到 paddle2 才反彈，當 paddle2 沒有接到球時，球會超出球桌的範圍，系統重發一顆球，程式如表 8-5 所示。

表 8-5　漏接重發球

```
//更新球座標的函數                修改 update ball 函數
function updateball() {
    var ball_left_x = ball_x - ball_radius;
    var ball_top_y = ball_y - ball_radius;
    var ball_right_x = ball_x + ball_radius;
    var ball_bottom_y = ball_y + ball_radius;
    // check if ball is    outside of a table
```

215

```
// bounce off the side walls
if (ball_left_x < 0) {
    ball_x_dir = 1 ;
} else if ( ball_right_x > width) {
    ball_x_dir = -1 ;
}//end of if
```

將程式變註解

```
/*
// if ball hits upper walls , bounce off the upper walls
if ( ball_top_y< 0 ) {
    ball_y_dir = 1;
}
*/
```

若 paddle2 接到球

```
if( ball_top_y < (paddle2_y + paddle2_h) && ball_bottom_y > paddle2_y &&
ball_left_x < (paddle2_x + paddle2_w) && ball_right_x > paddle2_x){
        ball_y_dir = 1;
}
```

若 paddle1 接到球

```
else if ( ball_top_y < (paddle1_y + paddle1_h) && ball_bottom_y >
paddle1_y && ball_left_x < (paddle1_x + paddle1_w) && ball_right_x >
paddle1_x) {
        ball_y_dir = -1;
}//end of if
```

若球 y 座標超過球桌下界或上界

```
//    if(ball_y > height)
    if(ball_y > height   || ball_y < 0 )
    {
    ball_x = ball_initialx;
    ball_y = ball_initialy;
```

```
    }
    else {
      ball_x += ball_x_dir*ball_speed;
      ball_y += ball_y_dir*ball_speed;
    }end of if
  // console.log(ball_x);
 }//end of updateball
```

以 Google Chrome 瀏覽器執行「pingpong8.html」，按 CTRL+SHIFT+I，開啟「開發人員工具」，控制鍵盤左鍵與右鍵可以移動位於畫布上方的球拍，如圖 8-8 所示。當上方球拍漏接球時，會於畫布最中間位置重新發一顆球。

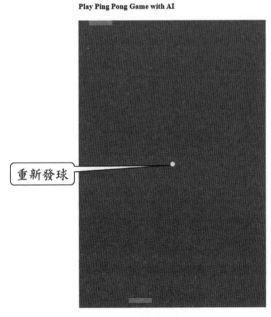

Play Ping Pong Game with AI

重新發球

圖 8-8　漏接重新發球

## 六、完整的程式碼

本範例加載預訓練好的模型，將球拍與桌球六項位置數據組成陣列再轉成 Tensor，輸入至神經網路模型進行預測，最後依模型輸出之結果更新球拍位置，完整的程式碼如表 8-6 所示。使用 Google Chrome 執行結果如圖 8-9 所示。

表 8-6　與 AI 對打乒乓球遊戲完整程式

```html
<!DOCTYPE html>
<html>
<head>
<title>Ping Pong</title>
<script src="https://unpkg.com/@tensorflow/tfjs"></script>
</head>
<body>
<h4>Play Ping Pong Game with AI</h4>
<script>
//創造畫布
var canvas = document.createElement("canvas");
const width = 400;
const height = 600;
canvas.width = width;
canvas.height = height;
var context = canvas.getContext('2d');
//加入畫布於網頁
document.body.appendChild(canvas);
//宣告球相關變數
const ball_radius = 5;          //球半徑
const ball_initialx = width/2;    //球起始 x 座標
const ball_initialy = height/2;   //球起始 y 座標
var ball_x;
var ball_y;
```

```
//宣告球拍 1 相關的變數
const paddle1_w = 50;     //球拍 1 寬度
const paddle1_h = 10;       //球拍 1 高度
const paddle1_initialx = 0;     //球拍 1 起始 x 座標
const paddle1_initialy = height    - 2*paddle1_h;  //球拍 1 起始 y 座標
var paddle1_x;
var paddle1_y;
//宣告球拍 2 相關的變數
const paddle2_w = 50;     //球拍 2 寬度
const paddle2_h = 10;     //球拍 2 高度
const paddle2_initialx = 0;    //球拍 2 起始 x 座標
const paddle2_initialy = 0;    //球拍 2 起始 y 座標
var paddle2_x;
var paddle2_y;
//宣告球的方向與速度控制的變數
var myTimer;
var ball_x_dir=1;
var ball_y_dir=1;
const ball_speed = 3;
//宣告紀錄球與球拍座標的變數
let current_data=[];
let data_xs =[];
let previous_data=[];
//畫球桌的函數
function drawtable(w,h)
{
    context.fillStyle = "#008000";//設定綠色
    context.fillRect(0, 0, w, h);//填滿長方形區域
}//end of drawtable
//畫球的函數
function drawball(x, y, radius)
```

```
{
    context.beginPath();
    context.arc(x, y, radius, 0, 2 * Math.PI, false);
    context.fillStyle = "#ddff59";
    context.fill();
    ball_x=x;
    ball_y=y;
}//end of drawball
```
//畫球拍 1 的函數
```
function drawpaddle1(x, y, w, h)
{
    context.fillStyle = "#59a6ff";
    context.fillRect(x, y, w, h);
    paddle1_x=x;
    paddle1_y=y;
}//end of drawpaddle1
```
//畫球拍 2 的函數
```
function drawpaddle2(x, y, w, h)
{
    context.fillStyle = "#59a6ff";
    context.fillRect(x, y, w, h);
    paddle2_x=x;
    paddle2_y=y;
}//end of drawpaddle2
```
//初始化函數
```
function init() {
    drawtable(width, height);        //畫球桌
    drawball(ball_initialx, ball_initialy, ball_radius);        //畫乒乓球
    //畫球拍 1
    drawpaddle1(paddle1_initialx, paddle1_initialy, paddle1_w, paddle1_h );
    //畫球拍 2
```

```
drawpaddle2(paddle2_initialx, paddle2_initialy, paddle2_w, paddle2_h );
}//end of init
```
//載入訓練好的模型函數
```
async function loadmodel(){
  //載入模型
  model =   await tf.loadLayersModel('indexeddb://my-model-ping-pong-3000');
  model.summary();
  myTimer=setInterval(update, 1000/ 120); //每 1/120 秒執行一次 update 函數
}//end of loadmodel
init();        //呼叫初始化函數
loadmodel();   //呼叫載入模型函數
```
//更新球的座標的函數
```
function updateball() {
  var ball_left_x = ball_x - ball_radius;
  var ball_top_y = ball_y - ball_radius;
  var ball_right_x = ball_x + ball_radius;
  var ball_bottom_y = ball_y + ball_radius;
  // 球超過畫布左邊或右邊球會反彈
  if (ball_left_x < 0) {
      ball_x_dir = 1 ;
  } else if ( ball_right_x > width) {
      ball_x_dir = -1 ;
  }//end of if
  //球撞到球拍 2 反彈
  if( ball_top_y < (paddle2_y + paddle2_h) && ball_bottom_y > paddle2_y &&
ball_left_x < (paddle2_x + paddle2_w) && ball_right_x > paddle2_x){
    ball_y_dir = 1;
  }
  //球撞到球拍 1 反彈
  else if ( ball_top_y < (paddle1_y + paddle1_h) && ball_bottom_y > paddle1_y
&& ball_left_x < (paddle1_x + paddle1_w) && ball_right_x > paddle1_x) {
```

```
    ball_y_dir = -1;
  }//end of if
  if(ball_y > height  || ball_y < 0 )     //若球超過畫布上界或下界
  {
   ball_x = ball_initialx;              //球 x 與 y 座標為初始座標
   ball_y = ball_initialy;
  }
  else {                               //否則
   all_x += ball_x_dir*ball_speed;   //球 x 座標加 ball_x_dir*ball_speed
   ball_y += ball_y_dir*ball_speed;   //球 y 座標加 ball_x_dir*ball_speed
  }//end of if
 }//end of updateball
var keysDown = {};
//更新球拍 1 座標的函數
function updatepaddle1(){
  //目前資料＝[球拍 x 座標、球 x 座標、球 y 座標]
  current_data = [paddle1_x, ball_x, ball_y];
  //data_xs＝[前一刻資料，目前資料]
  data_xs = [...previous_data, ... current_data];
  //前一刻資料=目前資料
  previous_data =   current_data;
  var    data_x = [ data_xs[0], data_xs[1],data_xs[2],data_xs[3],data_xs[4],
data_xs[5] ];   //輸入模型的資料
  var    inputtensor = tf.tensor([data_x]);   //輸入資料轉成 tensor
  inputtensor.print();                  //印出輸入的資料
  var    prediction = model.predict(inputtensor);   //模型預測結果
  prediction.print();        //印出模型預測結果
  //找出三個神經元輸出值最大的是哪一個
  var result =tf.argMax(prediction, 1).dataSync();   // 回傳 0,1 或 2
  console.log(result);
  //我們需要-1,0 or 1 (左移,不動,右移),可將 result-1 可得到
```

```
    paddle1_x= paddle1_x+5*(result-1);
    if (paddle1_x <0)        //若球拍 1 的 x 座標小於 0
    {
        paddle1_x =0;        //球拍 1 的 x 座標等於 0
    }
    else if (paddle1_x> (width-paddle1_w)) //若球拍 1 的 x 座標超過畫布右邊
    {
        paddle1_x =width-paddle1_w; //球拍 1 的 x 座標等於 0 畫布寬減球拍寬
    }//end of if
    inputtensor.dispose();    //釋放 GPU 記憶體
    prediction.dispose();     //釋放 GPU 記憶體
}// end of updatepaddle1
//更新球拍 2 座標的函數
function updatepaddle2()
{
    for (var key in keysDown) {
        var value = Number(key);   //將按鍵碼文字轉成數值
        if (value == 37) {         //若按鍵碼值為 37
            paddle2_x= paddle2_x-8;   //球拍 2 座標減 8
        } else if (value == 39) {      //若按鍵碼值為 39
            paddle2_x= paddle2_x+8;  //球拍 2 座標加 8
        } else {                    //否則
            paddle2_x= paddle2_x;   //球拍 2 座標不變
        }//end of if
        if (paddle2_x <0)           //若球拍 2 的 x 座標小於 0
        {
            paddle2_x =0;           //球拍 2 的 x 座標等於 0
        }
        else if (paddle2_x> (width-paddle2_w)) //若球拍 2 的 x 座標超過畫布右邊
        {
            paddle2_x =width-paddle2_w; //球拍 1 的 x 座標等於 0 畫布寬減球拍寬
```

```
    }//end of if
  }//end of for
}//end of updatepaddle2
```
//更新全部畫面的函數
```
function    update(){
  updateball() ;                //執行更新球座標
  updatepaddle1();              //執行更新球拍 1 座標
  updatepaddle2();              //執行更新球拍 2 座標
  drawtable(width, height);    //執行畫球桌
  drawball(ball_x, ball_y, ball_radius); //執行畫球
  drawpaddle1(paddle1_x, paddle1_y, paddle1_w, paddle1_h ); //執行畫球拍 1
  drawpaddle2(paddle2_x, paddle2_y, paddle2_w, paddle2_h ); //執行畫球拍 2
}//end of update
```
//壓下按鍵觸發事件
```
window.addEventListener("keydown", function (event) {
    // 將 keysDown 內容新增一個{按鍵碼:true}
    keysDown[event.keyCode] = true;
    console.log(event.keyCode);
    console.log(JSON.stringify(keysDown)); //將物件轉為字串再印出
});
```
//放開按鍵觸發事件
```
window.addEventListener("keyup", function (event) {
    delete keysDown[event.keyCode];
});
</script>
</body>
</html>
```

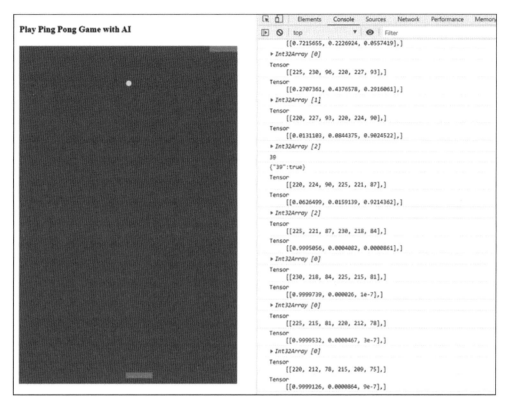

圖 8-9　與 AI 對打乒乓球遊戲

**隨堂練習**

修改為將一分鐘內，球拍 2 擊到球之次數顯示在網頁上，一分鐘時間到會
遊戲會停止，再按「Restart」鍵會重新開始。

## 提示

1. 人機介面增加一個分數顯示欄位「Score」與「Restart」按鈕。

```
<div style="text-align:center;width:400px">
<h4>Play Ping Pong Game with AI</h4>
<table   style="text-align:center;width:400px;height:50px;" >
   <tr>
       <td><div>Score </div></td>
       <td><button  id="restart" type="button">Restart </button></td>
   </tr>
   <tr>
       <td><div   id="playerscore" >0</div></td>
       <td></td>
   </tr>
</table>
</div>
```

2. 設計倒數計時功能

```
const counter_init = 7200; //宣告倒數計時變數從 7200 開始倒數
var counter=counter_init;
//更新全部畫面的函數            修改 update 函數
function   update(){
                              counter 遞減
    counter--;
                              若 counter 等於 0
    if(counter==0)
    {
                              清除定時器設定
       clearInterval(myTimer);
    }//end of if
    updateball() ;
    updatepaddle1();
```

```
    updatepaddle2();
    drawtable(width, height);
    drawball(ball_x, ball_y, ball_radius);
    drawpaddle1(paddle1_x, paddle1_y, paddle1_w, paddle1_h );
    drawpaddle2(paddle2_x, paddle2_y, paddle2_w, paddle2_h );
}
```

3. 球碰到球拍 2 會增加 1 分，並將分數顯示於人機介面。

```
var score = 0;    //宣告變數計錄分數
```

取得 ID 為'playerscore'的值

```
const pscore = document.getElementById('playerscore');
//更新球座標的函數
function updateball() {
```

修改 updateball 函數

當球撞到上方球拍 2

```
    if( ball_top_y < (paddle2_y + paddle2_h) && ball_bottom_y > paddle2_y &&
ball_left_x < (paddle2_x + paddle2_w) && ball_right_x > paddle2_x){
        ball_y_dir = 1;
```

score 加 1 分

```
        score++;
        console.log(score);
```

將分數 顯示在網頁上

```
        pscore.innerHTML= score;
    }
    else if ( ball_top_y < (paddle1_y + paddle1_h) && ball_bottom_y >
paddle1_y && ball_left_x < (paddle1_x + paddle1_w) && ball_right_x >
paddle1_x) {
        ball_y_dir = -1;
    }//end of if
}//end of updateball
```

4. 按「Restart」，重新設定 myTimer 定時器，並清除分數。

```
const restartbutton = document.getElementById('restart');
restartbutton.addEventListener('click', async () => {
    score=0;                         //重設分數值為 0
    pscore.innerHTML=0;              //重設網頁上顯示的分數為 0
    counter=counter_init;           //重設倒數計時為 counter_init
    //設定每 1/120 秒執行一次 update 函數
    myTimer=setInterval(update, 1000 / 120);
});
```

## 七、課後測驗

(　　) 1. 本範例從何處載入乒乓球遊戲神經網路模型？　(A) indexeddb　(B) localstorage　(C) 雲端資料庫

(　　) 2. 本範例使用何種方式與 AI 對打乒乓球遊戲？　(A) 新增一個球拍　(B) 新增一顆球　(C) 新增一個球桌

(　　) 3. 本範例使用者是以何方式控制球拍移動？　(A) 壓按鍵盤　(B) 變化頭部姿態　(C) 發出不同聲音

(　　) 4. 本範例使用何種函數定期更新畫面？　(A) setInterval　(B) setTimeout　(C)loop

(　　) 5. 本範例 AI 控制的球拍在？　(A) 球桌下方的球拍　(B) 球桌上方的球拍　(C) 全部都是

CHAPTER ▶▶ ▶

第 9 堂 課

# 乒乓球遊戲分數記錄至雲端資料庫

## 一、實驗介紹

本堂課的目的係將與 AI 對打乒乓球遊戲的最高分數儲存於雲端資料庫，本範例使用的雲端平臺是 Firebase Realtime Database 即時資料庫。乒乓球遊戲之分數計算為 6 秒內能擊到球次數，將分數與資料庫中儲存的歷史紀錄最高分相比，若高於歷史紀錄最高分，則更新雲端資料庫資料，並同步更新連結到此資料庫的 WebApp。乒乓球遊戲分數記錄至雲端資料庫之系統架構圖如圖 9-1 所示。

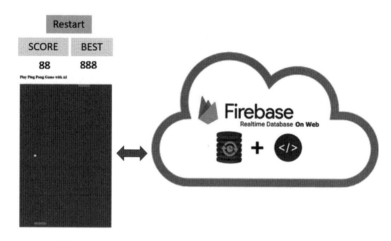

**圖 9-1 乒乓球遊戲分數記錄至雲端資料庫架構圖**

## 二、實驗流程圖

本堂課實驗流程如圖 9-2 所示。建立 Firebase 專案與資料庫，取得認證碼，再修改乒乓球遊戲具有資料庫讀取與寫入的功能。

**圖 9-2 乒乓球遊戲分數記錄至雲端資料庫之實驗流程圖**

## 三、程式架構

　　本範例建立一個乒乓球遊戲分數記錄至雲端資料庫之 HTML5 網頁，程式架構如圖 9-3 所示。宣告 Firebase 存取認證碼，設定監聽資料庫中遊戲最高分值。接著註冊 Restart 按鈕的 click 事件，再將網頁初始化呈現球桌、桌球與兩個球拍，再加載神經網路模型，再定期更新球與兩個球拍的位置，也顯示從遊戲開始的 6 秒內乒乓球撞到球拍 2 的分數。其中球拍 1 的位置是依模型預測結果計算出球拍 1 移動方向去更新球拍 1 座標；球拍 2 則是由按鍵控制。

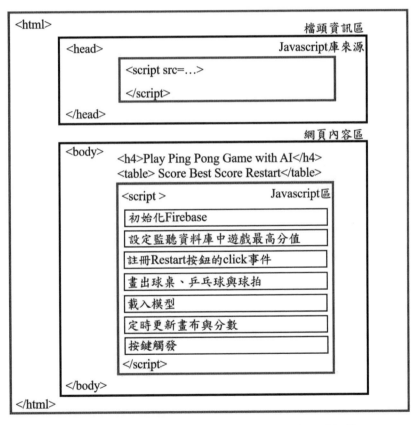

圖 9-3　乒乓球遊戲分數記錄至雲端資料庫程式架構

## 四、重點說明

1. Firebase 介紹：Firebase 目前是 Google 旗下的產品，是一個支援 Android、iOS 及網頁的 App 雲端開發平臺。Firebase 提供很豐富的後端服務，像是即時資料庫與資料庫 API，能幫助 App 開發者更專注在前端的優化與縮短 App 開發時間。Firebase 可以免費使用，但有額度限制，可以參考官網看各項服務的免費額度，「https://firebase.google.com/pricing」。

2. Firebase Realtime Database 介紹：Firebase Realtime Database 是雲端資料庫。Realtime Database 主要有 4 個設定頁面：資料、規則、備份與用量，如圖 9-4，說明如表 9-1 所示。

圖 9-4　Realtime Database 主要有 4 個設定頁面

表 9-1　Realtime Database 設定頁面

| 設定頁面 | 說明 |
|---|---|
| 資料 | 在資料中能看到此資料庫所有的資料，像 JSON 的格式。此資料畫面中也可直接在網頁更改資料。 |
| 規則 | 資料讀寫權限控管的地方，能夠撰寫客製化的規則。 |
| 備份 | 需要升級才能使用備份功能，但可用手動方式匯出整個資料庫成 JSON 格式。 |
| 用量 | 此處統計資料庫用量，方便評估專案的實際用量，再來決定是否要付費等。 |

Realtime Database 透過 JSON 格式儲存資料並可即時同步到所連線的用戶端。Realtime Database 將資料存爲一個大型的 JSON tree，每次新增一筆資料都變成一個節點對應到 JSON tree 中一個特定的 key。將一筆 JSON 資料 {"best-score":5, "myobj":{"name":"Mary", "age":30, "cars": {"car1":"Ford", "car2":"BMW", "car3":"Fiat" }}} 存進根目錄下的情況如圖 9-5 所示。而資料中每個參數都是個節點。舉例來說，"cars" 代表爲一個節點；而 "car1" 是 "car" 的 child，同時也是一個節點。

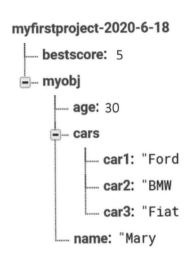

圖 9-5　Realtime Database 的 JSON tree

3. Realtime Database 路徑：Realtime Database 有一個核心概念就是「參考」（reference），可參考到資料庫中一個特定的節點。每個人建立的 Realtime Database 都有一個不同的 URL，例如 https://myfirstproject-2020-6-18.firebaseio.com，得透過 ref 與 child 指定相對路徑，就能針對相對路徑寫入或讀取對應的 API，舉例如表 9-2 所示。

表 9-2　Realtime Database 透過 ref 與 child 指定相對路徑的 API

| API | 說明 | 範例 |
|---|---|---|
| ref | ref 指的是資料節點的路徑，ref() 預設為根目錄 | database.ref();<br>database.ref('myobj/cars'); |
| child | child 指定路徑至較低層級的子節點 | database.ref().child(bestscore); |

4. 寫入 Realtime Database 資料庫：將資料寫入 Realtime Database 資料庫的方式分成四種：設定（set）、更新（update）、添加（push）和移除（remove），主要都是以 JSON 格式儲存資料，舉例如表 9-3 所示。

表 9-3　寫入 Realtime Database 資料庫

| | 說明 | 舉例 |
|---|---|---|
| set（設定） | set 會把指定節點下的內容完全覆蓋 | database.ref('/').set({a:123}); |
| update（更新） | update 是針對指定的節點做更新 | database.ref('/').update({bestscore:8}); |
| push（添加） | push 可以在一個節點裡頭不斷地添加資料 | database.ref('/a').push(4);<br>database.ref('/a').push(5); |
| remove（移除） | remove 可以移除資料庫中某個節點的資料 | database.ref('/test').set({c:8});<br>database.ref('/test').set({b:8});<br>database.ref('/test/c').remove(); |

5. 讀 Realtime Database 資料庫：從 Realtime Database 資料庫讀取資料的方式有兩種，分別是：只讀取一次（once）和即時讀取（on）。Realtime database 資料庫最大的特色就是「即時」，可以在資料庫有變動的情況下，即時將變化發送到所有正在偵測的網頁或應用。使用 on 之後，除非手動停止，不然執行網頁就會一直監聽資料庫狀態，並透過 callback 的 function 來執行對應動作。以下方的例子來說，只要資料庫有變動，就會即時在 Console 裡看到資料庫的值，舉例如表 9-4 所示。

表 9-4　只讀取一次（once）和即時讀取（on）

| 讀取資料的方式 | 說明 | 範例 |
|---|---|---|
| once<br>（讀取一次） | 呼叫資料庫時僅載入一次，當資料庫資料有異動，需再次呼叫，才能取得更新後的資料庫資料。 | `database.ref('/').once('value',e=>{`<br>　`console.log(e.val());`<br>`});` |
| on<br>（隨時監聽） | 當資料庫有變化時，即時將變化發送到所有連線的網頁應用。 | `var dbRef = database.ref('/').child('bestscore');`<br>　`dbRef.on('value', snap => bigOne.innerText = snap.val());` |

6. button 元素的 disable 屬性：本範例使用 button 元素設計 "Restart" 按鈕，利用 disable 屬性控制該元素是否可被使用。本設計在初始時先禁能 "Restart" 按鈕，該按鈕會呈現淡灰色；當遊戲停止時，再致能 "Restart" 按鈕，按鈕會呈現深灰色。disable 元素的 disable 屬性說明整理如表 9-5 所示。

表 9-5　button 元素的 disable 屬性

| disable 值 | 舉例 | 說明 |
|---|---|---|
| true | `document.getElementById("restart").disabled = true;` | Id 為 "restart" 的元素不能使用<br>Restart |
| false | `document.getElementById("restart").disabled = false;` | Id 為 "restart" 的元素可以使用<br>Restart |

7. addEventListener() 方法：本範例使用 addEventListener() 方法在特定的元素註冊事件，本範例是當按下 button 元素，就會觸發事件並執行特定函數，整理如表 9-6 所示。

表 9-6　使用 addEventListener() 方法範例

| 範例 | document.getElementById("myBtn").addEventListener("click", function() {<br>　document.getElementById("demo").innerHTML = "Hello World";<br>}）; |
|---|---|
| 說明 | 按下 button 元素，就會觸發事件，並執行輸出「Hello World」在 id="demo":<p> 元素 element 中。 |

## 五、實驗步驟

與 AI 對打乒乓球遊戲分數記錄至雲端資料庫之實驗步驟如圖 9-6 所示。

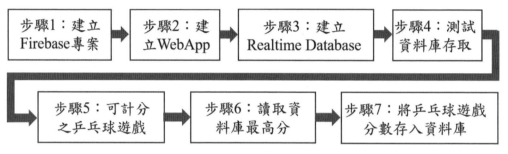

圖 9-6　與 AI 對打乒乓球遊戲分數記錄至雲端資料庫之實驗步驟

**步驟 1**　建立 Firebase 專案：開啟瀏覽器連結至 Firebase 官網「https://firebase. google.com/」，如圖 9-7 所示，點選「Get started」，並使用 Google 帳號登入。登入後會看到「歡迎使用 Firebase!」的文字，如圖 9-8 所示，接著點選「新增專案」。

圖 9-7　Firebase 官網

圖 9-8　新增專案

然後設定專案名稱，如圖 9-9 所示，再按繼續。

圖 9-9　設定專案名稱

　　再啟用這項專案的 Google Analytics（分析）功能，如圖 9-10 所示。按下繼續，設定 Google Analytics（分析）帳戶為「Default Account for Firebase」，如圖 9-11 所示，再按「建立專案」。建立完成後可以看到新建的專案，如圖 9-12 所示。

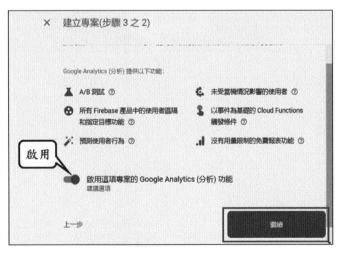

圖 9-10　啟用這項專案的 Google Analytics（分析）功能

圖 9-11　選擇「Default Account for Firebase」

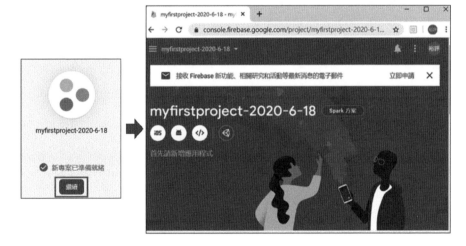

圖 9-12　新建的專案完成

**步驟 2**　建立 WebApp：在專案主控臺，會看到「首先請新增應用程式」，選擇第 3
個「網頁」，點選後進入「將 Firebase 新增至您的網頁應用程式」畫面，
設定應用程式暱稱，如圖 9-13 所示，設定好後按「註冊應用程式」，出現
指令碼，如圖 9-14 所示。請先複製這些指令碼並貼到 <body> 標記的最下
方處，再按「前往主控臺」。

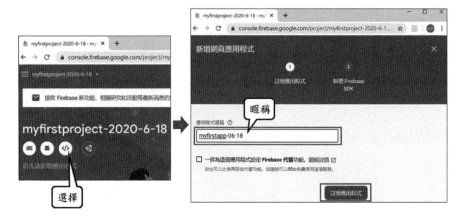

圖 9-13　建立 WebApp

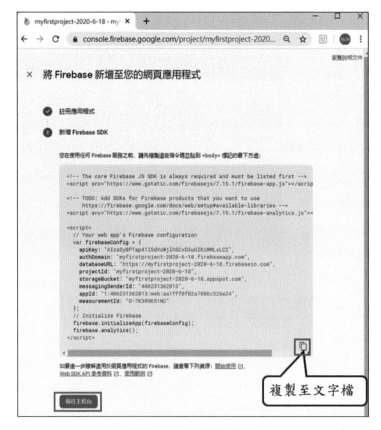

圖 9-14　複製指令碼

**步驟 3**　建立 Realtime Database：選擇專案主控臺左側選單中的 Database，滑鼠往下拉一些會看到「您也可以選用 Realtime Database」，然後點選 Realtime Database 中的「建立資料庫」，如圖 9-15 所示。

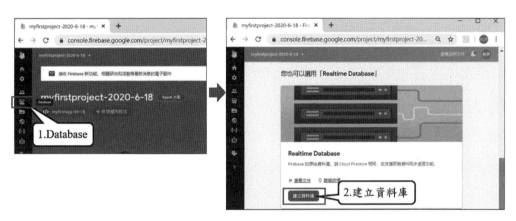

圖 9-15　建立 Realtime Database

接著會詢問要以何種規則啟用資料庫，此處選擇「測試模式」，讀、寫規則都是 true，如圖 9-16 所示，再按「啟用」。

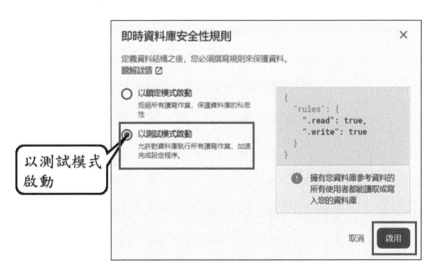

圖 9-16　選擇「測試模式」

　　建立完後就能看到資料庫主畫面，初始是沒有資料，這時你可能會看到警告訊息，因為剛剛選擇了「測試模式」，是在沒有安全性規則的保護下，所以才會出現警告訊息，如圖 9-17 所示。按 + 號，新增一個「bestscore」的子項目，將其值填入 0，再按「新增」，結果如圖 9-18 所示。

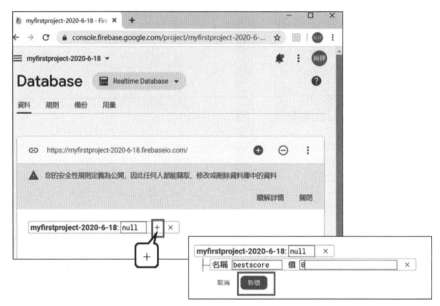

圖 9-17　將「bestscore」值填上 0

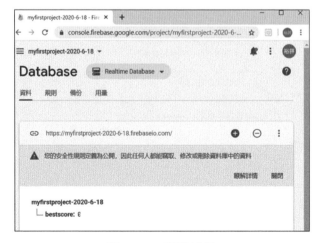

圖 9-18　設定結果

**步驟** 4　測試資料庫存取：設計一個網頁「databasetest.html」，測試對 Realtime Database 的存取。先要引入 Firebase 的函式庫的 js，針對相對路徑就可以使用寫入或讀取對應的 Api。接著在 JavaScript 中撰寫下面這段初始化的程式碼，「firebase.initializeApp(firebaseConfig);」；再透過 ref 指定相對路徑 'bestscore'，更新為 3。也使用隨時監聽的方式讀取根目錄下的子節點 'bestscore'，該節點資料變動時就會即時顯示於網頁。測試資料庫存取程式編輯如表 9-7 所示。

**表 9-7　測試資料庫存取網頁程式編輯**

```
<!DOCTYPE html>
<html>
<head>                                        載入 firbase 函式庫
<title>Page Title</title>
<script src="https://www.gstatic.com/firebasejs/7.15.1/firebase   -app.js"></script>
<script
src="https://www.gstatic.com/firebasejs/7.15.1/firebase   -database.js"></script>

</head>
<body>
<h1 id="bigOne">Access database test</h1>

<script>                                      複製步驟 2 的 firebaseConfig
    //你的 Firebase 認證
    var firebaseConfig = {
        apiKey: "AIzaSyBPxxxxxxxxxxxxxxxxxxxxxxxxxx",
        authDomain: "myfirstproject -2020-6-18.firebaseapp.com",
        databaseURL: "https://myfirstproject -2020-6-18.firebaseio.com",
        projectId: "myfirstproject-2020-6-18",
        storageBucket: "myfirstproject -2020-6-18.appspot.com",
        messagingSenderId: "40xxxxxxxx",
        appId: "1:40xxxxxxweb:aa1fff0f02xxxxxxx",
        measurementId:  "G-7xxxxxxxxx"
    };
```

初始化 Firebase

```
firebase.initializeApp(firebaseConfig);
```

取得一個資料庫服務的參考,將根目錄下'bestscore' 節點更新為 3

```
firebase.database() .ref('/').update({bestscore:3});
```

取得頁面中 id 為 bigOne 的元素值

```
var bigOne=document.getElementById('bigOne');
```

移至根目錄下的子節點 'bestscore'

```
var dbRef =firebase.database() .ref().child('bestscore');
```

該節點資料變動時會即時顯示於網頁

```
dbRef.on('value', snap => bigOne.innerText = snap.val() );
</script>
</body>
</html>
```

　　以 Google Chrome 瀏覽器執行「databasetest.html」，按 CTRL+SHIFT+I，開啟「開發人員工具」，可以看到當資料庫中 bestscore 節點值被改變為 3 時，網頁上資料會自動更改為 3，如圖 9-19 所示。

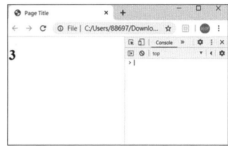

**圖 9-19　將 bestscore 節點數值更新為 3 且網頁也會即時更新**

**步驟 5**　可計分之乒乓球遊戲：複製光碟片中 chap9 之「pingpong9.html」至電腦，該程式為一具有計分功能之與 AI 對打之乒乓球遊戲（需先要執行第六章訓練乒乓球模型儲存「indexeddb://my-model-ping-pong-3000」，再執行「pingpong9.html」才不會有錯誤）。

在此只計算 6 秒鐘內玩家接到乒乓球的次數 Score。本範例使用的定時器「my-Timer」每 1/120 秒更新一次畫面，所以要設計 6 秒內完成擊球計算的方法可以設定 counter 從 720 倒數，每 1/120 秒減 1，720 減到 0 需要花 720*1/120 秒也就是 6 秒。人機介面有分數顯示欄位「Score」、歷史分數顯示欄位「Best Score」、顯示倒數計時欄位與「Restart」按鈕。按「Restart」按紐會重置「Score」變數與重新啟動「myTimer」定時器。

以 Google Chrome 瀏覽器執行「pingpong9.html」後，可以使用鍵盤左右鍵控制球拍左移與右移，接到球會加 1 分，分數顯示在 Score 下方，Restart 下方有倒數計時，該數字倒數到 0 時遊戲會停止，按「Restart」鍵會讓遊戲重新開始，遊戲畫面如圖 9-20 所示。

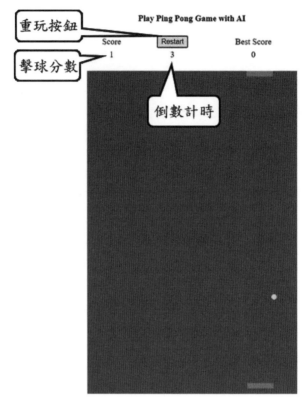

圖 9-20　可計分之乒乓球遊戲

**步驟 6**　讀取資料庫最高分：本範例是用資料庫 bestscore 節點來儲存乒乓球球遊
戲的最高分，可使用隨時監聽的方式讀出 bestscore 節點顯示在網頁上。
將「pingpong9.html」檔另存爲「pingpongdatabase.html」檔，要加入 Fire-
base 的函式庫的 js，就能針對相對路徑寫入或讀取對應的 API，接著在
JavaScript 中撰寫下面這段初始化的程式碼。宣告變數 database 爲 Firebase
的 Realtime Database，使用隨時監聽的方式讀根目錄下的子節點 'best-
score'，該節點資料變動時會即時顯示於網頁，程式修改如表 9-8 所示。

表 9-8　讀取雲端資料庫資料

```
<!DOCTYPE html>
<html>
<head>
<title>Ping Pong</title>
<script src="https://unpkg.com/@tensorflow/tfjs"></script>
```

引入 firebase 函式庫

```
<script
src="https://www.gstatic.com/firebasejs/7.15.1/firebase -app.js"></script>
<script
src="https://www.gstatic.com/firebasejs/7.15.1/firebase -database.js"></script>

</head>
<body>
<div style="text -align:center;width:400px">
```

2x3 的表格

```
<h4>Play Ping Pong Game with AI</h4>
  <table   style="text -align:center;width:400px;height:50px;" >
  <tr > <td><div>Score </div></td>
  <td><button   id="restart" type="button">Restart </button>
  </td>       <td><div >Best Score </div></td>   </tr>
  <tr> <td><div  id="playerscore" >0</div></td> <td><div  id="time"
>0</div></td><td><div   id="bestscore" >0</div  ></td>
  </tr>
  </table>
</div>
<script>
var score  =0;  //  宣告變數計錄分數
var bestscore =0; //  宣告變數記錄歷史最高分
const counter_init = 720; //  宣告倒數計時變數從 720 開始
var counter=counter_init;
//創造畫布
var canvas = document.createElement("canvas");
const width =  400;
const height = 600;
canvas.width = width;
canvas.height = height;
var context = canvas.getContext('2d');
```

> 取得頁面中 id 為 'playerscore' 的元素值

```
const pscore = document.getElementById('playerscore');
```

> 取得頁面中 id 為 'bestscore' 的元素值

```
const bscore =    document.getElementById('bestscore');
```

> 取得頁面中 id 為 'time' 的元素值

```
const  countdown  = document.getElementById('time');
```

> 複製步驟 2 的 firebaseConfig

```
//你的 firebase 認證
    apiKey: "AIzaSyBPxxxxxxxxxxxxxxxxxxxxxxxx",
    authDomain: "myfirstproject-2020-6-18.firebaseapp.com",
    databaseURL: "https://myfirstproject -2020-6-18.firebaseio.com",
    projectId: "myfirstproject -2020-6-18",
    storageBucket: "myfirstproject -2020-6-18.appspot.com",
    messagingSenderId: "40xxxxxxxx",
    appId: "1:40xxxxxxx:web:aa1fff0f02xxxxxxx",
    measurementId: "G -7xxxxxxxxx"
  };
// 初始化 firebase
firebase.initializeApp (firebaseConfig);
```

> 取得一個資料庫服務的參考，移至根目錄下的子節點 'bestscore'

```
var dbRef = firebase.database().ref().child('bestscore');
```

> 該節點資料變動時會即時顯示於網頁

```
dbRef.on('value', snap => bscore.innerText = snap.val() );
…
</script>
</body>
</html>
```

以 Google Chrome 瀏覽器執行「pingpongdatabase.html」，若是 Realtime Database 中 bestscore 的值為 3，則可看到 Best Score 下方的數字也是 3，如圖 9-21 所示。

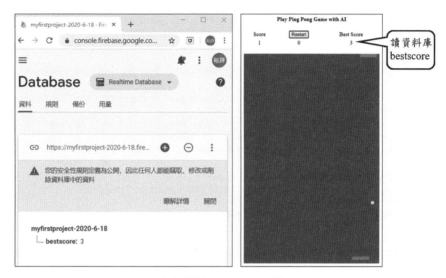

圖 9-21　讀資料庫 bestscore 值顯示於網頁

手動修改 bestscore 值為 1，網頁 Best Score 下方即時更新為 1，如圖 9-22 所示。

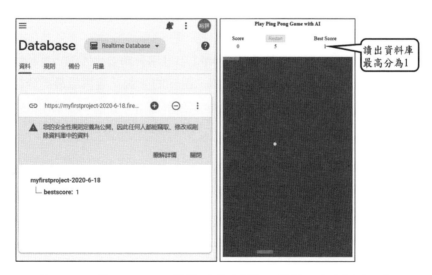

圖 9-22　將 bestscore 節點手動更新為 1 且網頁也會即時更新

**步驟 7** 將乒乓球遊戲分數存入資料庫：當遊戲結束時，分數大於資料庫中紀錄的歷史最高分時，會更新資料庫中的數值，主要流程圖與對應的程式如圖 9-23 所示。當 counter 等於 0 時，會清除 Timer，再致能 "Restart" 按鈕，當分數大於最高分時，更新資料庫最高分。

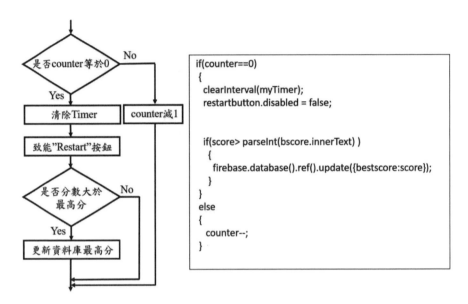

圖 9-23　將乒乓球遊戲分數存入資料庫

按 F5 重新整理「pingpongdatabase.html」，可以看到若一開始，資料庫最高分紀錄為 1，如圖 9-24 所示。若遊戲結束時，得到的分數比資料庫最高分還高，則會更新資料庫最高分，遊戲畫面右上面數字也是最高分，如圖 9-25 所示。　　.

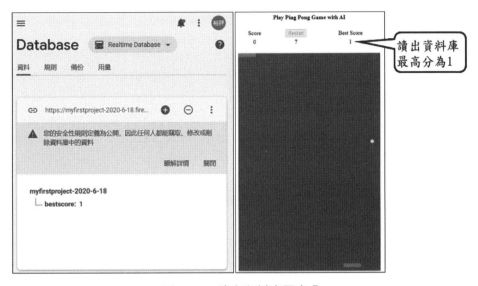

圖 9-24　讀出資料庫最高分

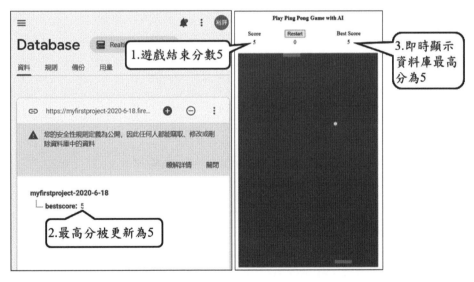

圖 9-25　遊戲結束分數創紀錄更新資料庫分數

## 六、完整的程式碼

本範例使用的雲端平臺是 Firebase Realtime Database 即時資料庫。乒乓球遊戲之分數計算為 6 秒內擊到球的次數，遊戲結束時將分數與資料庫中儲存的歷史紀錄最高分相比，若高於歷史紀錄最高分，則更新雲端資料庫資料，並同步更新連結到此資料庫的 Web App。乒乓球遊戲分數記錄至雲端資料庫之完整程式整理如表 9-9 所示。

表 9-9　乒乓球遊戲分數記錄至雲端資料庫完整程式

```
<!DOCTYPE html>
<html>
<head>
<title>Ping Pong</title>
<script src="https://unpkg.com/@tensorflow/tfjs" ></script>
<script src="https://www.gstatic.com/firebasejs/7.15.1/firebase   -app.js"></script>
<script
src="https://www.gstatic.com/firebasejs/7.15.1/firebase   -database.js"></script>
</head>
<body>
<div style="text-align:center;width:400px">
<h4>Play PingPong Game with AI</h4>
 <table    style="text-align:center;width:400px;height:50px;" >
 <tr > <td><div>Score </div></td>
 <td><button    id="restart" type="button">Restart </button>
 </td>        <td><div  >Best Score </div></td>   </tr>
 <tr > <td><div    id="playerscore" >0</div></td> <td><div    id="time"
>0</div></td><td><div    id="bestscore" >0</div></td>
 </tr>
 </table>
</div>
<script>
const frequency=120;  // 畫面更新頻率
var score   =0;   //宣告變數計錄分數
var bestscore =0; // 宣告變數記錄歷史最高分
const counter_init = 720; // 宣告倒數計時變數從 720 開始倒數
```

```
var counter=counter_init;
// 創造畫布
var canvas = document.createElement("canvas");
const width = 400;
const height = 600;
canvas.width = width;
canvas.height = height;
var context = canvas.getContext('2d');
const pscore = document.getElementById('playerscore');
const bscore = document.getElementById('bestscore');
const countdown = document.getElementById('time');
// 你的 firebase 認證
var firebaseConfig = {
    apiKey: "AIzaSyBPTap41ISdVoxxxxxxxxxxxxxxxxxxx",
    authDomain: "myfirstproject-2020-6-18.firebaseapp.com",
    databaseURL: "https://myfirstproject -2020-6-18.firebaseio.com",
    projectId: "myfirstproject-2020-6-18",
    storageBucket: "myfirstproject -2020-6-18.appspot.com",
    messagingSenderId: "40623136xxxx",
    appId: "1:40623136xxxxweb:aa1fff0f02axxxxxxxxxxxx",
    measurementId: "G -7K3xxxxxx"
};
// 初始化 Firebase
firebase.initializeApp(firebaseConfig);
var dbRef=firebase.database().ref();
dbRef.child('bestscore').on('value', snap => bscore.innerText = snap.val() );
const restar tbutton = document.getElementById('restart');
restartbutton.disabled = true;
restartbutton.addEventListener('click', async () => {
    restartbutton.disabled = true;
    score=0;
    pscore.innerHTML=0;
    counter=counter_init;
    // 設定 1/120 秒執行一次 update 函數
    myTimer=setInterval(update, 1000 / frequency);
});
// 加入畫布於網頁
document.body.appendChild(canvas);
```

```
// 宣告球相關變數
const ball_radius = 5;
const ball_initialx = width/2;
const ball_initialy = height/2;
var ball_x;
var ball_y;
// 宣告球拍 1 相關變數
const paddle1_w = 50;
const paddle1_h = 10;
const paddle1_initialx = 0;
const paddle1_initialy = height   - 2*paddle1_h;
var paddle1_x;
var paddle1_y;
// 宣告球拍 2 相關變數
const paddle2_w = 50;
const paddle2_h = 10;
const paddle2_initialx = 0;
const paddle2_initialy = 0;
var paddle2_x;
var paddle2_y;
// 球的方向與速度控制的相關變數
var myTimer;
var ball_x_dir=1;
var ball_y_dir=1;
const ball_speed = 3;
//宣告紀錄球與球拍座標的變數
let current_data=[];
let data_xs =[];
let previous_data=[];
//畫球桌的函數
function drawtable(w,h)
{
    context.fillStyle = "#008000";//設定綠色
    context.fillRect(0, 0, w, h);//填滿長方形區域
}//end of drawtable
//畫球的函數
function drawball(x, y, radius)
{
```

```
   context.beginPath();
   context.arc(x, y, radius, 0, 2 * Math.PI, false);
   context.fillStyle = "#ddff59";
   context.fill();
   ball_x=x;
   ball_y=y;
}//end of drawball
//畫球拍 1 的函數
function drawpaddle1(x, y, w, h)
{
   context.fillStyle = "#59a6ff";
   context.fillRect(x, y, w, h);
   paddle1_x=x;
   paddle1_y=y;
}//end of drawpaddle1
//畫球拍 2 的函數
function drawpaddle2(x, y, w, h)
{
   context.fillStyle = "#59a6ff";
   context.fillRect(x, y, w, h);
   paddle2_x=x;
   paddle2_y=y;
} end of drawpaddle2
//初始化函數
function init()
{
   drawtable(width, height);      //畫球桌
   drawball(ball_initialx, ball_initialy, ball_radius);      //畫乒乓球
   //畫球拍 1
   drawpaddle1(paddle1_initialx, paddle1_initialy, paddle1_w, paddle1_h );
   //畫球拍 2
   drawpaddle2(paddle2_initialx, paddle2_initialy, paddle2_w, paddle2_h );
}//end of init
//載入模型的函數
async function loadmodel()
{
   //載入模型
   model =    await tf.loadLayersModel('indexeddb://my-model-ping-pong-3000');
   model.summary();
```

```
//設定 1/120 秒執行一次 update 函數
   myTimer=setInterval(update, 1000 / frequency);
}//end of loadmodel
init();          //呼叫初始化函數
loadmodel();    //呼叫載入模型的函數
//更新球的座標的函數
function updatball()
{
   var ball_left_x = ball_x - ball_radius;
   var ball_top_y = ball_y - ball_radius;
   var ball_right_x = ball_x + ball_radius;
   var ball_bottom_y = ball_y + ball_radius;
   // check if ball is   outside of a table
   // bounce off the side walls
   if (ball_left_x < 0) {
      ball_x_dir = 1 ;
   } else if ( ball_right_x > width) {
      ball_x_dir = -1 ;
   }//end of if
   if( ball_top_y < (paddle2_y + paddle2_h) && ball_bottom_y > paddle2_y &&
ball_left_x < (paddle2_x + paddle2_w) && ball_right_x > paddle2_x){
      ball_y_dir = 1;
      score++;   //球撞到上方球拍 2 加 1 分
      console.log(score);
      pscore.innerHTML= score;
   }
   else if ( ball_top_y < (paddle1_y + paddle1_h) && ball_bottom_y > paddle1_y
&& ball_left_x < (paddle1_x + paddle1_w) && ball_right_x > paddle1_x) {
      ball_y_dir = -1;
   }//end of if
   if(ball_y > height   || ball_y < 0 )
   {
      ball_x = ball_initialx;
      ball_y = ball_initialy;
   }
   else {
      ball_x += ball_x_dir*ball_speed;
      ball_y += ball_y_dir*ball_speed;
   }//end of if
} //end of updatball
```

```
var keysDown = {};
//更新球拍 1 座標的函數
function updatepaddle1()
{
   //目前資料 = [球拍 x 座標、球 x 座標、球 y 座標]
   current_data = [paddle1_x, ball_x, ball_y];
   //data_xs = [前一刻資料, 目前資料]
   data_xs = [...previous_data, ... current_data];
   //前一刻資料=目前資料
   previous_data =   current_data;
   var   data_x = [ data_xs[0], data_xs[1],data_xs[2],data_xs[3],data_xs[4],
data_xs[5] ];
   // 預測移動
   var     inputtensor = tf.tensor([data_x]);
   inputtensor.print();
   var     prediction = model.predict(inputtensor);
   prediction.print();
   var result =tf.argMax(prediction, 1).dataSync();
   console.log(result);
   paddle1_x= paddle1_x+5*(result-1);
   if (paddle1_x <0)
   {
      paddle1_x =0;
   }
   else if (paddle1_x> (width-paddle1_w))
   {
      paddle1_x =width-paddle1_w;
   }//end of if
   inputtensor.dispose();
   prediction.dispose();
} //end of updatepaddle1
//更新球拍 2 座標的函數
function updatepaddle2()
{
   for (var key in keysDown) {
      var value = Number(key);
      if (value == 37) {
         paddle2_x= paddle2_x-8;
      } else if (value == 39) {
```

```
     paddle2_x= paddle2_x+8;
    } else {
     paddle2_x= paddle2_x;
    }//end of if
    if (paddle2_x <0)
    {
        paddle2_x =0;
    }
    else if (paddle2_x> (width-paddle2_w))
    {
        paddle2_x =width-paddle2_w;
    }//end of if
  }//end of for
}//end of updatepaddle2
//時間控制的函數
function timercontrol()
{
  if(counter==0)
  {
      clearInterval(myTimer);
      restartbutton.disabled = false;
      //若 score 大於資料庫儲存之最高分
      if(score> parseInt(bscore.innerText) )
      {
        //更新資料庫的 bestscore 內容為 score 值
        firebase.database().ref().update({bestscore:score});
      }//end of if
  }
  else {
      counter--;
  }//end of if
  if(counter%frequency==0)
  {
      countdown.innerHTML= counter/frequency;
  }//end of if
} //end of timercontrol
//更新所有畫面的函數
function   update()
{
```

```
    timercontrol();
    updatball() ;
    updatepaddle1();
    updatepaddle2();
    drawtable(width, height);
    drawball(ball_x, ball_y, ball_radius);
    drawpaddle1(paddle1_x, paddle1_y, paddle1_w, paddle1_h );
    drawpaddle2(paddle2_x, paddle2_y, paddle2_w, paddle2_h );
}//end of update
//壓下按鍵觸發事件
window.addEventListener("keydown", function (event) {
    keysDown[event.keyCode] = true;
    console.log(event.keyCode);
    console.log(JSON.stringify(keysDown)); //將物件轉為字串再印出
});
//放開按鍵觸發事件
window.addEventListener("keyup", function (event) {
    delete keysDown[event.keyCode];
});
</script>
</body>
</html>
```

**隨堂練習**

當乒乓球遊戲分數高於歷史紀錄最高分時，則更新雲端資料庫資料，包括最高分與更新時間。

## 七、課後測驗

(　　) 1. 本範例是使用何種資料庫？　(A) Firebase Realtime Database　(B) Cloudant NoSQL database　(C) MySQL Database

(　　) 2. 本範例是儲存至資料庫是何種資料？　(A) 數字　(B) 圖片　(C) 時間

(　　) 3. 本範例使用何者讀取資料庫資料的方式？　(A) on　(B) once　(C) never

(　　) 4. 本範例如何更新 Realtime Database 資料庫內容？　(A) update　(B) set (C)remove

(　　) 5. 本範例如何重新開始玩遊戲？　(A) 按 Restart 鍵　(B) 頭往右旋轉 (C) 頭往下點

第
10
堂
課

# 使用頭部姿態控制乒乓球

## 一、實驗介紹

　　體感遊戲不但是個娛樂，也有人將體感遊戲運用在復健上。我們可以運用電腦、網路攝影機與免費的網路資源，就能自己開發出一個體感遊戲。本範例使用 TensorFlow 預訓練好的神經網路模型 PoseNet 來偵測玩家頭部的姿態，可利用頭部幾個特徵點的相對位置，控制乒乓球遊戲的球拍左右移動。頭部姿態「右旋轉」時控制球拍往右移動，頭部姿態「左旋轉」則控制球拍左移。本遊戲以十二秒鐘為一回合的時間，當球拍擊到球時分數增加，當倒數計時到 0 時遊戲會自動停止。本範例也設計了以「抬頭」動作讓遊戲可以重新開始與重新計分，而不用鍵盤。使用頭部姿態控制乒乓球實驗架構圖如圖 10-1 所示。

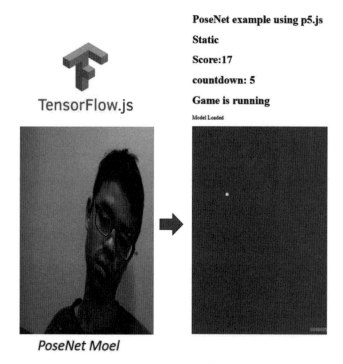

圖 10-1　使用頭部姿態控制乒乓球實驗架構圖

## 二、實驗流程圖

本範例使用頭部姿態控制乒乓球，實驗流程圖如圖 10-2 所示。首先測試 Post-Net 模型範例，再修改成用頭部姿態控制網頁文字，再用 PoseNet 結合乒乓球遊戲，使用頭部姿態控制球拍左移或右移，再設計倒數計時與抬頭重新開始遊戲，最後加上乒乓球遊戲計分。

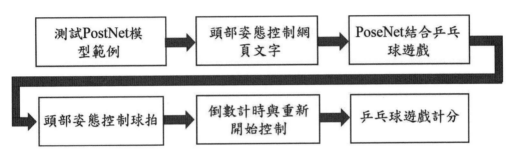

圖 10-2　使用頭部姿態控制乒乓球的實驗流程圖

## 三、人機介面與程式架構

本範例使用頭部姿態控制乒乓球的人機介面設計如圖 10-3 所示，有一區文字區顯示頭部姿態、乒乓球得分、倒數計時與遊戲狀態；並有一個顯示乒乓球遊戲的畫布與顯示 PoseNet 姿態十七個點的畫布與一個被隱藏的 video 區。

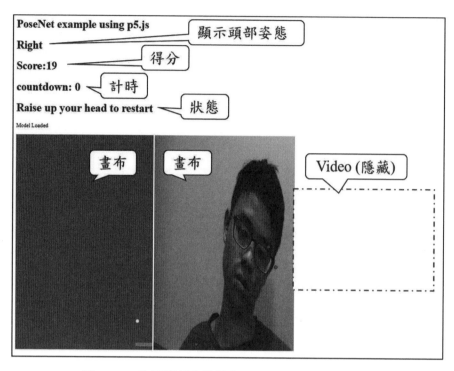

圖 10-3　使用頭部姿態控制乒乓球實驗的人機介面

　　本範例之程式架構如圖 10-4，網頁設計五個可變文字的區域。使用 Javascript 設定畫布與攝影機，再使用 PoseNet 模型偵測頭部姿態，再顯示姿態辨識結果為 Right、Left、Up 與 Static 四種中的哪一種。再畫出乒乓球，定時更新畫布與按鍵觸發。

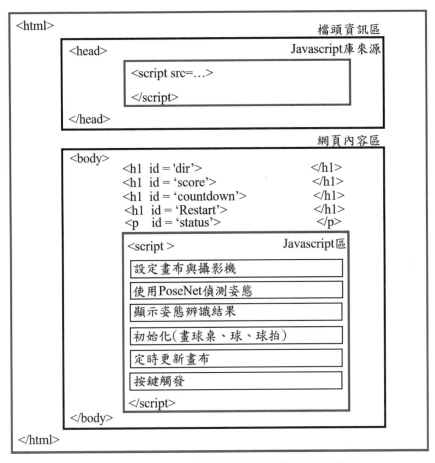

圖 10-4　使用頭部姿態控制乒乓球實驗程式架構

## 四、重點說明

1. ml5.js 介紹：ml5.js 是個開源的機器學習框架；它是基於 TensorFlow.js 的一個應用於 Web 瀏覽器上非常簡便易用的介面，讓初學者可很快速地掌握它。ml5.js 提供了一個 API，用於根據預先訓練的模型訓練新模型，並提供自定義用戶數據的訓練。使用者可透過 <script src="https://unpkg.com/ml5@latest/dist/ml5.min.js" type="text/javascript"> </script> 就可調用 ml5.js 提供的 API。表 10-1 介紹 ml5.js 提供的模型函數。

表 10-1　ml5.js 提供的模型函數

| 型態 | 模型 | 描述 |
| --- | --- | --- |
| Image | BodyPix | 人體圖像分割工具 |
| Image | CVAE | 可以按照指定的標籤生成圖片 |
| Image | DCGAN | 深度卷積對抗式生成網路 |
| Image | MobileNet | 一種用來做影像分類的模型 |
| Image | PoseNet | 即時人體姿態的估算 |
| Image | StyleTransfer | 將一張照片融合另一幅畫的畫風 |
| Image | YOLO | 用於物件辨識非常快速的模型 |
| Image | Pix2Pix | 用於圖像轉換的模型 |
| Image | KNN | 使用最近鄰居法進行分類的模型 |
| Text | Sentiment | 推論文字語意的模型 |
| Text | Word2Vec | 將字詞用數學向量的方式來代表他們的語意的模型 |
| Audio | SpeechCommand | 使用 WebAudio API 可以辨識簡單的英文指令的模型 |
| Audio | PitchDetection | 可以聽出聲音的音高的模型 |

ml5.js 使用 PoseNet 的相關函數如表 10-2 所示。

表 10-2　ml5.js 使用 PoseNet 的相關函數

| 函數 | 說明 |
| --- | --- |
| ml5.poseNet(video, call-back function); | 載入 poseNet 模型，從 video 輸入影像，載入模型完成時會執行 call-back function。 |
| poseNet.on('pose', function(results) { }); | 當每次有新的姿態被偵測到的時候觸發 poseNet 模型事件，會估算結果傳回回調函數。 |

2. p5.js 介紹：p5.js 是 Processing 團隊移植的 Javascript 庫，有完整的繪畫功能，簡潔的架構，很容易上手。使用者可透過 <script src="https://cdnjs.cloudflare.com/ajax/libs/p5.js/0.9.0/p5.min.js"> </script> 就可以調用 p5.js 提供的 API。表 10-3 介紹 p5.js 的基本函數 setup()、draw() 與 frameRate(fps) 等。

表 10-3　ps5.js 基本 API 說明

| 函數 | 說明 |
| --- | --- |
| setup() | 在 setup() 函數中的描述在程式一開始會執行一次。 |
| draw() | 在 setup() 函數執行之後，draw() 函數會自動執行且重複執行直到程式停止或 noLoop() 函數被呼叫。 |
| frameRate(fps) | 設定 draw() 函數重複執行的頻率，其中 fps 為每秒顯示的畫面數，建議放在 setup() 函數中設定。例如 frameRate（30）是嘗試以每秒 30 次更新畫面，但也有可能 CPU 速度不夠快而無法到達所設定的 fps。 |
| createCanvas() | 在 document（文件物件模型）中創造一個 canvas 畫布元素，並以像素為單位設定大小。此方法只能在程式開始後被呼叫一次。 |
| createCapture() | 創造一個新的 HTML5<video> 元素顯示網路攝影機的視頻。這元素是與 canvas（畫布）分開且預設是被顯示出來的。可使用 .hide() 隱藏 <video> 元素，並使用 image() 函數把 <video> 內容畫在 canvas（畫布）上。 |

　　3. PoseNet 介紹：PoseNet 是一個基於 TensorFlow.js 的機器學習模型，可以在瀏覽器中進行即時人體姿態的估算。PoseNet 可以估算單人的姿態，也可以估算多人的姿態。姿勢估算分成兩個階段進行。第一階段是輸入 RGB 圖像進行卷積神經網路，第二階段則使用單姿態或多姿態解碼算法，輸出解碼後的姿態（decode poses）、姿勢可信度分數（pose confidence scores）、關鍵點位置（keypoint positions）和關鍵點可信度得分（keypoint confidence scores）。PoseNet 可解碼出 17 個關鍵點，分別是 nose、leftEye、rightEye、leftEar、rightEar、leftShoulder、rightShoulder、leftElbow、rightElbow、leftWrist、rightWrist、leftHip、rightHip、leftKnee、rightKnee、leftAnkle、rightAnkle。PoseNet 模型的十七個關鍵點位置如圖 10-5 所示。

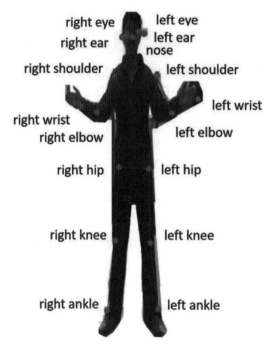

圖 10-5　PoseNet 模型的十七個關鍵點位置

本範例使用 ml5.js 調用 PoseNet 模型的重點程式整理如表 10-4 所示。

表 10-4　ml5.js 調用 PoseNet 模型

```
const video = document.getElementById("video");
// 創造一個新的 poseNet 方法
const poseNet = ml5.poseNet(video, modelLoaded);
// 當模型被載入時執行的函數
function modelLoaded() {
    console.log("Model Loaded!");
}
// 監聽一個新的姿勢事件
poseNet.on("pose", function(results) {
    poses = results;       // 將結果存至 poses
});
```

　　若是使用偵測單人的 API，其回傳之結果為一個陣列，如表 10-5 之內容，陣列中有一個 JSON 物件，其中 pose 的值為一個 JSON 物件，有各特徵點座標與可信度。

表 10-5　使用偵測單人的 API 其回傳之結果為一個陣列

```
[
 {
    pose: {
       keypoints: [{position:{x,y}, score, part}, ...],
       leftAngle:{x, y, confidence},
       leftEar:{x, y, confidence},
       leftElbow:{x, y, confidence},
       ...
    },
    skeleton: []
 }
]
```

　　偵測多人姿態時則回傳結果為一個多物件的陣列，舉例如表 10-6 之內容。

表 10-6　偵測多人姿態時回傳之結果為一個多物件的陣列

```
[
 {
    pose: {
       keypoints: [{position:{x,y}, score, part}, ...],
       leftAngle:{x, y, confidence},
       leftEar:{x, y, confidence},
       leftElbow:{x, y, confidence},
       ...
```

```
    },
    skeleton: []
  },
  {
    pose: {
      keypoints: [{position:{x,y}, score, part}, ...],
      leftAngle:{x, y, confidence},
      leftEar:{x, y, confidence},
      leftElbow:{x, y, confidence},
      ...
    },
    skeleton: []
  }
]
```

圖 10-6 顯示將實際回傳結果的第一個物件展開後，可以看到 pose 下的 key-points 為十七個元素的陣列，其中第一個元素為 nose，位置為 x=242，y=191，可信度分數為 0.9955 分。利用 poses[0].pose.keypoints[0].position.x 可以取到所偵測到的 nose 的 x 座標；poses[0].pose.keypoints[1].position.x 取到所偵測到的 leftEye 的 x 座標；poses[0].pose.keypoints[1].position.y 取到所偵測到的 leftEye 的 y 座標；poses[0].pose.keypoints[2].position.x 取到所偵測到的 rightEye 的 x 座標；poses[0].pose.keypoints[2].position.y 取到所偵測到的 rightEye 的 y 座標。

```
▼[{…}] 🔢
  ▼0:
    ▼pose:
      ▼keypoints: Array(17)
        ▼0:
            part: "nose"
          ▶ position: {x: 224.03335422857265, y: 141.7463801714233}
            score: 0.9887999296188354
          ▶ __proto__: Object
        ▼1:
            part: "leftEye"
          ▶ position: {x: 279.23226003980824, y: 89.9786340587334}
            score: 0.98614650964736944
          ▶ __proto__: Object
        ▼2:
            part: "rightEye"
          ▶ position: {x: 162.47873157842616, y: 78.62640085851173}
            score: 0.99340510368834717
          ▶ __proto__: Object
        ▶3: {score: 0.11084897816181183, part: "leftEar", position: {…}}
        ▶4: {score: 0.14215496182441711, part: "rightEar", position: {…}}
        ▶5: {score: 0.012736196629703045, part: "leftShoulder", position: {…}}
        ▶6: {score: 0.013342316262423992, part: "rightShoulder", position: {…}}
        ▶7: {score: 0.0008359781350009143, part: "leftElbow", position: {…}}
        ▶8: {score: 0.0016367151401937008, part: "rightElbow", position: {…}}
        ▶9: {score: 0.0010196258081123233, part: "leftWrist", position: {…}}
        ▶10: {score: 0.0015600974438712, part: "rightWrist", position: {…}}
        ▶11: {score: 0.0018622719217091799, part: "leftHip", position: {…}}
        ▶12: {score: 0.0016369353979825974, part: "rightHip", position: {…}}
        ▶13: {score: 0.0016193502815440297, part: "leftKnee", position: {…}}
        ▶14: {score: 0.0004702785226982087, part: "rightKnee", position: {…}}
        ▶15: {score: 0.0004305110778659582, part: "leftAnkle", position: {…}}
        ▶16: {score: 0.00022211433679331094, part: "rightAnkle", position: {…}}
          length: 17
```

圖 10-6　將實際回傳結果的第一到第三個物件展開觀察

　　如果有偵測到骨架會有例如圖 10-7 之結果。從圖 10-7 之偵測結果為例，利用 poses[0].skeleton[0][0].position.x 取到所偵測到 leftELbow 的 x 座標，用 poses[0]. skeleton[0][1].position.x 取到所偵測到 leftShoulder 的 x 座標。

```
▼[{…}] ⓘ
  ▼0:
    ▶pose: {score: 0.4092183768071289, keypoints: Array(17), nose: {…}, leftEye: {…}, rightEye: {…}, …}
    ▼skeleton: Array(3)
      ▼0: Array(2)
        ▼0:
            part: "leftElbow"
          ▶position: {x: 454.8499591076351, y: 176.96976808544252}
            score: 0.756169319152832
          ▶__proto__: Object
        ▶1: {score: 0.8063440322875977, part: "leftShoulder", position: {…}}
          length: 2
        ▶__proto__: Array(0)
      ▼1: Array(2)
        ▶0: {score: 0.5406754612922668, part: "rightHip", position: {…}}
        ▶1: {score: 0.8891984224319458, part: "rightShoulder", position: {…}}
          length: 2
        ▶__proto__: Array(0)
      ▼2: Array(2)
        ▶0: {score: 0.8063440322875977, part: "leftShoulder", position: {…}}
        ▶1: {score: 0.8891984224319458, part: "rightShoulder", position: {…}}
          length: 2
        ▶__proto__: Array(0)
      length: 3
      ▶__proto__: Array(0)
    ▶__proto__: Object
  length: 1
  ▶__proto__: Array(0)
```

圖 10-7　將 poses[0].skeleton 展開觀察

4. 畫布（canvas）的變換：關於 HTML5 畫布有一些變換函數可以使用，例如縮放函數 scale()、旋轉函數 rotate()，原點遷移 translate() 等等。本範例會運用到 translate() 與 scale()，將畫布上的影像左右翻轉成鏡像的影像，translate() 與 scale() 函數整理如表 10-7 所示。

表 10-7　轉換函數說明

| 轉換函數 | 說明 | 舉例 |
|---|---|---|
| translate(x,y) | 將畫布原點移至 (x,y) | translate(640,0)：為將畫布原點移至 (640,0) |
| scale(scalewidth,scaleheight) | 將 x 座標乘上 scalewidth，將 y 座標乘上 scaleheight | scale(-1,1)：將 x 座標乘上 -1，將 y 座標乘上 1 |

5. 頭部姿態辨識：本範例將頭部姿態分為「左旋轉」、「右旋轉」、「靜止」與「抬頭」四個姿態，分別去控制網頁文字「Right」、「Left」、「Static」與「Up」，說明如表 10-8 所示。

表 10-8　頭部姿態辨識

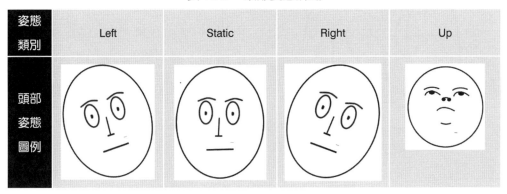

本範例是從 PoseNet 模型偵測到的鼻子（nose）、左眼（leftEye）與右眼（rightEye）座標值的相對關係來做分類，控制球拍左移的方式為頭往左偏 30 度以上，控制球拍右移的方式為頭往右偏 30 度以上。本範例將攝影機影像左右鏡射後，其中 D_LREx 為左眼與右眼 x 座標差值，D_LREy 為左眼與右眼 y 座標差值，D_NLEx 為鼻子與左眼 x 座標差值，D_NREx 為鼻子與右眼 x 座標差值，D_NREy 為鼻子與右眼 y 座標差值，如圖 10-8 所示，四種頭部姿態的分類條件整理如圖 10-9 與表 10-9 所示。

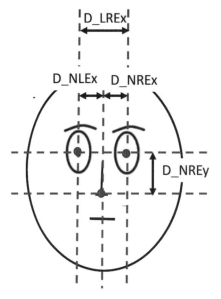

D_LREx：左眼與右眼x座標差值

D_LREy：左眼與右眼y座標差值

D_NLEx：鼻子與左眼x座標差值

D_NREx：鼻子與右眼x座標差值

D_NREy：鼻子與右眼y座標差值

圖 10-8　左右眼與鼻子之相對關係

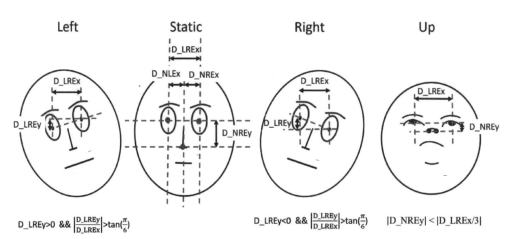

圖 10-9　頭部姿態分類條件

表 10-9　頭部姿態分類條件

| 條件 | 分類 |
|---|---|
| $D\_LREy<0$ && $\left\lvert\dfrac{D\_LREy}{D\_LREx}\right\rvert > \tan(\dfrac{\pi}{6})$ | Right |
| $D\_LREy<0$ && $\left\lvert\dfrac{D\_LREy}{D\_LREx}\right\rvert > \tan(\dfrac{\pi}{6})$ | Left |
| $\lvert D\_NREy\rvert < \lvert D\_LREx/3\rvert$ | Up |
| 以上情況都不滿足時 | Static |

6. 頭部姿態改變 keysDown 內容：本範例設計當玩家頭往左旋轉時，會將 keysDown 增加一個 {"37":true} 的內容，當頭擺正，會將 keysDown 刪除內容；當玩家頭往右旋轉時，會將 keysDown 增加一個 {"39":true} 的內容；當頭擺正，會刪除 keysDown 內容；當頭擺往上抬，會刪除 keysDown 內容。頭部姿態對應 keys-Down 內容整理如表 10-10 所示。

表 10-10　頭部姿態對應 keysDown 內容

| 分類 | keysDown |
|---|---|
| Left | {"37":true} |
| Right | {"39":true} |
| Up | { } |
| Static | { } |

本範例設計先判斷玩家頭部是否往右旋轉，是的話在網頁上顯示文字「Right」，且設定 KeysDown[39]=true；否則再判斷玩家頭部是否往左旋轉，是的話在網頁上顯示文字「Left」，且設定 KeysDown[37]=true；否則再判斷玩家頭部是否往上抬，是的話在網頁上顯示文字「Up」，且設定 KeysDown={}；否則在網頁上顯示文字「Static」，且設定 KeysDown={}。頭部姿態改變 keysDown 內容與網頁文字顯示之流程圖如圖 10-10 所示。

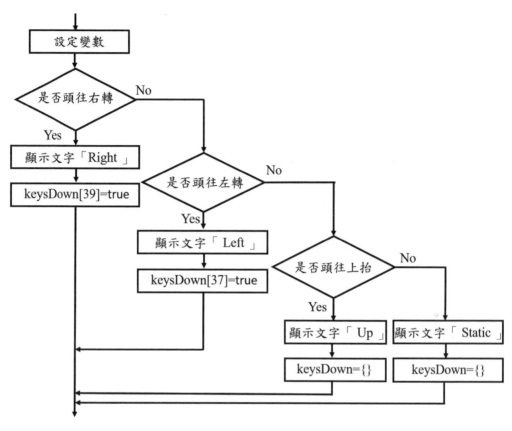

圖 10-10　頭部姿態改變 keysDown 內容與網頁文字顯示之流程圖

7. 依據 keysDown 內容更新球拍座標：透過判斷 keysDown 物件中的 key 是否為 37，是的話就將球拍 x 座標減 8；否則判斷 key 是否為 39，是的話就將球拍 x 座標加 8；否則球拍 x 座標不變。此部分流程圖如圖 10-11 所示。若球拍 x 座標小於 0，則球拍 x 座標等於 0；否則若球拍 x 座標大於球桌寬度減去球拍寬度（width-paddle1_w），則球拍 x 座標等於球桌寬度減去球拍寬度（width-paddle1_w）。

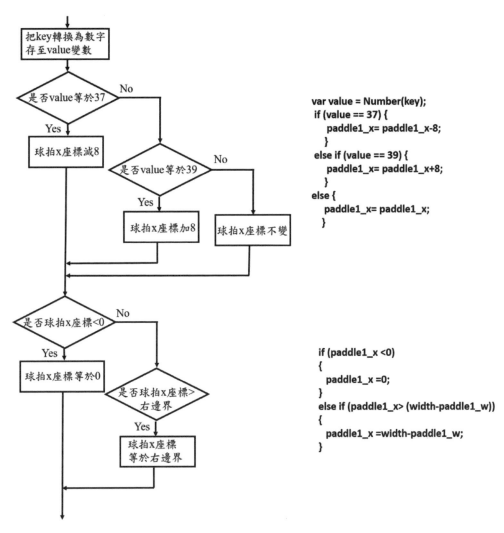

圖 10-11　依據 keysDown 內容更新球拍座標流程圖

## 五、實驗步驟

使用頭部姿態控制乒乓球之實驗步驟如圖 10-12 所示。

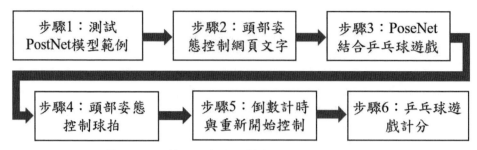

圖 10-12　使用頭部姿態控制乒乓球之實驗步驟

**步驟 1**　測試 PostNet 模型：首先建立「posenettest.html」檔，測試由網路攝影機偵
測人臉，再透過 PoseNet 模型偵測出人體的 17 個特徵點的座標與可信度，
先以 ml5.js 提供的範例測試 PoseNet 模型。本範例創造一個用於播放視頻
的 HTML5 <video> 元素，顯示從網路攝影機拍攝的影像，並使用 .hide()
將 <video> 元素隱藏。再使用 image() 函數將影像畫在畫布上。使用網路
攝影機測試 PoseNet 模型的程式如表 10-11 所示。

表 10-11　使用網路攝影機測試 PoseNet 模型

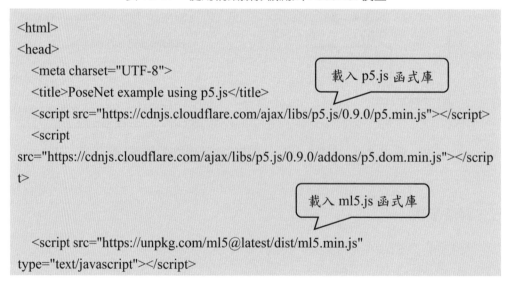

```
</head>
<body>
<h1>PoseNet example using p5.js</h1>
```

> 設置一個標籤<p>，id 為'status'

```
<p id='status'>Loading model...</p>
<script >
    let video;
    const videowidth=400;
    const videoheight=600;
    let poseNet;
    let poses = [];
```

> 程式一開始會執行一次設定

```
function setup() {
```

> 設置一個寬 400 高 600 的畫布

```
    createCanvas(videowidth, videoheight);
```

> 設置一個 video 元素

```
    video = createCapture(VIDEO);
```

> 設 video 元素寬 400 像素高 600 像素

```
    video.size(videowidth, videoheight);
```

> 載入 poseNet 模型，載入完成執行 modelReady 函數

```
    poseNet = ml5.poseNet(video, modelReady);
```

當每次有新的姿態被偵測到的時候觸發 poseNet
模型事件，會估算結果傳回回調函數

```
poseNet.on('pose', function(results) {
```

將估算結果存至變數 poses

```
poses = results;
```

將 poses 內容印在 console 視窗

```
console.log(poses);
});
```

將 video 元素隱藏，只顯示畫布

```
video.hide();
```

重複執行 draw() 的頻率為30fps

```
frameRate(30);
}//end of setup
```

模型載入完成執行的函數

```
function modelReady() {
//將 id 為 'status' 的元素的文字更改為'Model Loaded'
select('#status').html('Model Loaded');
}//end of modelReady
```

重複執行將影像畫至畫布上的函數

```
function draw() {
//將即時影像畫在畫布上，位置從(0,0 開始畫)，寬為 400，高為 600
image(video, 0, 0, videowidth, videoheight);
```

```
translate(videowidth,0);    //原點移至(400,0)
scale(-1.0,1.0);        // 水平翻轉(將畫布 x 座標乘上-1,y 座標不變)
//將即時影像畫在畫布上，位置從(0,0 開始畫)，寬為 400，高為 600
image(video, 0, 0, videowidth, videoheight);
```

> 呼叫在偵測到的特徵點上標示圓點的函數

```
drawKeypoints();
```

> 呼叫畫骨架的函數

```
drawSkeleton();
} //end of draw
```

> 在偵測到的特徵點標示圓點的函數

```
function drawKeypoints() {
```

> 對 poses 陣列中的每個元素輪流處理

```
for (let i = 0; i < poses.length; i++) {
```

> 對 pose.keypoints 輪流處理

```
    let pose = poses[i].pose;
    for (let j = 0; j < pose.keypoints.length; j++) {
      let keypoint = pose.keypoints[j];
```

> 只把可信度大於 0.2 的 keypoint 依其座標畫上圓

```
      if (keypoint.score > 0.2) {
        fill(255, 0, 0);
        noStroke();
        ellipse(keypoint.position.x, keypoint.position.y, 10, 10);
      }//end of if
    }//end of for
```

```
    }//end of for
}//end of drawKeypoints
```

畫身體骨架的函數

```
function drawSkeleton() {
```

對 poses 陣列中的每個元素輪流處理

```
    for (let i = 0; i < poses.length; i++) {
        let skeleton = poses[i].skeleton;
```

連線 skeleton 陣列中的每個元素

```
        for (let j = 0; j < skeleton.length; j++) {
            let partA = skeleton[j][0];
            let partB = skeleton[j][1];
            stroke(255, 0, 0);
            line(partA.position.x, partA.position.y, partB.position.x, partB.position.y);
        }//end of for
    }//end of for
}//end of drawSkeleton
</script>
</body>
</html>
```

　　將電腦接上網路攝影機對著自己，再以 Google Chrome 瀏覽器執行「posen-ettest.html」。會先出現「This file wants to Use your camera」，請點選「Allow」，如圖 10-13 所示。可看到網頁上出現自己的影像以 PoseNet 姿態偵測的結果，如圖 10-14 所示。目前將影像呈現在 400x600 大小的畫布上，且更新畫布內容之頻率設定為 30fps。

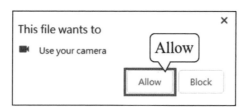

圖 10-13　同意使用電腦上的攝影機

圖 10-14　網頁上出現自己的影像與 PoseNet 姿態偵測結果

步驟 2　頭部姿態控制網頁文字：本範例將使用頭部姿態「右旋轉」、「左旋轉」、「抬頭」與「看前方」四個姿態來控制網頁 id 為 "dir" 之文字 "Right"、"Left"、"Up" 或 "Static"。首先新增一個標籤 &lt;h1&gt;&lt;/h1&gt;，「id」為「dir」，再新增一個 headpose() 函數，再至 draw() 函數最後一行處呼叫 headpose() 函數。由 PoseNet 模型偵測之結果 poses[0].pose.keypoints[0] 為 noise（鼻子）的資料，poses[0].pose.keypoints[1] 為 leftEye（左眼）的資料，

poses[0].pose.keypoints[2] 為 rightEye（右眼）的資料；pose.keypoints[0].position.x 為鼻子的 x 座標，pose.keypoints[0].position.y 為鼻子的 x 座標；pose.keypoints[1].position.x 為左眼的 x 座標，pose.keypoints[1].position.y 為左眼的 y 座標，pose.keypoints[2].position.x 為右眼的 x 座標，pose.keypoints[2].position.y 為右眼的 y 座標。頭部姿態控制網頁文字程式可參考表 10-12 所示。

表 10-12　頭部姿態控制網頁文字程式

```
<body>
<h1>PoseNet example using p5.js</h1>                      新增
<h1   id = 'dir'> Left :Static : Right </h1>
<p id='status'>Loading model...</p>
<script>
   …
//頭部姿態控制網頁文字的函數
function headpose(){
   for (let i = 0; i < poses.length; i++) {
   let pose = poses[0].pose;
   var nose_x=pose.keypoints[0].position.x;    //鼻子 x 座標
   var lefteye_x=pose.keypoints[1].position.x; //左眼 x 座標
   var lefteye_y=pose.keypoints[1].position.y; //左眼 y 座標
   var righteye_x=pose.keypoints[2].position.x; //右眼 x 座標
   var righteye_y=pose.keypoints[2].position.y; //右眼 y 座標
   var nose_y=pose.keypoints[0].position.y;     //鼻子 y 座標
   var righteye_y=pose.keypoints[2].position.y; //右眼 y 座標
   var D_LREx = lefteye_x-righteye_x; //左眼與右眼 x 座標差值
   var D_LREy = lefteye_y-righteye_y; //左眼與右眼 y 座標差值
   var D_NLEx = nose_x- lefteye_x;    //鼻子與左眼 x 座標差值
   var D_NREx = nose_x- righteye_x; //鼻子與右眼 x 座標差值
   var D_NREy = nose_y-righteye_y; //鼻子與右眼 y 座標差值
```

> 頭部是否向右旋轉

```
if(D_LREy<0 && Math.abs(D_LREy/D_LREx)>Math.tan(30 * Math.PI / 180))
{
```

> 網頁上顯示 Right

```
    document.getElementById("dir").innerHTML = "Right";
```

> 頭部是否向左旋轉

```
}
else if(   D_LREy>0 && Math.abs(D_LREy/D_LREx)>Math.tan(30 * Math.PI /
180)   )
{
```

> 網頁上顯示 Left

```
    document.getElementById("dir").innerHTML = "Left";
```

> 頭部是否往上抬

```
}
else if(   Math.abs( D_NREy ) <=    Math.abs(D_LREx/3 ) )
{
```

> 網頁上顯示 Up

```
    document.getElementById("dir").innerHTML = "Up";
}
```

> 以上皆非的話

```
else
```

> 網頁上顯示 Static

```
{
    document.getElementById("dir").innerHTML = "Static";
}//end of if
} // end of headpose
// 重覆執行將影像畫至畫布上的函數
function draw() { //canvas
    ..........
```

> 呼叫 headpose 函數

```
    headpose();
```

```
}//end of draw
…….
</script>
</body>
```

　　將電腦接上網路攝影機對著自己，再以 Google Chrome 瀏覽器執行「posen-ettest.html」，可以看到網頁上出現自己的影像。當頭部面對鏡頭時網頁顯示「Static」文字，將頭部往左旋轉時網頁顯示「Left」文字，如圖 10-15 所示。

圖 10-15　　頭部姿態控制網頁文字

　　將頭向右旋轉，網頁顯示「Right」文字；將頭往上抬，網頁顯示「Up」文字。所有動作整理如表 10-13 所示。

表 10-13　頭部姿態控制文字

| 頭部姿態 | 文字 |
|---|---|
| 右旋轉 | Right |
| 左旋轉 | Left |
| 往上抬 | Up |
| 面對鏡頭 | Static |

步驟3　PoseNet 結合乒乓球遊戲：將使用 PosNet 模型辨識頭部姿態的檔案「posen-ettest.html」另存新檔，例如另存為「posenetpingpong.html」。複製第四章乒乓球遊戲「pingpong4.html」的 <script> 到 </script> 之間的程式，再貼到「posenetpingpong.html」的 <body> 下方的 <script></script> 區的最後一行。PoseNet 結合乒乓球遊戲程式如表 10-14 所示。

表 10-14　PoseNet 結合乒乓球遊戲程式

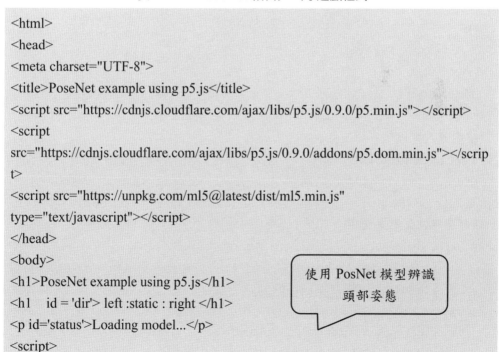

```
<html>
<head>
<meta charset="UTF-8">
<title>PoseNet example using p5.js</title>
<script src="https://cdnjs.cloudflare.com/ajax/libs/p5.js/0.9.0/p5.min.js"></script>
<script
src="https://cdnjs.cloudflare.com/ajax/libs/p5.js/0.9.0/addons/p5.dom.min.js"></script>
<script src="https://unpkg.com/ml5@latest/dist/ml5.min.js"
type="text/javascript"></script>
</head>
<body>
<h1>PoseNet example using p5.js</h1>
<h1   id = 'dir'> left :static : right </h1>
<p id='status'>Loading model...</p>
<script>
```

使用 PosNet 模型辨識
頭部姿態

```
let video;
let poseNet;
let poses = [];
const videowidth=400;
const videoheight=600;
//一開始會執行一次設定的函數
function setup() {
  createCanvas(videowidth, videoheight);
  video = createCapture(VIDEO);
  video.size(videowidth, videoheight);
  // 創造一個新的 poseNet 方法
  poseNet = ml5.poseNet(video, modelReady);
  // 當偵測到新的姿態觸發事件回傳結果至變數 "poses"
  poseNet.on('pose', function(results) {
    poses = results;
    console.log(poses);
  });
  // 將 video 元素隱藏
  video.hide();
  frameRate(30);
} //end of setup
// 模型載入完成執行的函數
function modelReady() {
  select('#status').html('Model Loaded');
}//end of modelReady
//頭部姿態控制網頁文字
function headpose(){
  for (let i = 0; i < poses.length; i++) {
    //對每個 poses 處理所有的 keypoints
    let pose = poses[i].pose;
    var nose_x=pose.keypoints[0].position.x;
    var lefteye_x=pose.keypoints[1].position.x;
```

```
        var lefteye_y=pose.keypoints[1].position.y;
        var righteye_x=pose.keypoints[2].position.x;
        var righteye_y=pose.keypoints[2].position.y;
        var nose_y=pose.keypoints[0].position.y;
        var righteye_y=pose.keypoints[2].position.y;
        var D_LREx = lefteye_x-righteye_x;
        var D_LREy = lefteye_y-righteye_y;
        var D_NLEx = nose_x- lefteye_x;
        var D_NREx = nose_x- righteye_x;
        var D_NREy = nose_y-righteye_y;
        if(D_LREy<0 && Math.abs(D_LREy/D_LREx)>Math.tan(30 * Math.PI / 180))
        {
            document.getElementById("dir").innerHTML = "Right";
        }
        else if(D_LREy>0 && Math.abs(D_LREy/D_LREx)>Math.tan(30 * Math.PI /
180))
        {
            document.getElementById("dir").innerHTML = "Left";
        }
        else if(   Math.abs( D_NREy ) <=     Math.abs(D_LREx/3 ))
        {
            document.getElementById("dir").innerHTML = "Up";
        }
        else
        {
            document.getElementById("dir").innerHTML = "Static";
        }//end of if
    } //end of for
} //end of headpose
//畫特徵點與骨架的函數
function draw() {
    translate(videowidth,0);
```

```
    scale(-1.0,1.0);      // 水平翻轉
    image(video, 0, 0, videowidth, videoheight);
    // 呼叫函數畫出所有 keypoints 與 skeletons
    drawKeypoints();
    drawSkeleton();
    headpose();
}//end of draw
// 將偵測到的 keypoints 畫圓的函數
function drawKeypoints()   {
    //對所有偵測到的 poses 輪流做處理
    for (let i = 0; i < poses.length; i++) {
        let pose = poses[i].pose;
        // 對每個 pose 的所有 keypoints 輪流處理
        for (let j = 0; j < pose.keypoints.length; j++) {
            //一個 keypoint 描述成身體的一部分例 rightArm 或 leftShoulder
            let keypoint = pose.keypoints[j];
            //只把可信度大於 0.2 的 keypoint 依其座標畫上圓
            if (keypoint.score > 0.2) {
                fill(255, 0, 0);
                noStroke();
                ellipse(keypoint.position.x, keypoint.position.y, 10, 10);
            }//end of if
        }//end of for
    } //end of for
}//end of drawKeypoints
//畫身體骨架的函數
function drawSkeleton() {
    //對所有偵測到的 poses 輪流做處理
    for (let i = 0; i < poses.length; i++) {
        let skeleton = poses[i].skeleton;
        // 對每個 skeleton 處理身體的關節間連線
```

```
    for (let j = 0; j < skeleton.length; j++) {
        let partA = skeleton[j][0];
        let partB = skeleton[j][1];
        stroke(255, 0, 0);
        line(partA.position.x, partA.position.y, partB.position.x, partB.position.y);
    }//end of for
  }//end of for
}//end of drawSkeleton
```

> 貼上 Ping Pong Game 程式碼

```
//Ping Pong Game
//創造畫布
var canvas = document.createElement("canvas");
const width = 400;
const height = 600;
canvas.width = width;
canvas.height = height;
var context = canvas.getContext('2d');
//增加畫布於網頁
document.body.appendChild(canvas);
//宣告球相關的變數
const ball_radius = 5;
const ball_initialx = width/2;
const ball_initialy = height/2;
var ball_x;
var ball_y;
//宣告球拍相關的變數
const paddle1_w = 50;
const paddle1_h = 10;
const paddle1_initialx = 0;
const paddle1_initialy = height   - 2*paddle1_h;
var paddle1_x;
```

```
var paddle1_y;
//球方向與速度相關的變數宣告
var myTimer;
var ball_x_dir=1;
var ball_y_dir=1;
const ball_speed = 1;
//畫球桌的函數
function drawtable(w,h)
{
    context.fillStyle = "#008000";//設定綠色
    context.fillRect(0, 0, w, h);//填滿長方形區域
} //end of drawtable
//畫球的函數
function drawball(x, y, radius)
{
    context.beginPath();
    context.arc(x, y, radius, 0, 2 * Math.PI, false);
    context.fillStyle = "#ddff59";
    context.fill();
    ball_x=x;
    ball_y=y;
}//end of drawball
//畫球拍的函數
function drawpaddle1(x, y, w, h)
{
    context.fillStyle = "#59a6ff";
    context.fillRect(x, y, w, h);
    paddle1_x=x;
    paddle1_y=y;
}//end of drawpaddle1
//初始化函數
function init()
```

```
{
   drawtable(width, height);     //畫球桌
   drawball(ball_initialx, ball_initialy, ball_radius);       //畫乒乓球
   //畫球拍
   drawpaddle1(paddle1_initialx, paddle1_initialy, paddle1_w, paddle1_h );
   //設定每六十分之一秒執行一次 update 函數
   myTimer=setInterval(update, 1000 / 60);
}//end of init
init();          //呼叫初始化函數
//更新球的座標的函數
function updateball()
{
   var ball_left_x = ball_x - ball_radius;
   var ball_top_y = ball_y - ball_radius;
   var ball_right_x = ball_x + ball_radius;
   var ball_bottom_y = ball_y + ball_radius;
   // check if ball is    outside of a table
   // bounce off the side walls
   if (ball_left_x < 0) {
      ball_x_dir = 1 ;
   } else if ( ball_right_x > width) {
      ball_x_dir = -1 ;
   }//end of if
   //若球撞到上界或撞到下方的球拍 1 球會反彈
   if ( ball_top_y< 0 ) {
      ball_y_dir = 1;
   }
   else if ( ball_top_y < (paddle1_y + paddle1_h) && ball_bottom_y > paddle1_y &&
ball_left_x < (paddle1_x + paddle1_w) && ball_right_x > paddle1_x) {
      ball_y_dir = -1;
   }//end of if
   //若球超過下界，球回到初始座標點
```

```
    if(ball_y > height)
    {
        ball_x = ball_initialx;
        ball_y = ball_initialy;
    }
    else {    //不然的話球的座標遞增
        ball_x += ball_x_dir*ball_speed;
        ball_y += ball_y_dir*ball_speed;
    }//end of if
    console.log(ball_x);
}//end of updateball
//更新全部畫面的函數
function    update()
{
        updateball() ;
        updatepaddle1();
        drawtable(width, height);
        drawball(ball_x, ball_y, ball_radius);
        drawpaddle1(paddle1_x, paddle1_y, paddle1_w, paddle1_h );
}//end of update
var keysDown = {};
//更新球拍的座標
function updatepaddle1()
{
    for (var key in keysDown) {
        var value = Number(key);
        if (value == 37) {
            paddle1_x= paddle1_x-8;
        } else if (value == 39) {
            paddle1_x= paddle1_x+8;
        } else {
            paddle1_x= paddle1_x;
```

```
        }//end of if
        if (paddle1_x <0)
        {
            paddle1_x =0;
        }
        else if (paddle1_x> (width-paddle1_w))
        {
            paddle1_x =width-paddle1_w;
        }//end of if
    }//end of for
}//end of updatepaddle1
// 按下按鍵觸發事件
window.addEventListener("keydown", function (event) {
    keysDown[event.keyCode] = true;
    console.log(event.keyCode);
    console.log(JSON.stringify(keysDown)); //將物件轉為字串再印出
});
//放開按鍵觸發事件
window.addEventListener("keyup", function (event) {
    delete keysDown[event.keyCode];
});
</script>
</body>
</html>
```

　　將電腦接上網路攝影機對著自己，再以 Google Chrome 瀏覽器執行「posenet-pingpong.html」，可以看到網頁上出現乒乓球遊戲與攝影機的影像，如圖 10-16 所示。

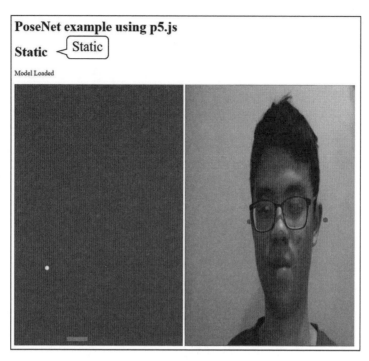

圖 10-16　PoseNet 結合乒乓球遊戲

　　程式均正確的話，可用鍵盤左鍵與右鍵控制球拍左移或右移，若放開鍵盤則球拍不移動。當頭部面對鏡頭時，網頁顯示「Static」文字；頭向右轉，網頁顯示「Right」文字；頭向左轉，網頁顯示「Left」文字；頭往上抬，網頁顯示「Up」文字。

**步驟 4**　頭部姿態控制球拍：因為 keysDown 控制著球拍的更新，所以用頭部姿態控制 keysDown 內容就可以控制球拍。將使用 PosNet 模型辨識頭部姿態改變網頁文字的地方加入改變 keysDown 的內容如下，頭部擺正，keysDown={}；頭部往右旋轉，keysDown[39]=true；頭部往左旋轉，keysDown[37]=true；頭部往上抬，keysDown=[]。修改部分程式如表 10-15 所示。

表 10-15　頭部姿態控制球拍程式

```
function headpose(){
    for (let i = 0; i < poses.length; i++) {
```
修改 headpose 函數
```
    // 對所有的偵測到的 poeses 處理
    let pose = poses[i].pose;
    var nose_x=pose.keypoints[0].position.x;
    var lefteye_x=pose.keypoints[1].position.x;
    var lefteye_y=pose.keypoints[1].position.y;
    var righteye_x=pose.keypoints[2].position.x;
    var righteye_y=pose.keypoints[2].position.y;
    var nose_y=pose.keypoints[0].position.y;
    var righteye_y=pose.keypoints[2].position.y;
    var D_LREx = lefteye_x-righteye_x;
    var D_LREy = lefteye_y-righteye_y;
    var D_NLEx = nose_x- lefteye_x;
    var D_NREx = nose_x- righteye_x;
    var D_NREy = nose_y-righteye_y;
```
是否頭向右旋轉
```
    if(D_LREy<0 && Math.abs(D_LREy/D_LREx)>Math.tan(30 * Math.PI /
180) )
```
網頁上顯示 Right
```
    {
        document.getElementById("dir").innerHTML = "Right";
```
新增{"39":true}
```
        keysDown[39]=true;
```
是否頭向左旋轉
```
    }
    else if(D_LREy>0 && Math.abs(D_LREy/D_LREx)>
        Math.tan(30 * Math.PI / 180) )
```
網頁上顯示 Left
```
    {
        document.getElementById("dir").innerHTML = "Left";
```

新增{"37":true}

```
    keysDown[37]=true;
  }
```

是否頭往上抬

```
  else if(   Math.abs( D_NREy ) <=      Math.abs(D_LREx/3 )   )
  {
```

網頁上顯示Up

```
    document.getElementById("dir").innerHTML = "Up";
```

刪除所有內容

```
    keysDown={};
  }
```

以上條件都不滿足

```
  else
  {
```

網頁上顯示Static

```
    document.getElementById("dir").innerHTML = "Static";
```

刪除所有內容

```
    keysDown={};
  }//end of if
  }//end of for
}// end of headpose
```

　　將電腦接上網路攝影機對著自己，再以 Google Chrome 瀏覽器執行「posenet-pingpong.html」，可以看到網頁上出現乒乓球遊戲與攝影機的影像，如圖 10-17 所示。頭面對鏡頭時網頁顯示「Static」文字且球拍不動。將頭向右旋轉超過 30 度，網頁顯示「Right」文字且球拍右移，如圖 10-17 所示；將頭轉向左旋轉超過 30 度，網頁顯示「Left」文字且球拍左移；將頭往上抬則球拍不動，網頁顯示「Up」文字；頭擺正面對鏡頭則球拍不動，網頁顯示「Static」文字，整理如表 10-17 所示。

圖 10-17　頭往右旋轉可以控制球拍右移

表 10-16　頭部姿態控制球拍移動

| 頭部姿態 | 文字 | 球拍 |
| --- | --- | --- |
| 右旋轉 | Right | 右移 |
| 左旋轉 | Left | 左移 |
| 往上抬 | Up | 不動 |
| 面對鏡頭 | Static | 不動 |

**步驟 5**　倒數計時與重新開始控制：將使用 PosNet 模型辨識頭部姿態控制乒乓球的檔案「posenetpingpong.html」另存新檔，例如另存為「posenetpingpong-countdown.html」。本範例的遊戲一回合時間設計為十二秒鐘，從十二秒鐘倒數計時到 0 時遊戲會停止。當球拍擊到球時，分數會增加。本範例也設

299

計了在遊戲結束時，能以「抬頭」動作讓遊戲重新開始與重新計分，倒數計時與重新開始控制程式整理如表 10-17 所示。

表 10-17　倒數計時與重新開始控制

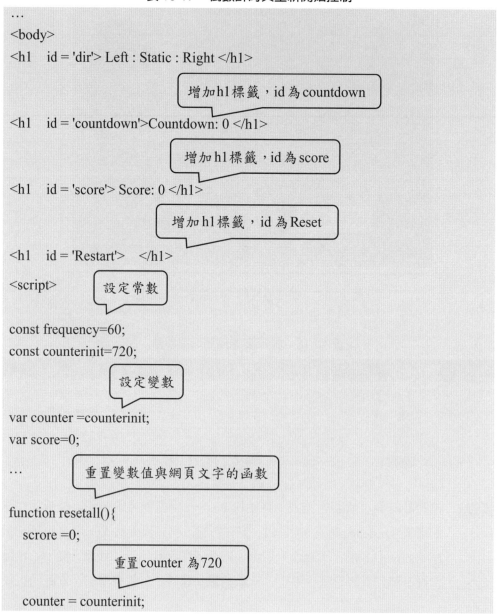

```
...
<body>
<h1    id = 'dir'> Left : Static : Right </h1>
```

增加 h1 標籤，id 為 countdown

```
<h1    id = 'countdown'>Countdown: 0 </h1>
```

增加 h1 標籤，id 為 score

```
<h1    id = 'score'> Score: 0 </h1>
```

增加 h1 標籤，id 為 Reset

```
<h1    id = 'Restart'>    </h1>
<script>
```

設定常數

```
const frequency=60;
const counterinit=720;
```

設定變數

```
var counter =counterinit;
var score=0;
...
```

重置變數值與網頁文字的函數

```
function resetall(){
    scrore =0;
```

重置 counter 為 720

```
    counter = counterinit;
```

設定網頁顯示分數值為 0

```
document.getElementById("score").innerHTML = "Score:" + 0;
```

設定網頁顯示 "Game is running"

```
document.getElementById("Restart").innerHTML = "Game is running";
}//end of resetall
```

//頭部姿態控制網頁文字與球拍的函數
```
function headpose()
{
```

若頭姿態是抬頭

```
    …
    else if( Math.abs( D_NREy ) <=      Math.abs(D_LREx/3 ) )
    {
            document.getElementById("dir").innerHTML = "Up";
            keysDown={};
```

若 counter 為 0

```
        if(counter==0)
        {
```

呼叫 reaetall 函數

```
            resetall();
```

設定定時器每 60 秒鐘執行 1 次 update 函數

```
            myTimer=setInterval(update, 1000 / frequency);
        }//end of if
    }
    else
    {
        document.getElementById("dir").innerHTML = "static";
        keysDown={};
```

```
        }//end of if
    }//end of for
}//end of headpose
```

新增控制倒數計時的函數

```
function timercontrol()
{
```

若 counter 等於 0

```
        if(counter ==0)
{
```

設定網頁顯示" Raise up your head to restart "

```
        document.getElementById("Restart").innerHTML = "Raise up your head
to restart";
```

清除 myTimer

```
        clearInterval(myTimer);
    }
```

否則

```
    else
    {
```

則 counter 減 1

```
        counter--;
    }//end of if
```

若 counter除以 frequency 的模不等於 0

```
    if(counter%frequency==0)
    {
```

網頁上顯示倒數計時剩下的時間

```
        document.getElementById("countdown").innerHTML ="countdown:
"+counter/frequency;
```

```
    }//end of if
  }//enf of timercontrol
…
//初始化函數
function init() {
    drawtable(width, height);      //畫球桌
    drawball(ball_initialx, ball_initialy, ball_radius);        //畫乒乓球
    //畫球拍
    drawpaddle1(paddle1_initialx, paddle1_initialy, paddle1_w, paddle1_h );
    //設定每 1/60 秒執行一次 update 函數
```

> 定時執行 update 函數，每 1/60 執行一次

```
    myTimer=setInterval(update, 1000 / frequency);
}//end of init
//更新所有函數
function   update(){
```

> 呼叫 timercontrol 函數

```
    timercontrol();
    updateball() ;
    updatepaddle1();
    drawtable(width, height);
    drawball(ball_x, ball_y, ball_radius);
    drawpaddle1(paddle1_x, paddle1_y, paddle1_w, paddle1_h );
}//end of update
```

　　將電腦接上網路攝影機對著自己，再以 Google Chrome 瀏覽器執行「posenet-pingpongcountdown.html」，可看到網頁上出現自己的影像。倒數計時到 0，遊戲會停止，出現文字提示「Raise up your head to restart」，頭部姿態辨識持續判斷；玩家頭往上抬可以讓遊戲重新開始，出現文字提示「Game is running」，如圖 10-18 所示。

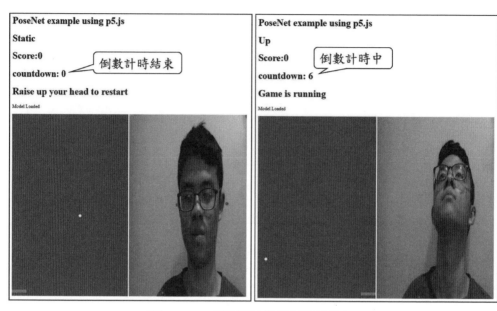

圖 10-18　倒數計時與重新開始控制

**步驟 6**　乒乓球遊戲計分：為了增加遊戲計分功能，在更新球的座標的函數中，在球改變運動方向為 -1 的地方增加 score++ 的程式，代表球撞到球拍時會累加分數，並更新網頁顯示的 score 值，乒乓球遊戲增加計分的程式如表 10-18 所示。

表 10-18　乒乓球遊戲增加計分的程式

```
//更新球的座標的函數
function updateball()
{
    var ball_left_x = ball_x - ball_radius;
    var ball_top_y = ball_y - ball_radius;
    var ball_right_x = ball_x + ball_radius;
    var ball_bottom_y = ball_y + ball_radius;
    //檢查是否球跑到球桌左右兩側外
```

```
//若跑出就反彈
if (ball_left_x < 0) {
    ball_x_dir = 1 ;
} else if ( ball_right_x > width) {
    ball_x_dir = -1 ;
}//end of if
//若球撞到球桌上界就會反彈
if ( ball_top_y< 0 ) {
    ball_y_dir = 1;
}
else if ( ball_top_y < (paddle1_y + paddle1_h) && ball_bottom_y > paddle1_y
&& ball_left_x < (paddle1_x + paddle1_w) && ball_right_x > paddle1_x) {
    ball_y_dir = -1;

    score++;
    document.getElementById("score").innerHTML ="Score:"+score;
}//end of if
    …
}// end of updateball
```

球碰到球拍

分數加 1

更新網頁文字

　　將電腦接上網路攝影機對著自己，再以 Google Chrome 瀏覽器執行「posenet-pingpongcountdown.html」，可以看到網頁上出現自己的影像。變動頭部姿態移動球拍擊到球時 Score 會增加，如圖 10-19 所示。當倒數計時到 0，遊戲會停止。但此時頭部姿態辨識仍持續判斷，玩家頭往上抬可以讓遊戲重新開始，Score 從 0 開始計算。

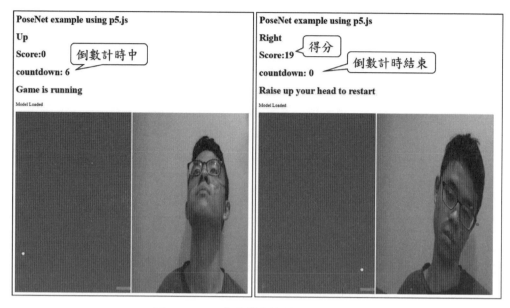

圖 10-19　乒乓球遊戲增加計分功能

## 六、完整的程式碼

　　本範例設計使用運用 PoseNet 模型進行頭部姿態偵測去控制乒乓球遊戲的球拍。將頭向右旋轉超過 30 度，網頁顯示「Right」文字且球拍右移；將頭轉向左旋轉超過 30 度，網頁顯示「Left」文字且球拍左移；將頭往上抬則球拍不動，網頁顯示「Up」文字；將頭部擺正則球拍不動；當倒數計時為 0 時，可用抬頭重新啟動遊戲。使用頭部姿態控制乒乓球遊戲完整的程式碼如表 10-19 所示。

表 10-19　使用頭部姿態控制乒乓球遊戲完整程式

```
<html>
<head>
  <meta charset="UTF-8">
  <title>PoseNet example using p5.js</title>
  <script src="https://cdnjs.cloudflare.com/ajax/libs/p5.js/0.9.0/p5.min.js"></script>
  <script
```

```
src="https://cdnjs.cloudflare.com/ajax/libs/p5.js/0.9.0/addons/p5.dom.min.js"></scrip
t>
    <script src="https://unpkg.com/ml5@latest/dist/ml5.min.js"
type="text/javascript"></script>
</head>
<body>
<h1>PoseNet example using p5.js</h1>
<h1    id = 'dir'> Left : Static : Right </h1>
<h1    id = 'score'> Score: 0 </h1>
<h1    id = 'countdown'>Countdown: 0 </h1>
<h1    id = 'Restart'>    </h1>
<p id='status'>Loading model...</p>
<script>
const frequency=60;
var score=0;
const counterinit=720;
var counter =counterinit;
let video;
let poseNet;
let poses = [];
const videowidth=400;
const videoheight=600;
//程式一開始只執行一次設定的函數
function setup() {
    createCanvas(videowidth, videoheight);
    video = createCapture(VIDEO);
    video.size(videowidth, videoheight);
    //創造一個新的 poseNet 方法
    poseNet = ml5.poseNet(video, modelReady);
    //當偵測到新的姿態觸發事件回傳結果至變數 "poses"
    poseNet.on('pose', function(results) {
        poses = results;
```

307

```
      console.log(poses);
    });
    //將 video 元素隱藏
    video.hide();
    frameRate(30);
} //end of setup
```

//模型載入完成執行的函數
```
function modelReady() {
    select('#status').html('Model Loaded');
}//end of modelReady
```

//重置變數值與網頁文字的函數
```
function resetall(){
    scrore =0;
    counter = counterinit;
    document.getElementById("score").innerHTML = "Score:" + 0;
    document.getElementById("Restart").innerHTML = "Game is running";
}//end of resetall
```

//頭部姿態控制網頁文字與遊戲的函數
```
function headpose(){
    for (let i = 0; i < poses.length; i++) {
        //對每個 poses 處理所有的 keypoints
        let pose = poses[i].pose;
        var nose_x=pose.keypoints[0].position.x;
        var lefteye_x=pose.keypoints[1].position.x;
        var lefteye_y=pose.keypoints[1].position.y;
        var righteye_x=pose.keypoints[2].position.x;
        var righteye_y=pose.keypoints[2].position.y;
        var nose_y=pose.keypoints[0].position.y;
        var righteye_y=pose.keypoints[2].position.y;
        var D_LREx = lefteye_x-righteye_x;
        var D_LREy = lefteye_y-righteye_y;
        var D_NLEx = nose_x- lefteye_x;
```

```
    var D_NREx = nose_x- righteye_x;
    var D_NREy = nose_y-righteye_y;
    if(D_LREy<0 && Math.abs(D_LREy/D_LREx)>Math.tan(30 * Math.PI / 180) )
    {
        document.getElementById("dir").innerHTML = "Right";
        keysDown[39]=true;
    }
    else if(D_LREy>0 && Math.abs(D_LREy/D_LREx)>Math.tan(30 * Math.PI /
180)   )
    {
        document.getElementById("dir").innerHTML = "Left";
        keysDown[37]=true;
    }
    else if( Math.abs( D_NREy ) <=     Math.abs(D_LREx/3 ) )
    {
        document.getElementById("dir").innerHTML = "Up";
        keysDown={};
        if(counter==0)
        {
            resetall();
            myTimer=setInterval(update, 1000 / frequency);
        }//end of if
    }
    else
    {
        document.getElementById("dir").innerHTML = "Static";
        keysDown={};
    }//end of if
    }//end of for
}//end of headpose
//畫出特徵點與骨架的函數
function draw()
```

```
{
    translate(videowidth,0);
    scale(-1.0,1.0);        // 水平翻轉
    image(video, 0, 0, videowidth, videoheight);
    //呼叫函數畫出所有 keypoints 與 skeletons
    drawKeypoints();
    drawSkeleton();
    headpose();
}//end of draw
```

//將偵測到的 **keypoints** 畫圓的函數
```
function drawKeypoints()
{
    //對所有偵測到的 poses 輪流做處理
    for (let i = 0; i < poses.length; i++) {
        //對每個 pose 的所有 keypoints 輪流處理
        let pose = poses[i].pose;
        for (let j = 0; j < pose.keypoints.length; j++) {
            //一個 keypoint 描述成身體的一部分，例如 rightArm 或 leftShoulder
            let keypoint = pose.keypoints[j];
            //只畫出機率大於 0.2 的 keypoint
            if (keypoint.score > 0.2) {
                fill(255, 0, 0);
                noStroke();
                ellipse(keypoint.position.x, keypoint.position.y, 10, 10);
            }//enf of if
        }//end of for
    }//end of for
}//end of drawKeypoints
```

// 畫身體骨架的函數
```
function drawSkeleton()
{
    //對所有偵測到的 poses 輪流做處理
```

```
  for (let i = 0; i < poses.length; i++) {
    let skeleton = poses[i].skeleton;
    //將關節進行連線
    for (let j = 0; j < skeleton.length; j++) {
      let partA = skeleton[j][0];
      let partB = skeleton[j][1];
      stroke(255, 0, 0);
      line(partA.position.x, partA.position.y, partB.position.x, partB.position.y);
    }//end of for
  }//end of for
}//end of drawSkeleton
// 創造畫布
var canvas = document.createElement("canvas");
const width = 400;
const height = 600;
canvas.width = width;
canvas.height = height;
var context = canvas.getContext('2d');
document.body.appendChild(canvas);
const ball_radius = 5;
const ball_initialx = width/2;
const ball_initialy = height/2;
var ball_x;
var ball_y;
const paddle1_w = 50;
const paddle1_h = 10;
const paddle1_initialx = 0;
const paddle1_initialy = height    - 2*paddle1_h;
var paddle1_x;
var paddle1_y;
var myTimer;
var ball_x_dir=1;
```

```
var ball_y_dir=1;
const ball_speed = 1;
//畫球桌的函數
function drawtable(w,h)
{
    context.fillStyle = "#008000";//設定綠色
    context.fillRect(0, 0, w, h);//填滿長方形區域
}//end of drawtable
//畫乒乓球的函數
function drawball(x, y, radius)
{
    context.beginPath();
    context.arc(x, y, radius, 0, 2 * Math.PI, false);
    context.fillStyle = "#ddff59";
    context.fill();
    ball_x=x;
    ball_y=y;
}//end of drawball
//畫球拍的函數
function drawpaddle1(x, y, w, h)
{
    context.fillStyle = "#59a6ff";
    context.fillRect(x, y, w, h);
    paddle1_x=x;
    paddle1_y=y;
}//end of drawpaddle1
//初始化函數
function init() {
    drawtable(width, height);    //畫球桌
    drawball(ball_initialx, ball_initialy, ball_radius);    //畫乒乓球
    //畫球拍
    drawpaddle1(paddle1_initialx, paddle1_initialy, paddle1_w, paddle1_h );
```

```
//設定每 1/60 秒執行一次 update 函數
myTimer=setInterval(update, 1000 / frequency);
}//end of init
init();        //呼叫初始化函數
//更新乒乓球座標的函數
function updateball()
{
    var ball_left_x = ball_x - ball_radius;
    var ball_top_y = ball_y - ball_radius;
    var ball_right_x = ball_x + ball_radius;
    var ball_bottom_y = ball_y + ball_radius;
    //檢查球是否跑到球桌的範圍外
    //若超過左右邊界就反彈
    if (ball_left_x < 0) {
        ball_x_dir = 1 ;
      } else if ( ball_right_x > width) {
        ball_x_dir = -1 ;
    }//end of if
    //若超過上邊界或球撞到下方球拍 1 就反彈
    if ( ball_top_y< 0 ) {
        ball_y_dir = 1;
    }
    else if ( ball_top_y < (paddle1_y + paddle1_h) && ball_bottom_y > paddle1_y &&
ball_left_x < (paddle1_x + paddle1_w) && ball_right_x > paddle1_x) {
        ball_y_dir = -1;
        score++;
        document.getElementById("score").innerHTML ="Score:"+score;
    }//enf of if
    //若球超過下界，球回到初始座標點
    if(ball_y > height)
    {
        ball_x = ball_initialx;
```

```
      ball_y = ball_initialy;
    }
    else {    //不然的話，球的座標遞增
      ball_x += ball_x_dir*ball_speed;
      ball_y += ball_y_dir*ball_speed;
    }//enf of if
    console.log(ball_x);
}//end of updateball
//控制倒數時間的函數
function timercontrol()
{
    if(counter ==0)
    {
      document.getElementById("Restart").innerHTML = "Raise up your head to
restart";
      clearInterval(myTimer);
    }
    else
    {
      counter--;
    }//enf of if
    if(counter%frequency==0)
    {
      document.getElementById("countdown").innerHTML ="countdown:
"+counter/frequency;
    }//end of if
}//end of timercontrol
//更新所有畫面的函數
function   update()
{
    timercontrol();
    updateball() ;
```

```
    updatepaddle1();
    drawtable(width, height);
    drawball(ball_x, ball_y, ball_radius);
    drawpaddle1(paddle1_x, paddle1_y, paddle1_w, paddle1_h );
}//end of update
var keysDown = {};
//更新球拍座標的函數
function updatepaddle1()
{
    for (var key in keysDown) {
        var value = Number(key);
        if (value == 37) {
            paddle1_x= paddle1_x-8;
        } else if (value == 39) {
            paddle1_x= paddle1_x+8;
        } else {
            paddle1_x= paddle1_x;
        }//end of if

        if (paddle1_x <0)
        {
            paddle1_x =0;
        }
        else if (paddle1_x> (width-paddle1_w))
        {
            paddle1_x =width-paddle1_w;
        }//end of if
    }//end of for
}//end of updatepaddle1
//按下按鍵觸發事件
window.addEventListener("keydown", function (event) {
    keysDown[event.keyCode] = true;
```

```
    console.log(event.keyCode);
    console.log(JSON.stringify(keysDown)); //將物件轉為字串再印出
});
//放開按鍵觸發事件
window.addEventListener("keyup", function (event) {
    delete keysDown[event.keyCode];
});
</script>
</body>
</html>
```

## 隨堂練習

參考第九章將使用頭部姿態控制乒乓球遊戲之分數記錄至雲端資料庫。

## 提示

步驟 1  建立 Firebase 專案與一個 Realtime 資料庫，新增一個 bestscore 之項目，值為 0。

步驟 2  為該專案建立一個 Web App，取得其 firebaseConfig 內容。

步驟 3  在程式中新增一個 h1 標籤，與一個 div 標籤 id 等於 bestcore，如 "<h1 >Bestscore: <div id="bestscore">0</div> </h1>"。

步驟 4  在 <script> 區增加讀取資料庫的程式如表 10-20 所示。會在網頁顯示出資料庫中 bestcore 的數值，當資料庫資料變化時，網頁會自動同步更新。

表 10-20　　讀取資料庫的程式

```
<script src="https://www.gstatic.com/firebasejs/7.15.1/firebase-app.js"></script>
<script
src="https://www.gstatic.com/firebasejs/7.15.1/firebase-database.js"></script>
const bscore = document.getElementById('bestscore');
var firebaseConfig = {
    apiKey: "AIzaSyBPTap41ISdVoWxxxxxxxx",
    authDomain: "myfirstproject-2020-6-18.firebaseapp.com",
    databaseURL: "https://myfirstproject-2020-6-18.firebaseio.com",
    projectId: "myfirstproject-2020-6-18",
    storageBucket: "myfirstproject-2020-6-18.appspot.com",
    messagingSenderId: "406231xxxxxxxx",
    appId: "1:406231xxxxxxxx:web:aa1fff0f02a7xxxxxxxx",
    measurementId: "G-7K3Rxxxxxx"
};
// Initialize Firebase
firebase.initializeApp(firebaseConfig);
var dbRef = firebase.database().ref().child('bestscore');
dbRef.on('value', snap => bscore.innerText = snap.val() );
```

步驟 5　　當遊戲分數創紀錄時會更新資料庫 bestscore。

```
function timercontrol()
{                          修改 timercontrol 函數
    if(counter ==0)
    {
        document.getElementById("Restart").innerHTML = "Raise up your head to
restart";
        clearInterval(myTimer);
                           遊戲分數創紀錄時會
                           更新資料庫 bestscore
        if(score> parseInt(bscore.innerText) )
        {
```

```
        firebase.database().ref().update({bestscore:score});
    }//end of if
}
else
{
    counter--;
}//end of if
if(counter%frequency==0)
{
    document.getElementById("countdown").innerHTML ="countdown:
"+counter/frequency;
}//end of if
}//end of timercontrol
```

## 七、課後測驗

( ) 1. 本範例是屬於何種 AI？　(A) Pose estimation　(B) Object detection

(C) Image classification

( ) 2. 本範例是處理何種類型資料？　(A) 影像　(B) 圖片　(C) 時間序列資料

( ) 3. 本範例使用的模型是？　(A) PoseNet　(B) VGG16　(C) YOLO

( ) 4. 本範例使用何種姿態控制乒乓球遊戲球拍右移？　(A) 頭往右旋轉

(B) 頭往上抬　(C) 頭往下點

( ) 5. 本範例如何重新開始玩遊戲？　(A) 頭往上抬　(B) 頭往右旋轉　(C) 頭往

下點

第 11 堂課

# 時間序列預測

## 一、實驗介紹

所謂時間序列，是指同一現象在不同時間上的觀察值排列而成的序列。研究時間序列主要是爲了進行預測，也就是根據已知的時間序列去預測未來的變化。時間序列的例子包括臺灣股票市場的臺積電股票每日收盤價，公司銷售每月的業績或是全球感染新冠狀病毒的每日的人數等。

以公司銷售業績爲例，業績會逐步上升或下降，也就是某日的業績 y(i)，可能會與前一日業績 y(i-1) 或前兩日業績 y(i-2) 有關。由於深度學習的發展，時間序列預測在預測準確性方面有顯著地進展。

本範例使用稱爲 LSTM（長短期記憶）的循環神經網路來進行時間序列的預測，該模型對涉及自相關性的序列預測問題很有用。在範例中並介紹如何載入 csv 檔，以進行時間序列資料繪圖與訓練模型與預測。本範例以連續三筆過去時間的資料作爲預測下一時間的資料。使用 csv 檔案與 LSTM 網路進行時間序列預測的實驗架構圖如圖 11-1 所示。從 csv 中的數據集分成兩部分：90% 作爲訓練數據集和 10% 做爲測試數據集，再將訓練數據集處理後去訓練神經網路模型，再以測試數據集測試已訓練完成的神經網路模型，最後將數據以圖形顯示原始資料與預測之資料。

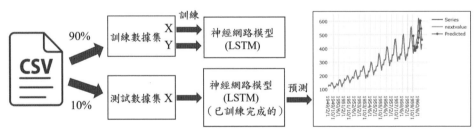

**圖 11-1　使用 csv 檔案與 LSTM 網路進行時間序列預測的實驗架構圖**

## 二、實驗流程圖

本範例使用 csv 檔案與 LSTM 網路進行時間序列預測，實驗流程圖如圖 11-2 所示。先引入外部 Javascript 函式庫，再讀取 csv 檔，再將數據處理後繪製出時間序列圖;接著建立神經網路模型,將全部數據中的前 90% 當成訓練數據集再經過正規化後去訓練神經網路模型,再將全部數據中的後 10% 當成測試數據集去測試神經網路模型,最後繪製出時間序列圖與預測的結果圖。

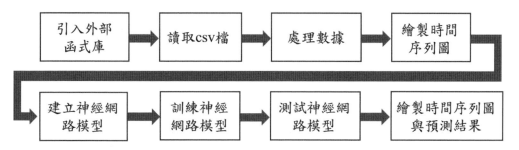

**圖 11-2　使用 csv 檔案與 LSTM 網路進行時間序列預測的實驗流程圖**

## 三、人機介面與程式架構

本範例使用 csv 檔案與 LSTM 網路進行時間序列預測的人機介面設計如圖 11-3 所示,程式架構如圖 11-4 所示。網頁初始化呈現「Choose File」的按鈕以選取 csv 檔、「Train」訓練按鈕、「Predict」預測按鈕、「Save」儲存按鈕、儲存檔名設定欄、「Load」載入模型檔按鈕與繪圖區。

**圖 11-3　使用 csv 檔案與 LSTM 網路進行時間序列預測的人機介面**

　　本範例之程式架構如圖 11-4，網頁設計有一個表單、四個按鈕、一個輸入欄與一個繪圖區。在按下「Choose File」按鈕選取 csv 檔後，會觸發事件將數據進行處理並顯示時序資料於繪圖區。再按下「Train」按鈕觸發事件將神經網路模型建立後加以訓練；再按下「Predict」按鈕觸發事件將以測試數據集測試神經網路模型並將預測結果顯示於繪圖區。再按下「Save」按鈕觸發事件儲存模型，存成在輸入欄設定的名稱。再按下「Load」按鈕觸發事件可以載入在輸入欄設定的已儲存過的模型名稱。

```
<html>
                                              檔頭資訊區
  <head>                                  Javascript庫來源
        <script src=...>
        </script>
  </head>
                                              網頁內容區
  <body>
        <h1>Time Series Prediction </h1>
        <table> 表單、四個按鈕、輸入欄</table>
        <div>    繪圖區              </div>
        <script >                         Javascript區
          按鈕觸發讀取資料平台資料內容
          繪出時間序列圖
          按鈕觸發建立模型與訓練模型
          按鈕觸發預測資料與繪圖
          按鈕觸發儲存模型
          按鍵觸發載入模型
        </script>
  </body>
</html>
```

圖 11-4　程式架構

## 四、重點說明

1. Bootstrap 函式庫介紹：Bootstrap 是由 Twitter 開發團隊所釋出的一個網站前端開源套件，是目前響應式及行動裝置網頁設計最知名的框架，提供非常多的函式庫供選擇，其針對響應式網頁有非常良好的規劃，並提供了包含 HTML、CSS 及 JS 等內容的框架。使用 Bootstrap 庫的範例如表 11-1 所示。其中 name="viewport" content="width=device-width, initial-scale=1" 是設定將「內容的寬度參數」等於「設備的顯示寬度」。

表 11-1　引用 Bootstrap 框架

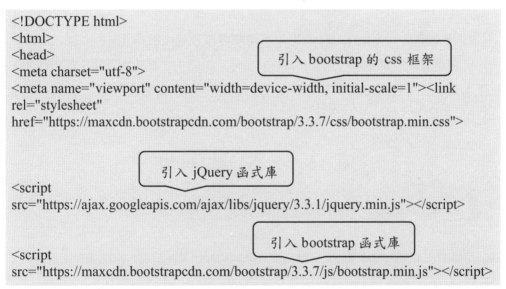

2. csv 檔的內容格式：csv 是 Comma-Separated Values（逗號分隔值）的縮寫，其檔案以純文字形式儲存表格資料。在一個 csv 檔中，每筆資料以一行表示，而每個欄位值是以逗號區隔開來，舉例 csv 檔如表 11-2 所示。表 11-2 中共有 10 筆資料，每筆資料有三個欄位，第一個欄位記錄第幾筆資料，第二個欄位記錄日期，第三個欄位記錄數值。

表 11-2　csv 檔範例

```
1,1949/1/1,112
2,1949/2/1,118
3,1949/3/1,132
4,1949/4/1,129
5,1949/5/1,121
6,1949/6/1,135
7,1949/7/1,148
8,1949/8/1,148
9,1949/9/1,136
10,1949/10/1,119
11,1949/11/1,104
12,1949/12/1,118
```

3. 事件處理：W3C DOM 裡用來新增觸發事件的函數叫 AddEventListener，使用者在瀏覽網頁時會觸發很多事件（events）的發生，例如表單欄位值被改變、按下滑鼠、按下鍵盤按鍵等等。DOM Event 定義很多種事件型態，可以使用 JavaScript 來監聽（listen）和處理（event handling）這些事件。語法如表 11-3 所示。

表 11-3　DOM Event 語法與範例

| 語法 |
| --- |
| element.addEventListener (event, function, useCapture); |
| 參數說明 |
| 第一個參數 event 是事件的型態（像「click」或「mousedown」或其他 HTML DOM 事件）。<br>第二個 function 參數是當事件發生時，我們想要去呼叫的函數。<br>第三個 useCapture 參數是一個布林值，指明是否去用事件 bubbling 或 capturing。這參數是可選用的。 |
| 範例 |
| // 當內容改變時，執行 readInputFile 函數<br>document.getElementById('input-data').addEventListener('change', readInputFile, false);<br>// 當按下 id 為‘foo’的元素時，執行把字體改成黃色<br>document.getElementById('foo').addEventListener('click', function(event) {event.target.style.color = 'yellow';}）;<br><br>// 當網頁載入完成時，執行這個 callback 函數<br>window.addEventListener（‘load’, function() { alert（‘頁面已載入完成！’）;  }）; |

常用的 DOM Event 名稱有 blur（當物件失去焦點時）、change（當物件內容改變時）、click（當滑鼠點擊物件時）、dblclick（當滑鼠連點二下物件時）、error（當圖片或文件載入產生錯誤時）、focus（當物件被點擊或取得焦點時）、keydown（當按下鍵盤按鍵時）、keypress（當按下並放開鍵盤按鍵後）、keyup（當按下並放開鍵盤按鍵時）、load（當網頁或圖片載入完成時）、mousedown（當按下滑鼠按鍵時）、mousemove（介於 over 跟 out 間的滑鼠移動行為）、mousemove（介於 over 跟 out 間的滑鼠移動行為）、mouseout（當滑鼠離開某物件四周時）、mouseover（當滑鼠經過一個元素時）、mouseup（當放開滑鼠按鍵時）、resize（當視窗或框架大小被改變時）、scroll（當卷軸被拉動時）、select（當被選取時）、submit（當按下送出按鈕時）、beforeunload（當使用者關閉或離開網頁之前）與 unload（當使用者關閉或離開網頁之後）等。

4. 選取本地端的檔案：本範例介紹選取本地端的檔案後讀取被選取檔案中的內容的方式，透過 FileReader 物件非同步的讀取本地檔案內容。FileReader 可以監控讀取進度，找出錯誤並確定載入何時完成。使用 HTML 選擇本地檔案的 HTML 語法舉例為 <input type="file" > 元素，使用 EventListener 動態地監聽，檔案改變時觸發事件，返回選定的 File 對象的列表作為 FileList，舉例如表 11-4 所示。

表 11-4　選取本地端的檔案

| 範例 | 說明 |
|---|---|
| <input type="file" id="input-data"> | 建立元素，id 為 "input-data"。 |
| document.getElementById('input-data').addEventListener('change', readInputFile, false); | 當 id 為 "input-data" 元素的內容改變時，觸發事件執行 readInputFile 函數。 |
| function readInputFile(e) {<br><br>} | 返回該事件 e 至 readInputFile 函數。 |
| var file = e.target.files[0]; | e.target 代表事件發生的元素，其檔案列表中的第一個檔案。 |
| var reader = new FileReader(); | 宣告一個新的 FileReader 物件。 |

| 範例 | 說明 |
|---|---|
| reader.onload = function(e) {<br>var contents = e.target.result;<br>}; | 當檔案載入完成會返回該事件 e，e.target 代表事件發生的元素，其結果為檔案的文字，存在變數 contents。 |
| reader.readAsText(file); | 設定以文字方式讀取檔案。 |

5. 處理 csv 檔內容：本範例處理 csv 檔內容的方式以圖 11-5 的流程圖說明。先以換行符號 "\n" 切開每筆資料存至陣列 rows，則第一筆資料會存在 rows[0]，第二筆資料會存在 rows[1]，以此類推。再來對每個 rows 陣列內容（每筆資料），逐一以逗號 "," 切開，存在 cols 陣列，每筆資料的第一個欄位內容會存在 cols[0]，每筆資料的第二個欄位內容會存在 cols[1]，以此類推。再把每筆資料的 cols，以 {id: cols[0], timestamp: cols[1], price: cols[2]} 物件推入 data_raw 陣列中，則 data_raw 中就有全部整理好的資料。

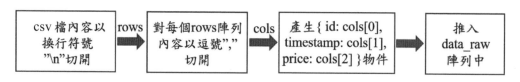

圖 11-5　本範例處理 csv 檔內容

6. Plotly 畫圖：plotly.js 是一個開源的 Javascript 繪圖庫。plotly.js 提供超過 40 型式的繪圖庫，包括 3D 畫圖，統計圖與 SVG 地圖等。本範例使用 Line Charts 型式的繪圖函數畫時間序列的圖。使用 Plotly 畫 Line Charts 的 HTML5 範例如表 11-5 所示，共繪製兩條曲線。使用的外部函式庫為 https://cdn.plot.ly/plotly-latest.min.js。在程式中加入一個 div 標籤，id 為 "graphDiv"。Plotly.newPlot（graphDiv, data, layout）；為繪圖函式。第一個參數為畫圖的區域，範例中為畫圖在 id 為 "graphDiv" 的區域；第二個參數為資料，例如資料等於兩個物件組成的陣列 [trace1, trace2]；第三個參數為布局，包括橫座標與縱座標的標題等。使用瀏覽器開啟之結果如圖 11-6 所示。

表 11-5　HTML5 使用 Plotly 繪製兩條曲線圖

```html
<html>
<head>
<!-- Plotly.js -->                              引入外部函式庫
<script src="https://cdn.plot.ly/plotly-latest.min.js"></script>
</head>
<body>
<!-- Plotly chart will be drawn inside this div -->

<div id="graphDiv"></div>                       div標籤區用來畫圖，id為"graphDiv"

<script>
                        曲線 1 物件
var trace1 = {
   x: [1, 2, 3, 8],
   y: [10, 15, 13, 17],
   name: "Series1"
};
                        曲線 2 物件
var trace2 = {
   x: [1, 2, 3, 4],
   y: [20, 5, 11, 9],
   name: "Series2"
};
                        資料為兩物件組成的陣列
var data = [trace1, trace2];
                        以物件定義布局內容
var layout = {
   title: 'Sales Growth',
   xaxis: {
      title: 'Year',
      showgrid: false,
      zeroline: false
   },
   yaxis: {
      title: 'Percent',
      showline: false
   },
```

```
    margin: { t: 100 }
};
```

在 id 為 graphDiv 處畫一個新的圖

```
Plotly.newPlot(graphDiv, data, layout);

</script>
</body>
</html>
```

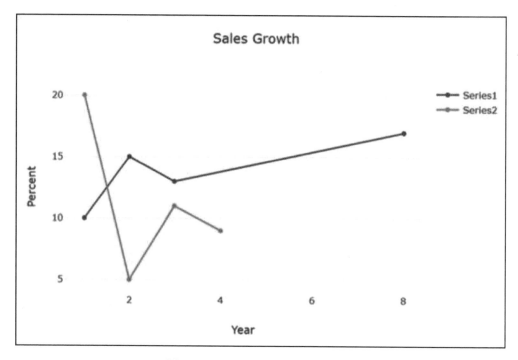

圖 11-6　使用 Plotly 繪製曲線圖

　　7. 長短期記憶（LSTM）時間循環神經網路：長短期記憶是一種時間循環神經網路，適合用於時間序列資料的預測。可適用在例如用當週五天股價預測下週一股價、用過去一週的氣溫預測未來一週的氣溫與序列到序列翻譯等。相較於傳統遞迴神經網路 RNN，LSTM 可以成功回顧更多循環前的結果。LSTM 的結構如圖 11-7所示。

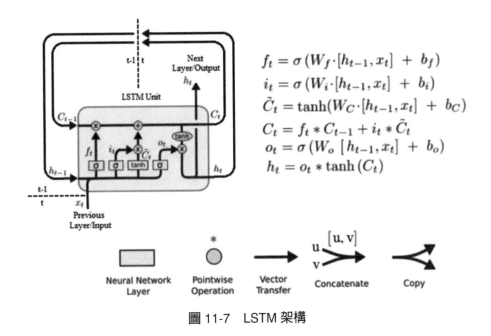

$$f_t = \sigma\left(W_f \cdot [h_{t-1}, x_t] + b_f\right)$$
$$i_t = \sigma\left(W_i \cdot [h_{t-1}, x_t] + b_i\right)$$
$$\tilde{C}_t = \tanh(W_C \cdot [h_{t-1}, x_t] + b_C)$$
$$C_t = f_t * C_{t-1} + i_t * \tilde{C}_t$$
$$o_t = \sigma\left(W_o\, [h_{t-1}, x_t] + b_o\right)$$
$$h_t = o_t * \tanh\left(C_t\right)$$

圖 11-7　LSTM 架構

　　其中 Neural Network Layer 具有 wx+b，其中 w 和 b 是待求參數，再經過激活函數或是 tanh 輸出；是 sigmoid 函數也叫 Logistic 函數，用於隱藏層神經元輸出，值域為 (0,1)。tanh 激活函數值域為 (-1,1)。Concatenate 是串接，可將兩向量串成一個向量。

　　LSTM 神經網路需要輸入三維的陣列，第一個維度是稱為批量大小（batch size）是選擇數據樣本的數目，第二個維度是時間步數（time-steps），第三個維度是代表一個時間點輸入資料的數目（input number）。以股票資料舉例來說，若是想以上一週股市（交易五天）的開盤價與交易量（每日兩筆資料）去預測下一週的開盤價，則時間步數（time-steps）等於 5，輸入資料的數目（input number）等於 2。

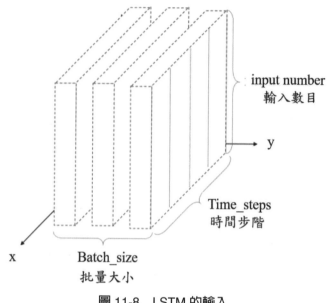

圖 11-8 LSTM 的輸入

　　LSTM 的網路結構中，直接根據當前 input 數據，得到的輸出稱為 hidden state，還有一種數據是不僅僅依賴於當前輸入數據，而是一種伴隨整個網路過程中用來記憶、遺忘與選擇後，最終影響 hidden state 結果的東西，稱為 cell state。

　　LSTM 神經網路的函數有一個參數 returnsequences，該參數為 true 代表 LSTM 神經網路的函數返回的 hidden state 包含全部時間步數的結果。returnsequences 為 false 代表該 LSTM 神經網路的函數返回值 hidden state 值，如果 input 數據包含多個時間步數，則這輸出是最後一個時間步數的結果。以表 11-6 之神經網路模型為例，只使用一層 LSTM 神經網路，分別設定 returnsequences，該參數為 true 時，輸出 10 個步階的結果，該參數為 false 時，輸出最後一個時間步數的結果，注意這每次執行的值是不一樣的，因為還沒訓練過的模型權重值是隨機的。

表 11-6 參數 returnsequences 設定說明

| 參數 returnsequences 設定 | 輸出結果 |
|---|---|
| ```const lstm = tf.layers.lstm({units: 2, returnSequences: true}); const input = tf.input({shape: [10, 1]}); const output = lstm.apply(input); const model = tf.model({inputs: input, outputs: output}); model.predict(tf.ones([1,10, 1])).print();``` | ```Tensor     [[[0.0765043 , -0.1159729],       [0.1156081 , -0.1476321],       [0.138053  , -0.1548104],       [0.1514167 , -0.155026 ],       [0.159467  , -0.1536421],       [0.1643352 , -0.1522406],       [0.1672817 , -0.1511824],       [0.1690652 , -0.1504642],       [0.1701443 , -0.1500007],       [0.1707971 , -0.1497097]]]``` |
| ```const lstm = tf.layers.lstm({units: 2, returnSequences: false}); const input = tf.input({shape: [10, 1]}); const output = lstm.apply(input); const model = tf.model({inputs: input, outputs: output}); model.predict(tf.ones([1,10, 1])).print();``` | ```Tensor     [[-0.1576007, -0.0623369],]``` |

8. 準備數據：本範例以連續三筆過去時間的資料作為預測下一時間的資料，設定窗口長度為 3。這裡我們採用 t-2、t-1 與 t 次的數據作為模型輸入，然後用 t+1 次之數據做為模型輸出，如圖 11-9 所示，X 為輸入數據，Y 為模型輸出的數據。

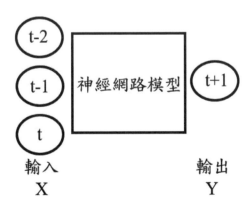

圖 11-9 輸入採用連續三筆數據輸出預測出下一個數據

331

　　假設用於訓練的時間序列數據依序為 1 到 10，則將數據分成連續 3 個一組為 X，下一個數據為 Y，每次移動一格連續 3 個一組為 X，下一個數據為 Y，以此類推，如圖 11-10，建立出用以訓練模型的數據，找出最佳的模型參數。實際窗口長度會依實際情況而進行調整。

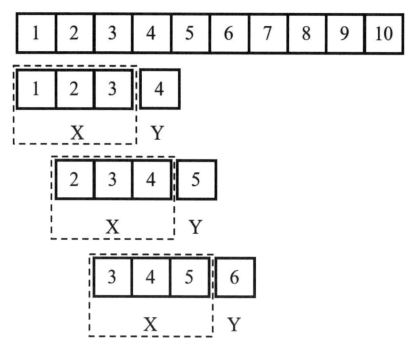

圖 11-10　採用窗口長度為 3 每次移動一個產生 X 與 Y

　　9. 資料分割：將數據分為兩組，即訓練集與測試集。如果 70% 的數據用於訓練，則 30% 的數據用於驗證。例如有 1000 筆數據，則 700 筆的數據用於培訓，300 筆的數據用於模型驗證。本範例使用 slice() 的語法可以藉由指定開始與結束範圍，將一個陣列資料複製開始與結束點（結束點不算）中的內容至一個新的陣列回傳，舉例如表 11-7 所示。

表 11-7　slice() 的語法

| 程式 | 結果 | 說明 |
|---|---|---|
| var a=[1,2,3,4,5,6];<br>var b=a.slice(0,3); | [1,2,3] | 回傳從 index 為 0 到 index 為 3（結束點不算）中的元素 |
| var a=[1,2,3,4,5,6];<br>var b=a.slice(3); | [4,5,6] | 回傳從 index 為 3 到最後的元素 |
| var a=[1,2,3,4,5,6];<br>var b=a.slice(3,5); | [4,5] | 回傳從 index 為 3 到 index 為 5（結束點不算）中的元素 |
| var fruits = ["Banana", "Orange", "Lemon",<br>"Apple", "Mango"];<br>var citrus = fruits.slice(1, 3); | ["Orange", "Lemon"] | 回傳從 index 為 1 到 index 為 3（結束點不算）中的元素 |
| var fruits = ["Banana", "Orange", "Lemon",<br>"Apple", "Mango"];<br>var myBest = fruits.slice(-3, -1); | ["Lemonv, "Apple"] | 回傳從最後數來第 3 個到最後數來第一個（結束點不算）中的元素 |
| var inps = inputs.slice(0, Math.floor(70 / 100 *<br>inputs.length)); | | 取 inputs 的前 70% 的數據 |
| var inps = inputs.slice(Math.floor(70 / 100 *<br>inputs.length), inputs.length); | | 取 inputs 的後 30% 的數據 |

10.正規化：將資料進行正規化資料至 -1 與 1 間，會使 LSTM 神經網路模型較容易收斂。本範例示範的 csv 檔最大值接近 600，所以最簡單的正規化的方法是將資料除以 600 後，再去訓練神經網路模型。再將預測結果乘以 600，就可以將預測結果與實際結果做比較。使用 Tensor 進行除法與乘法的範例如表 11-8 所示。

表 11-8　Tensor 進行除法與乘法的範例

| 乘法與除法範例 | 印出結果 |
|---|---|
| const a = tf.tensor1d([1, 4, 9, 16]);<br>const b = tf.tensor1d([1, 2, 3, 4]);<br>a.div(b).print();  // or tf.div(a, b) | Tensor [1, 2, 3, 4] |
| // Broadcast div a with b.<br>const a = tf.tensor1d([2, 4, 6, 8]);<br>const b = tf.scalar(2);<br>a.div(b).print();  // or tf.div(a, b) | Tensor [1, 2, 3, 4] |

333

| 乘法與除法範例 | 印出結果 |
|---|---|
| const a = tf.tensor1d([1, 2, 3, 4]);<br>const b = tf.tensor1d([2, 3, 4, 5]);<br>a.mul(b).print(); // or tf.mul(a, b) | Tensor [2, 6, 12, 20] |
| // Broadcast mul a with b.<br>const a = tf.tensor1d([1, 2, 3, 4]);<br>const b = tf.scalar(5);<br>a.mul(b).print(); // or tf.mul(a, b) | Tensor [5, 10, 15, 20] |
| const label =[100, 200, 300, 400,500,600];<br>var labels=tf.tensor2d(label, [label.length, 1]).reshape([label.length, 1]).div(tf.scalar(600))<br>labels.print(); | Tensor [[0.1666667], [0.3333333], [0.5 ], [0.6666667], [0.8333334], [1 ]] |

11.神經網路模型：本範例使用兩種神經網路模型，一種是只有使用長短期記憶網路 LSTM 與全連接層；另一種是有使用到一維卷積層、接著使用扁平層（Flatten）來處理將多維的陣列轉成一維的陣列，再接全連接層（Dense），再使用 reshape 將一維的維度重構成特定的 shape，再接兩層 LSTM，最後以全連接層輸出結果。整理如表 11-9 所示。

表 11-9　時間序列預測實驗神經網路模型

| 網路模型 1 | 網路模型 2 |
|---|---|
| | 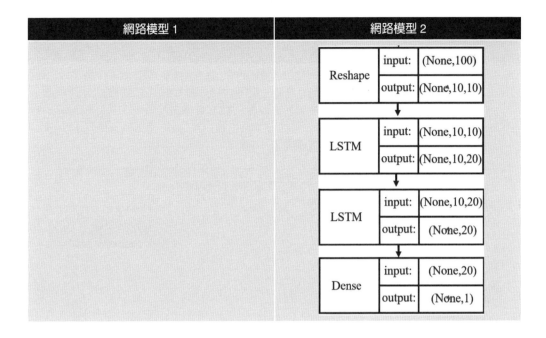 |

本範例會使用到的 TensorFlow.js 的神經網路 API，包括 tf.layers.conv1d、tf.layers.flatten、tf.layers.dense、tf.layers.reshape 與 tf.layers.lstm，將說明整理如表 11-10 所示。

表 11-10　部分 tensorFlow.js 的神經網路 API 說明

| TensorFlow.js 的<br>神經網路 API | 說明 | 範例 |
|---|---|---|
| tf.layers.lstm | 這是一個 RNN 層，包括一個 LSTMCell。這樣的 LSTM 操作在一序列輸入。輸入形狀（shape）〔不包括第一個批量（batch）的維度〕至少需要 2 維，第一個維度是時間步數（time steps）。 | tf.layers.lstm({ units: 20, inputShape: [10,10], returnSequences: true }); |
| tf.layers.dense | 創造全連接層。<br>輸出 =activation（dot（input, kernel）+ bias）<br>activation 是一個會作用在每個元素上的激活函數。<br>kernel 是每一層的權重矩陣。<br>bias 是一個偏差向量（只有適用在當 usebias 是為「真」的時候）。 | tf.layers.dense({units: 1, inputShape: [20]}) |

| TensorFlow.js 的<br>神經網路 API | 說明 | 範例 |
|---|---|---|
| tf.layers.conv1d | 1D 卷積層，這層創造一個卷積權重矩陣，該卷積權重是會與輸入層做卷積運算遍及一個空間或時間維度去產生一個輸出張量。若 use_bias 為「真」，會再增加一個偏差向量後後輸出。<br>若 activation 是非空的，則會運作再輸出。 | tf.layers.conv1d({<br>inputShape: [3,1],filters:<br>8, kernelSize: 3,padding:<br>'same',activation: 'relu'<br>}) |
| tf.layers.flatten | 將輸入平坦化。不會影響到 batch size。一個 Flatten 層將每批量的輸入平坦化為一維（使輸出變成 2 維）。 | tf.layers.flatten() |
| tf.layers.reshape | 將輸入張量的形狀變成另一種形狀。 | tf.layers.reshape<br>({targetShape: [10, 10]，<br>inputShape: [100]}) |

## 五、實驗步驟

時間序列預測之實驗步驟如圖 11-11 所示。

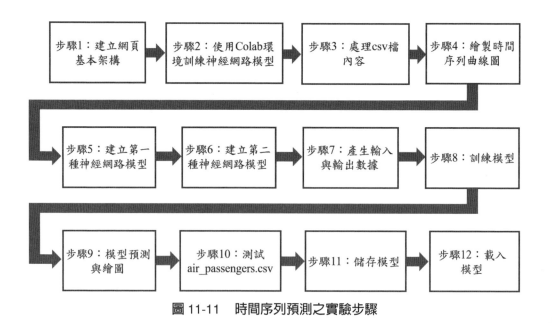

圖 11-11　時間序列預測之實驗步驟

步驟 1　建立網頁基本架構：建立一個新的 html 檔案，如「prediction1.html」檔，其中引入機器學習函式庫、jquery 函數庫、bootstrap 函式庫與繪圖套件函式庫來源。本範例會使用到載入資料檔案按鈕、訓練模型按鈕、預測按鈕、儲存按鈕、載入模型檔名輸入欄、載入模型檔按鈕與曲線圖顯示區。使用表格將各按鈕與輸入欄排成一列，並使用 \<table\>\</table\>、\<tr\>\</tr\>、\<td\>\</td\> 創件表格，程式如表 11-11 所示。

表 11-11　建立網頁基本架構

```
<!DOCTYPE html>
<html>

<head>
<title>Time Series</title>                          引入外部資源
<meta charset="utf-8">
<meta name="viewport" content="width=device-width, initial-scale=1"><link
rel="stylesheet"
href="https://maxcdn.bootstrapcdn.com/bootstrap/3.3.7/css/bootstrap.min.css">

                                                    引入 jQuery 函式庫
<script
src="https://ajax.googleapis.com/ajax/libs/jquery/3.3.1/jquery.min.js"></script>

                                                    引入 bootstrap 函式庫
<script
src="https://maxcdn.bootstrapcdn.com/bootstrap/3.3.7/js/bootstrap.min.js"></script>

                                    添加機器學習函式庫來源
<script
src="https://cdn.jsdelivr.net/npm/@tensorflow/tfjs@0.13.3/dist/tf.min.js"></script>

                                    繪圖套件函式庫
<script src="https://cdn.plot.ly/plotly-1.2.0.min.js"></script>

</head>
```

```
<body>

    <h1>    Time Series Prediction    </h1>
```

建立表格

```
<table width="100%">
```

新增一列

```
<tr>
```

建立一欄，內放一個檔案選擇

```
<td width="30%"><form class="md-form">
    <div class="file-field">
     <div class="btn btn-primary btn-sm float-left">
      <span>select *.csv data file</span>
      <input type="file" id="input-data">
     </div>
    </div>
</form></td>
```

建立一欄，內放一個按鈕

```
<td><button   id="onTrainClickbt" type="button" >Train</button><hr/></td>
```

建立一欄，內放一按鈕

```
    <td><button   id="onPredictClickbt" type="button">Predict</button><hr/>
</td>
```

建立一欄，內放一按鈕

```
    <td><button   id="SaveClickbt" type="button">Save</button><hr/></td>
```

建立一欄，內放一輸入欄位

```
    <td><input   id="inputfilename" value="model-prediction-test"></input><hr/>
</td>
```

建立一欄，內放一按鈕

```
    <td><button   id="Loadbt"   type="button">Load</button><hr/></td>
```

一列的結束

```
    </tr>
```

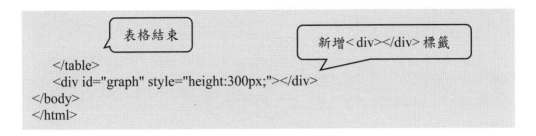

```
        </table>
        <div id="graph" style="height:300px;"></div>
    </body>
</html>
```

以 Google Chrome 瀏覽器執行「prediction1.html」，可以看到網頁上出現一檔案選擇鈕、四個按鈕與一個文字輸入欄，如圖 11-12 所示。

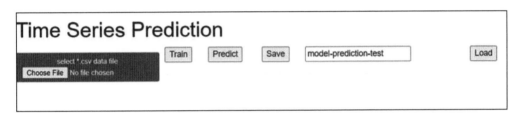

**圖 11-12　建立網頁基本架構**

**步驟 2**　選擇 csv 檔案：加入選擇 csv 檔與顯示文字內容之功能程式如表 11-12 所示。當使用按鈕選擇出檔案使檔案改變時觸發事件，返回該事件並執行 readInputFile 函數，使用 FileReader 物件，取得檔案列表中的第一個檔案的內容。

**表 11-12　選擇 csv 檔案功能**

```
<script>

document.getElementById('input-data').addEventListener('change', readInputFile,
false);

function readInputFile(e)
```

```
{
    data_raw=[];
```

取得使用者想要上傳的檔案

```
var file = e.target.files[0];
```

宣告一個新的 FileReader 物件

```
var reader = new FileReader();
```

當檔案讀取完成會返回該事件 e

```
reader.onload = function(e) {
```

取得檔案內容

```
    var contents = e.target.result;
    console.log(contents);
};
    reader.readAsText(file);
}//end of readInputFile
</script>
```

　　以 Google Chrome 瀏覽器執行「prediction1.html」，並開啟右上方工具列下 -> 更多工具 -> 開發人員工具，或同時按鍵盤「CTRL+ALT+I」，可以開啟「開發人員工具」視窗。先按「Choose File」，選取範例光碟 chap11 中的 timeseriescsv.csv 檔，操作步驟如圖 11-13 所示。

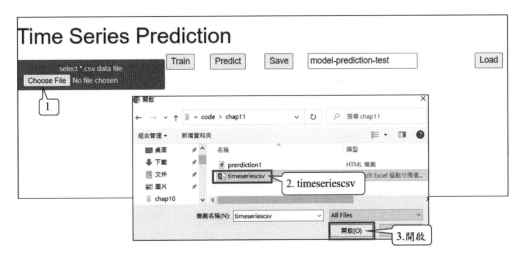

圖 11-13 選擇 chap11 中的 timeseriescsv.csv 檔

選出 timeseriescsv.csv 檔後，可以看到在「Console」視窗中看到「timeseriescsv.csv」檔的內容，如圖 11-14 所示，第一欄是項次、第二欄是日期、第三欄是資料數值。

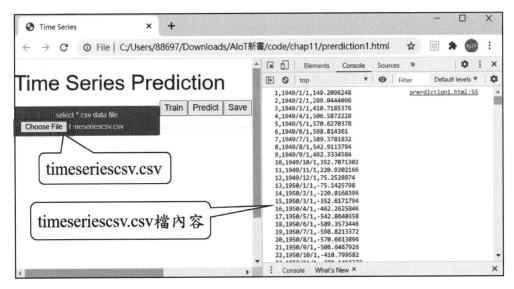

圖 11-14 Console 視窗顯示 timeseriescsv.csv 檔內容

**步驟 3**　處理 csv 檔內容：讀出 csv 檔的內容，先以換行符號 "\n" 切開每筆資料存至陣列 rows，則第一筆資料會存在 rows[0]，第二筆資料會存在 rows[1]，以此類推。再來對每個 rows 陣列內容（每筆資料），逐一以逗號 "," 切開，存在 cols 陣列，每筆資料的第一個欄位內容會存在 cols[0]，每筆資料的第二個欄位內容會存在 cols[1]，以此類推。再把每筆資料的 cols，以 { id: cols[0], timestamp: cols[1], price: cols[2] } 物件推入 data_raw 陣列中，則 data_raw 中就有全部整理好的資料。程式如表 11-13 所示。

表 11-13　處理 csv 檔內容

```
                              修改 readInputFile 函數
//讀取本地檔案的函數
function readInputFile(e)
{
  data_raw=[];
  var file = e.target.files[0];
  var reader = new FileReader();
  reader.onload = function(e) {
    var contents = e.target.result;
    console.log(contents);

                 呼叫 parseCSVData 函數，傳入 contents

  parseCSVData(contents);
  };
                 將檔案內容以字串回傳

  reader.readAsText(file);
}//end of readInputFile

                 處理 CSV 檔內容的函數

function parseCSVData(contents)
{
```

以 "\n" 分離

```
var rows = contents.split("\n");
console.log(rows);
for (var    i = 1; i < rows.length-1; i++) {
```

以 "," 分離

```
    var cols = rows[i].split(",");
    console.log(cols);
```

加入 data_raw

```
    data_raw.push({ id: cols[0], timestamp: cols[1], price: cols[2] });
    }//end of for
    console.log(data_raw);
}//end of parseCSVData
```

以 Google Chrome 瀏覽器執行「prediction1.html」，並開啟右上方工具列下 ->
更多工具 -> 開發人員工具，或同時按鍵盤「CTRL+ALT+I」，可以開啟「開發人員
工具」視窗。選取範例光碟 chap11 中的 timeseriescsv.csv 檔，可以在 Console 視窗
看到如圖 11-15 之資料，有 rows、cols 與 data_raw 的內容。

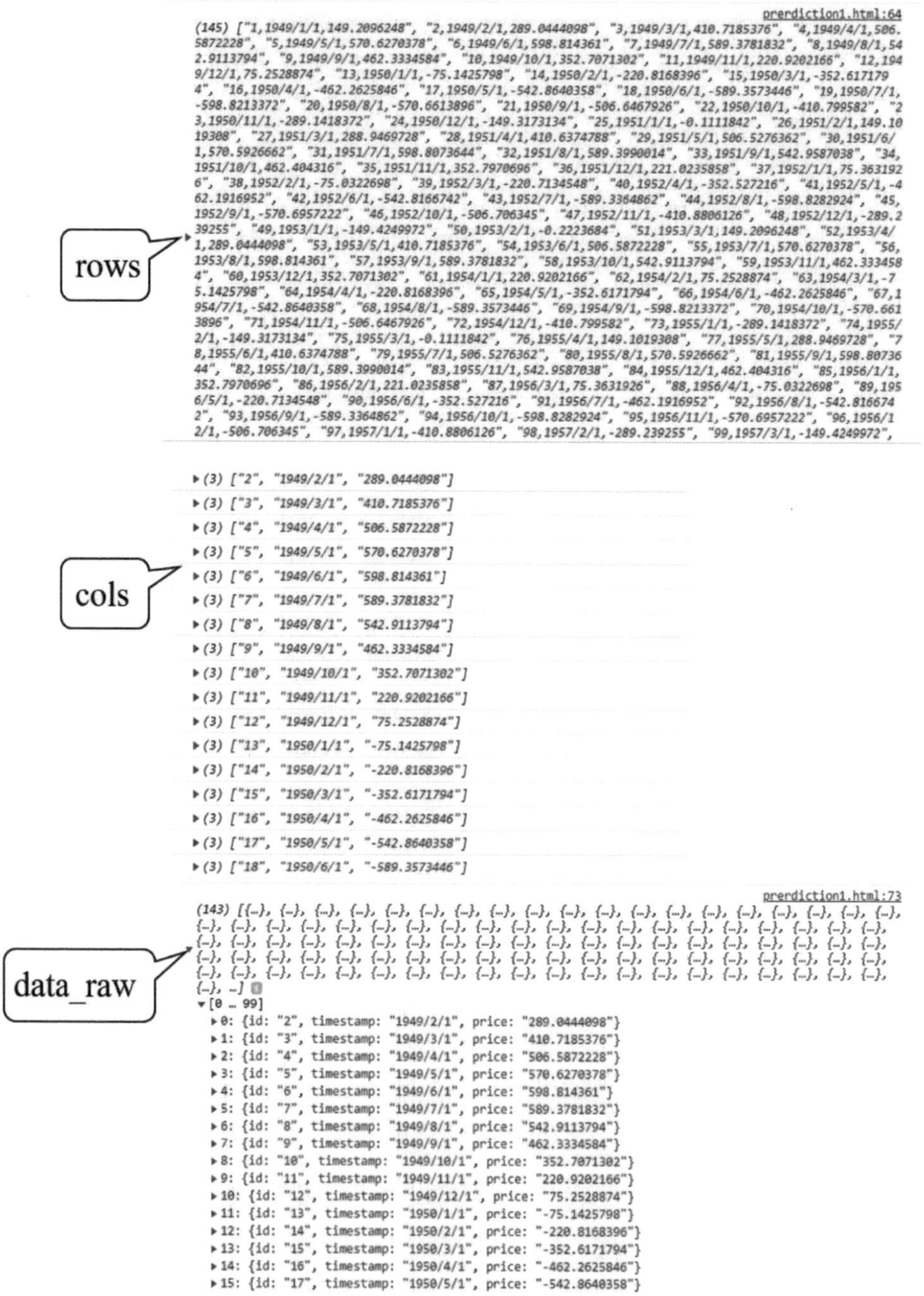

prerdiction1.html:64

(145) ["1,1949/1/1,149.2096248", "2,1949/2/1,289.0444098", "3,1949/3/1,410.7185376", "4,1949/4/1,506.5872228", "5,1949/5/1,570.6270378", "6,1949/6/1,598.814361", "7,1949/7/1,589.3781832", "8,1949/8/1,542.9113794", "9,1949/9/1,462.3334584", "10,1949/10/1,352.7071302", "11,1949/11/1,220.9202166", "12,1949/12/1,75.2528874", "13,1950/1/1,-75.1425798", "14,1950/2/1,-220.8168396", "15,1950/3/1,-352.6171794", "16,1950/4/1,-462.2625846", "17,1950/5/1,-542.8640358", "18,1950/6/1,-589.3573446", "19,1950/7/1,-598.8213372", "20,1950/8/1,-570.6613896", "21,1950/9/1,-506.6467926", "22,1950/10/1,-410.799582", "23,1950/11/1,-289.1418372", "24,1950/12/1,-149.3173134", "25,1951/1/1,-0.1111842", "26,1951/2/1,149.1019308", "27,1951/3/1,288.9469728", "28,1951/4/1,410.6374788", "29,1951/5/1,506.5276362", "30,1951/6/1,570.5926662", "31,1951/7/1,598.8073644", "32,1951/8/1,589.3990014", "33,1951/9/1,542.9587038", "34,1951/10/1,462.404316", "35,1951/11/1,352.7970696", "36,1951/12/1,220.9202166", "37,1952/1/1,75.3631926", "38,1952/2/1,-75.0322698", "39,1952/3/1,-220.7134548", "40,1952/4/1,-352.527216", "41,1952/5/1,-462.1916952", "42,1952/6/1,-542.8166742", "43,1952/7/1,-589.3364862", "44,1952/8/1,-598.8282924", "45,1952/9/1,-570.6957222", "46,1952/10/1,-506.706345", "47,1952/11/1,-410.8806126", "48,1952/12/1,-289.239255", "49,1953/1/1,-149.4249972", "50,1953/2/1,-0.2223684", "51,1953/3/1,149.2096248", "52,1953/4/1,289.0444098", "53,1953/5/1,410.7185376", "54,1953/6/1,506.5872228", "55,1953/7/1,570.6270378", "56,1953/8/1,598.814361", "57,1953/9/1,589.3781832", "58,1953/10/1,542.9113794", "59,1953/11/1,462.3334584", "60,1953/12/1,352.7071302", "61,1954/1/1,220.9202166", "62,1954/2/1,75.2528874", "63,1954/3/1,-75.1425798", "64,1954/4/1,-220.8168396", "65,1954/5/1,-352.6171794", "66,1954/6/1,-462.2625846", "67,1954/7/1,-542.8640358", "68,1954/8/1,-589.3573446", "69,1954/9/1,-598.8213372", "70,1954/10/1,-570.6613896", "71,1954/11/1,-506.6467926", "72,1954/12/1,-410.799582", "73,1955/1/1,-289.1418372", "74,1955/2/1,-149.3173134", "75,1955/3/1,-0.1111842", "76,1955/4/1,149.1019308", "77,1955/5/1,288.9469728", "78,1955/6/1,410.6374788", "79,1955/7/1,506.5276362", "80,1955/8/1,570.5926662", "81,1955/9/1,598.8073644", "82,1955/10/1,589.3990014", "83,1955/11/1,542.9587038", "84,1955/12/1,462.404316", "85,1956/1/1,352.7970696", "86,1956/2/1,221.0235858", "87,1956/3/1,75.3631926", "88,1956/4/1,-75.0322698", "89,1956/5/1,-220.7134548", "90,1956/6/1,-352.527216", "91,1956/7/1,-462.1916952", "92,1956/8/1,-542.8166742", "93,1956/9/1,-589.3364862", "94,1956/10/1,-598.8282924", "95,1956/11/1,-570.6957222", "96,1956/12/1,-506.706345", "97,1957/1/1,-410.8806126", "98,1957/2/1,-289.239255", "99,1957/3/1,-149.4249972",

rows

▶ (3) ["2", "1949/2/1", "289.0444098"]
▶ (3) ["3", "1949/3/1", "410.7185376"]
▶ (3) ["4", "1949/4/1", "506.5872228"]
▶ (3) ["5", "1949/5/1", "570.6270378"]
▶ (3) ["6", "1949/6/1", "598.814361"]
▶ (3) ["7", "1949/7/1", "589.3781832"]
▶ (3) ["8", "1949/8/1", "542.9113794"]
▶ (3) ["9", "1949/9/1", "462.3334584"]
▶ (3) ["10", "1949/10/1", "352.7071302"]
▶ (3) ["11", "1949/11/1", "220.9202166"]
▶ (3) ["12", "1949/12/1", "75.2528874"]
▶ (3) ["13", "1950/1/1", "-75.1425798"]
▶ (3) ["14", "1950/2/1", "-220.8168396"]
▶ (3) ["15", "1950/3/1", "-352.6171794"]
▶ (3) ["16", "1950/4/1", "-462.2625846"]
▶ (3) ["17", "1950/5/1", "-542.8640358"]
▶ (3) ["18", "1950/6/1", "-589.3573446"]

cols

prerdiction1.html:73

(143) [{…}, {…}, {…}, {…}, {…}, {…}, {…}, {…}, {…}, {…}, {…}, {…}, {…}, {…}, {…}, {…}, {…}, {…}, {…}, {…}, {…}, {…}, {…}, {…}, {…}, {…}, {…}, {…}, {…}, {…}, {…}, {…}, {…}, {…}, {…}, {…}, {…}, {…}, {…}, {…}, {…}, {…}, {…}, {…}, {…}, {…}, {…}, {…}, {…}, {…}, {…}, {…}, {…}, {…}, {…}, {…}, {…}, {…}, {…}, {…}, {…}, {…}, {…}, {…}, {…}, {…}, {…}, {…}, {…}, {…}, {…}, {…}, {…}, {…}, {…}, {…}, {…}, {…}, {…}, {…}, {…}, {…}, {…}, {…}, {…}, {…}, {…}, {…}, {…}, …]

▼ [0 … 99]
  ▶ 0: {id: "2", timestamp: "1949/2/1", price: "289.0444098"}
  ▶ 1: {id: "3", timestamp: "1949/3/1", price: "410.7185376"}
  ▶ 2: {id: "4", timestamp: "1949/4/1", price: "506.5872228"}
  ▶ 3: {id: "5", timestamp: "1949/5/1", price: "570.6270378"}
  ▶ 4: {id: "6", timestamp: "1949/6/1", price: "598.814361"}
  ▶ 5: {id: "7", timestamp: "1949/7/1", price: "589.3781832"}
  ▶ 6: {id: "8", timestamp: "1949/8/1", price: "542.9113794"}
  ▶ 7: {id: "9", timestamp: "1949/9/1", price: "462.3334584"}
  ▶ 8: {id: "10", timestamp: "1949/10/1", price: "352.7071302"}
  ▶ 9: {id: "11", timestamp: "1949/11/1", price: "220.9202166"}
  ▶ 10: {id: "12", timestamp: "1949/12/1", price: "75.2528874"}
  ▶ 11: {id: "13", timestamp: "1950/1/1", price: "-75.1425798"}
  ▶ 12: {id: "14", timestamp: "1950/2/1", price: "-220.8168396"}
  ▶ 13: {id: "15", timestamp: "1950/3/1", price: "-352.6171794"}
  ▶ 14: {id: "16", timestamp: "1950/4/1", price: "-462.2625846"}
  ▶ 15: {id: "17", timestamp: "1950/5/1", price: "-542.8640358"}

data_raw

圖 11-15　處理 csv 檔內容之結果

**步驟 4**　繪製時間序列曲線圖：將 data_raw 陣列之 price 之值對 timestamp 做曲線圖，先將 data_raw 陣列每個元素的 timestamp 組成一個陣列，再將 data_raw 陣列每個元素的 price 組成一個陣列。再使用 Plotly 之繪圖庫繪製曲線，將 price 對 timestamp 做圖，呈現出不同時間點對應到的數值，程式如表 11-14 所示。

表 11-14　繪製曲線圖

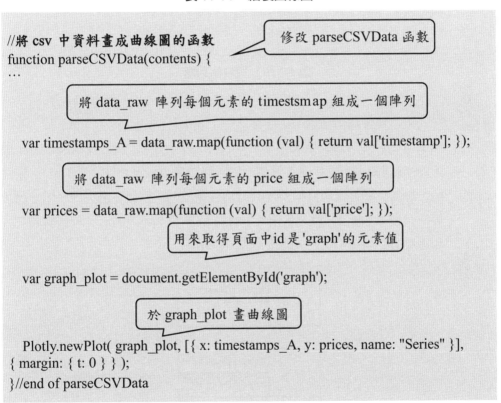

```
//將 csv 中資料畫成曲線圖的函數                      ◀ 修改 parseCSVData 函數
function parseCSVData(contents) {
…

                       ◀ 將 data_raw 陣列每個元素的 timestsmap 組成一個陣列

var timestamps_A = data_raw.map(function (val) { return val['timestamp']; });

                       ◀ 將 data_raw 陣列每個元素的 price 組成一個陣列

var prices = data_raw.map(function (val) { return val['price']; });

                       ◀ 用來取得頁面中 id 是 'graph' 的元素值

var graph_plot = document.getElementById('graph');

                       ◀ 於 graph_plot 畫曲線圖

Plotly.newPlot( graph_plot, [{ x: timestamps_A, y: prices, name: "Series" }],
{ margin: { t: 0 } } );
}//end of parseCSVData
```

以 Google Chrome 瀏覽器執行「prediction1.html」，並開啟右上方工具列下 -> 更多工具 -> 開發人員工具，或同時按鍵盤「CTRL+ALT+I」，可以開啟「開發人員工具」視窗。先按「Choose File」，選取範例光碟 chap11 中的 timeseriescsv.csv 檔，可以看到數據曲線圖如圖 11-16 所示。測試範例是 sine 波形的數據。

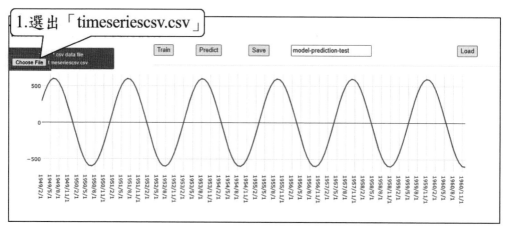

圖 11-16　資料序列圖

**步驟 5**　建立第一種神經網路模型：將程式檔另存爲「prediction2.html」檔。本範
　　　　例使用之神經網路模型使用 TensorFlow.js 的 API，包括 tf.layers.lstm 與
　　　　tf.layers.dense，設計成當選擇好 csv 數據來源後，再按下「Train」按鍵
　　　　時，會建立好神經網路模型。共有兩種神經網路模型可供選擇，第一種神
　　　　經網路模型如圖 11-17，爲兩層 LSTM 與一層全連連階層，程式編輯方式
　　　　如表 11-15 所示。

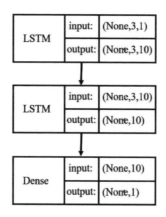

圖 11-17　神經網路模型

表 11-15　建立第一種神經網路模型

> 將id 為 "onTrainClickbt" 之元素值存至 "onTrainClickbutton"

```
const onTrainClickbutton = document.getElementById('onTrainClickbt');
```

> 按下 "Train" 按鍵會觸發事件

```
onTrainClickbutton.addEventListener('click', async () => {
```

> 呼叫 onTrainClick 函數

```
  onTrainClick();
});
const window_size=3;
```

> 以 sequential () 方式建立模型

```
var    model = tf.sequential();
```

> 建立第一種模型的函數

```
function setupmodel1()
{
```

> 增加第一層 LSTM

```
    model.add(tf.layers.lstm({ units: 20, inputShape: [window_size,1],
returnSequences: true }));
```

> 定義 output 為 LSTM 層

```
    output = tf.layers.lstm({ units: 20, returnSequences: false });
```

> 增加第二層 LSTM

```
    model.add(output);
```

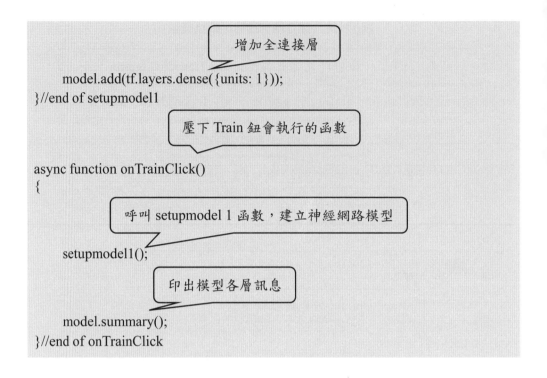

以 Google Chrome 瀏覽器執行「prediction2.html」，並開啟右上方工具列下 -> 更多工具 -> 開發人員工具，或同時按鍵盤「CTRL+ALT+I」，可以開啟「開發人員工具」視窗。先按「Choose File」，選取範例光碟 chap11 中的 timeseriescsv.csv 檔，可以看到數據曲線圖。再按「Train」按鍵，如圖 11-18 所示，可以在 Console 視窗看到模型各層訊息，如圖 11-19 所示。

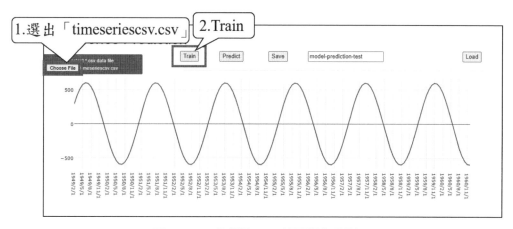

圖 11-18　先選取 csv 檔再進行訓練

```
Layer (type)              Output shape              Param #
=================================================================
lstm_LSTM1 (LSTM)         [null,3,20]               1760
_____
lstm_LSTM2 (LSTM)         [null,20]                 3280
_____
dense_Dense1 (Dense)      [null,1]                  21
=================================================================
Total params: 5061
Trainable params: 5061
Non-trainable params: 0
_____
```

圖 11-19　神經網路模型各層訊息

步驟 6　建立第二種神經網路模型：本範例使用之神經網路模型使用 TensorFlow.js
　　　　的 API，包括 tf.layers.conv1d、tf.layers.flatten、tf.layers.dense、tf.layers.
　　　　reshape、tf.layers.lstm。在按下「Train」按鍵時會建立好神經網路模型，
　　　　其中第二種神經網路模型如圖 11-20。第一層為一維卷積層、接著使用

扁平層（Flatten）來處理將多維的陣列轉成一維的陣列，再接全連接層
（Dense），再使用 reshape 將一維的維度重構成特定的 shape，再接兩層
LSTM，最後以全連接層輸出，程式編輯方式如表 11-16 所示。

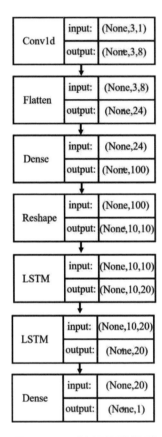

圖 11-20　神經網路模型

表 11-16　增加第二種神經網路模型

取得 id 為 'onTrainClickbt' 之值

```
const onTrainClickbutton = document.getElementById('onTrainClickbt');
```

按下按鍵會觸發事件

```
onTrainClickbutton.addEventListener('click', async () => {
    onTrainClick();   //執行 onTrainClick 函數
});
const window_size=3;
```

以 sequential () 方式建立模型

```
var   model = tf.sequential();
//建立第一種模型的函數
function setupmodel1()
{
     …
}//end of setupmodel1
```

建立第二種模型函數

```
function setupmodel2()
{
```

增加一維卷積層

```
  model.add(tf.layers.conv1d({
   inputShape: [window_size,1], //[3, 1)
   filters: 8,
   kernelSize: 3,
   padding: 'same'
  }));
```

平坦化

```
  model.add(tf.layers.flatten());
```

> 增加全連接層

```
model.add(tf.layers.dense({units: 100}));
```

> 變化張量形狀

```
model.add(tf.layers.reshape({targetShape: [10,10]}));
```

> 定義 hidden1 為 LSTM 層

```
hidden1 = tf.layers.lstm({ units: 20, inputShape:[10,10], returnSequences:
true });
```

> 增加 LSTM 層

```
model.add(hidden1); //2nd lstm layer const
```

> 定義 output 為 LSTM 層

```
output = tf.layers.lstm({ units: 20, returnSequences: false });
```

> 增加 LSTM 層

```
model.add(output);
```

> 增加全連接層

```
model.add(tf.layers.dense({units: output_layer_neurons, inputShape:
[output_layer_shape]}));
}    //end of setupmodel2
//壓下 Train 鈕會執行的函數
async function onTrainClick()
{
  // setupmodel1();
  //呼叫 setupmodel 2 函數，建立神經網路模型
  setupmodel2();
  //印出模型各層訊息
```

```
    model.summary();
}//end of onTrainClick
```

　　以 Google Chrome 瀏覽器執行「prediction2.html」，並開啟右上方工具列下 ->
更多工具 -> 開發人員工具，或同時按鍵盤「CTRL+ALT+I」，可以開啟「開發人員
工具」視窗。先按「Choose File」，選取範例光碟 chap11 中的 timeseriescsv.csv 檔，
可以看到數據曲線圖。再按「Train」按鍵，如圖 11-21 所示，可以在 Console 視窗
看到模型各層訊息，如圖 11-22 所示。

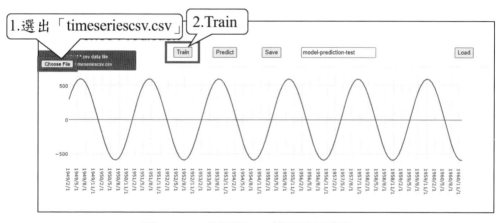

圖 11-21　先選取 csv 檔再進行訓練

```
Layer (type)                  Output shape          Param #
=================================================================
conv1d_Conv1D1 (Conv1D)       [null,3,8]            32

flatten_Flatten1 (Flatten)    [null,24]             0

dense_Dense1 (Dense)          [null,100]            2500

reshape_Reshape1 (Reshape)    [null,10,10]          0

lstm_LSTM1 (LSTM)             [null,10,20]          2480

lstm_LSTM2 (LSTM)             [null,20]             3280

dense_Dense2 (Dense)          [null,1]              21
=================================================================
Total params: 8313
Trainable params: 8313
Non-trainable params: 0
```

圖 11-22　各層神經網路模型訊息

**步驟 7**　產生輸入與輸出數據：因為我們要在進行預測之前考慮模型應檢查多少資料，本範例以前三天資料與隔天資料來訓練模型，亦即使用 t-2、t-1 與 t 次資料進行訓練，然後用 t+1 次資料對結果進行驗證。在此設置 window_size 參數為 3，即要用作預測輸入的時間戳記數（在本例中為天數）的天數，來預測隔天的情況。將時間序列數據分成連續 3 個一組為 set，下一個數據為 nextvalue，每次移動一格新增連續 3 個為一組的 set，下一個數據為 nextvalue，以此類推，每產生一組 set 與 nextvalue 就推入 r_avgs 陣列中，產生輸入與輸出數據程式設計如表 11-17 所示。

表 11-17　產生輸入與輸出數據

```
//將 id 為" onTrainClickbt"之元素值存至"onTrainClickbutton"
const onTrainClickbutton = document.getElementById('onTrainClickbt');
//當按下'Train'時
onTrainClickbutton.addEventListener('click', async () => {
    onTrainClick();   //呼叫 onTrainClick 函數
});
var data_vec=[];
const window_size=3;
```

新增產生輸入與輸出數據的函數

```
function Preparedataset(time_s, window_size)
{
   var r_avgs = [];   //宣告 r_avgs 為一個空陣列
   console.log(time_s);   //印出 time_s
```

i 從 0 遞增到序列長度- window_size-1

```
   for (let i = 0; i < time_s.length - window_size; i++)
   {
```

將 times 從 i 到 i + window_size -1 中的元素複製出來

```
      r_avgs.push({ set: time_s.slice(i, i + window_size), nextvalue: time_s[i +
window_size]['price'] });
   }
   return r_avgs;
}//end of Preparedataset
//壓下 Train 鈕會執行的函數
async function onTrainClick()
{
   // setupmodel1(); //呼叫 setupmodel1 函數，建立神經網路模型
   setupmodel2(); //呼叫 setupmodel2 函數，建立神經網路模型
   model.summary();//印出模型各層訊息
```

> 呼叫 Preparedataset ，將回傳資料存至 data_vec 陣列

```
data_vec = Preparedataset(data_raw, window_size); // window_size=3
console.log(data_vec); //印出 data_vec
```

> 將 data_vec 中的每個元素中的 price 另外組成一個陣列回傳至 inputs

```
var inputs = data_vec.map(function(inp_f) {
    return inp_f['set'].map(function(val) { return val['price']; })});
console.log(inputs); //印出 inputs
```

> 將 data_vec 中的每個元素中的 nextvalue 另外組成一個陣列回傳至 outputs

```
var outputs = data_vec.map(function(outp_f) { return outp_f['nextvalue']; });
console.log(outputs); //印出 outputs
}//end of onTrainClick
```

以 Google Chrome 瀏覽器執行「prediction2.html」，並開啟右上方工具列下 -> 更多工具 -> 開發人員工具，或同時按鍵盤「CTRL+ALT+I」，可以開啟「開發人員工具」視窗。先按「Choose File」，選取範例光碟 chap11 中的 timeseriescsv.csv 檔，可以看到數據曲線圖，如圖 11-23 所示。再按「Train」按鍵，可以在 Console 視窗看到準備好的資料 inputs 與 outputs，如圖 11-24 所示。

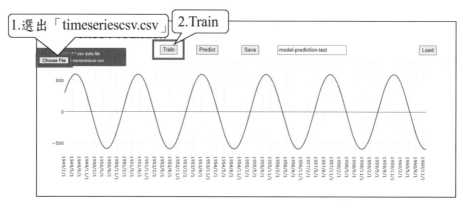

圖 11-23　先選取 csv 檔再進行訓練

prerdiction2.html:115

(140) [Array(3), Array(3), Array(3), Array(3), Array(3), Array(3), Array(3), Array(3), A
rray(3), Array(3), Array(3), Array(3), Array(3), Array(3), Array(3), Array(3), Array(3),
Array(3), Array(3), Array(3), Array(3), Array(3), Array(3), Array(3), Array(3), Array
(3), Array(3), Array(3), Array(3), Array(3), Array(3), Array(3), Array(3), Array(3), Arr
ay(3), Array(3), Array(3), Array(3), Array(3), Array(3), Array(3), Array(3), Array(3), A
rray(3), Array(3), Array(3), Array(3), Array(3), Array(3), Array(3), Array(3), Array(3),
Array(3), Array(3), Array(3), Array(3), Array(3), Array(3), Array(3), Array(3), Array
(3), Array(3), Array(3), Array(3), Array(3), Array(3), Array(3), Array(3), Array(3), Arr
ay(3), Array(3), Array(3), Array(3), Array(3), Array(3), Array(3), Array(3), Array(3), A
rray(3), Array(3), Array(3), Array(3), Array(3), Array(3), Array(3), Array(3), Array(3),
Array(3), Array(3), Array(3), Array(3), Array(3), Array(3), Array(3), Array(3), Array
(3), Array(3), Array(3), Array(3), Array(3), …] 
▼[0 … 99]
▶ 0: (3) ["289.0444098", "410.7185376", "506.5872228"]
▶ 1: (3) ["410.7185376", "506.5872228", "570.6270378"]
▶ 2: (3) ["506.5872228", "570.6270378", "598.814361"]
▶ 3: (3) ["570.6270378", "598.814361", "589.3781832"]
▶ 4: (3) ["598.814361", "589.3781832", "542.9113794"]
▶ 5: (3) ["589.3781832", "542.9113794", "462.3334584"]
▶ 6: (3) ["542.9113794", "462.3334584", "352.7071302"]
▶ 7: (3) ["462.3334584", "352.7071302", "220.9202166"]
▶ 8: (3) ["352.7071302", "220.9202166", "75.2528874"]
▶ 9: (3) ["220.9202166", "75.2528874", "-75.1425798"]
▶ 10: (3) ["75.2528874", "-75.1425798", "-220.8168396"]
▶ 11: (3) ["-75.1425798", "-220.8168396", "-352.6171794"]
▶ 12: (3) ["-220.8168396", "-352.6171794", "-462.2625846"]
▶ 13: (3) ["-352.6171794", "-462.2625846", "-542.8640358"]
▶ 14: (3) ["-462.2625846", "-542.8640358", "-589.3573446"]
▶ 15: (3) ["-542.8640358", "-589.3573446", "-598.8213372"]
▶ 16: (3) ["-589.3573446", "-598.8213372", "-570.6613896"]
▶ 17: (3) ["-598.8213372", "-570.6613896", "-506.6467926"]
▶ 18: (3) ["-570.6613896", "-506.6467926", "-410.799582"]
▶ 19: (3) ["-506.6467926", "-410.799582", "-289.1418372"]
▶ 20: (3) ["-410.799582", "-289.1418372", "-149.3173134"]
▶ 21: (3) ["-289.1418372", "-149.3173134", "-0.1111842"]
▶ 22: (3) ["-149.3173134", "-0.1111842", "149.1019308"]
▶ 23: (3) ["-0.1111842", "149.1019308", "288.9469728"]

inputs

prerdiction2.html:118

(140) ["570.6270378", "598.814361", "589.3781832", "542.9113794", "462.3334584", "352.70
71302", "220.9202166", "75.2528874", "-75.1425798", "-220.8168396", "-352.6171794", "-46
2.2625846", "-542.8640358", "-589.3573446", "-598.8213372", "-570.6613896", "-506.646792
6", "-410.799582", "-289.1418372", "-149.3173134", "-0.1111842", "149.1019308", "288.946
9728", "410.6374788", "506.5276362", "570.5926662", "598.8073644", "589.3990014", "542.9
587038", "462.404316", "352.7970696", "221.0235858", "75.3631926", "-75.0322698", "-220.
7134548", "-352.527216", "-462.1916952", "-542.8166742", "-589.3364862", "-598.8282924",
"-570.6957222", "-506.706345", "-410.8806126", "-289.239255", "-149.4249972", "-0.222368
4", "149.2096248", "289.0444098", "410.7185376", "506.5872228", "570.6270378", "598.8143
61", "589.3781832", "542.9113794", "462.3334584", "352.7071302", "220.9202166", "75.2528
874", "-75.1425798", "-220.8168396", "-352.6171794", "-462.2625846", "-542.8640358", "-5
89.3573446", "-598.8213372", "-570.6613896", "-506.6467926", "-410.799582", "-289.141837
2", "-149.3173134", "-0.1111842", "149.1019308", "288.9469728", "410.6374788", "506.5276
362", "570.5926662", "598.8073644", "589.3990014", "542.9587038", "462.404316", "352.797
0696", "221.0235858", "75.3631926", "-75.0322698", "-220.7134548", "-352.527216", "-462.
1916952", "-542.8166742", "-589.3364862", "-598.8282924", "-570.6957222", "-506.706345",
"-410.8806126", "-289.239255", "-149.4249972", "-0.2223684", "149.1019308", "288.946972
8", "410.6374788", "506.5276362", …]

outputs

圖 11-24　inputs 與 outputs

**步驟 8**　訓練模型：將程式檔另存為「prediction3.html」檔。本範例將數據分為兩組，即訓練集與測試集。運用前一步建立的神經網路模型，將已知的輸入

xs 與輸出 ys 用來訓練模型權重值 W。本範例設定 90% 的數據用於訓練，而 10% 的數據用於驗證。將前一步驟的資料取出 90% 當成訓練資料，再轉成 tensor，再用已知的 xs 與 ys 數據集訓練模型調整出最佳的模型權重值。本範例使用從時間序列資料產生訓練用的輸入資料轉成 3 維張量，再除以最大值，將資料正規化至 -1 與 1 之間後存至 xs；將從時間序列資料產生的輸出數據轉成 2 維張量，再除以最大值，將資料正規化至 -1 與 1 之間後存至 ys。本範例組譯模型時使用了損失函數 'meanSquaredError'，與最佳化演算法 adam，其學習率為 0.0001；訓練模型時採用 batchSize 為 5，epochs 為 100。並定義一個 callback 函數，會在每次完成一整批數據訓練（每一次 epoch 結束前）後，印出一次目前訓練回合數 epoch 值與 loss 損失值。程式如表 11-18 所示。

表 11-18　訓練模型

設定用來用於訓練之數據百分比為 90%

```
const n_percent=90;     //90%
//按下 Train 鈕會執行的函數
async function onTrainClick()
{
  // setupmodel();
  setupmodel2(); //呼叫 setupmodel2 函數，建立神經網路模型
  model.summary();//印出模型各層訊息
  //呼叫 Preparedataset，將回傳資料存至 data_vec 陣列
  data_vec = Preparedataset(data_raw, window_size);
  console.log(data_vec);
```

將 data_vec 中的每個元素中的 price 另外組成一個陣列回傳至 inputs

```
  var inputs = data_vec.map(function(inp_f) {
```

```
    return inp_f['set'].map(function(val) { return val['price']; })});
console.log(inputs);
```

> 將 data_vec 中的每個元素中的 nextvalue 另外組成一個
> 陣列回傳至 outputs

```
var outputs = data_vec.map(function(outp_f) { return outp_f['nextvalue']; });
console.log(outputs);
```

> 呼叫 trainModel 函數，將 90%的數據用來訓練神經網路

```
await trainModel(inputs, outputs, n_percent);
```

> 完成訓練後會跳出訊息"Your model has been
> successfully trained... "

```
alert('Your model has been successfully trained...');
}//end of onTrainClick
```

> 新增訓練模型的函數

```
async function trainModel(inputs, outputs, n_size)
{
```

> 宣告 callback 函數

```
var callback = function(epoch, log) {
```

> 在 console 顯示 epoch 值

```
        console.log(epoch);
```

> 在 console 顯示 loss 值

```
        console.log(log.loss);
}
```

> 分割出前 90% 之數據

```
inputs = inputs.slice(0, Math.floor(n_size / 100 * inputs.length));
```

分割出前 90% 之數據

```
outputs = outputs.slice(0, Math.floor(n_size / 100 * outputs.length));
```

將輸入數據轉成 3 維張量，再除以最大值，再存成 xs

```
const xs = tf.tensor2d(inputs, [inputs.length,
inputs[0].length]).reshape([inputs.length, inputs[0].length,1]).div(tf.scalar(max));
```

將輸出數據轉成 2 維張量，再除以最大最大值，存成 ys

```
const ys = tf.tensor2d(outputs, [outputs.length, 1]).reshape([outputs.length,
1]).div(tf.scalar(max));
```

設定學習率值

```
const learning_rate=0.0001;
```

設定最佳化函數

```
const opt_adam = tf.train.adam(learning_rate);
```

編譯模型，損失函數為'meanSquaredError'，最佳化演算法為adam

```
model.compile({ optimizer: opt_adam, loss: 'meanSquaredError',metrics:
['accuracy']});
```

以已知數據張量 xs 與 ys 去訓練模型，最佳化模型權重
值，batchSize為 5，epochs 為 100

```
const hist = await model.fit(xs, ys,
    { batchSize: 5, epochs: 100, callbacks: {
```

每一次 epoch 結束前

```
onEpochEnd: async (epoch, log) => { callback(epoch, log); }}});
```

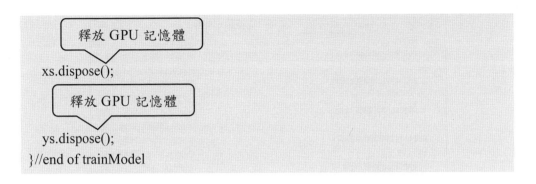

以 Google Chrome 瀏覽器執行「prediction3.html」，並開啟右上方工具列下 -> 更多工具 -> 開發人員工具，或同時按鍵盤「CTRL+ALT+I」，可以開啟「開發人員工具」視窗。先按「Choose File」，選取範例光碟 chap11 中的 timeseriescsv.csv 檔，可以看到數據曲線圖，如圖 11-25 所示。再按「Train」按鍵，可以在 console 視窗看到每次完成一整批數據訓練（每一次訓練回合 epoch 結束前），會印出一次目前訓練回合 epoch 值與 loss 損失值，如圖 11-26 所示。

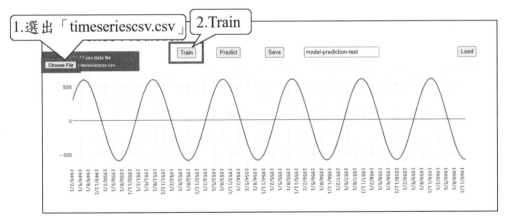

圖 11-25　先選取 csv 檔再進行訓練

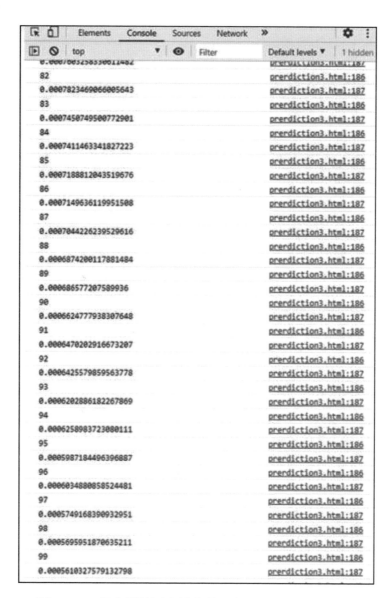

圖 11-26　每次訓練回合結束前印出 epoch 值與 loss 值

　　重複訓練 100 次完成後會跳出提示完成的視窗如圖 11-27 所示，按「OK」可以關閉視窗。

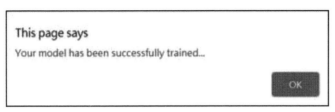

圖 11-27　訓練完成跳出提示視窗

步驟9　模型預測與繪圖：在完成模型訓練之後，接著進行模型預測，運用已訓練好的神經網路模型，將已知的輸入 xs 與訓練好的模型權重值運算出預測值 y，再將已知結果 ys 與預測出來的 y 做比較。本範例設定 90% 的數據用於訓練，即 10% 的數據用於驗證。本範例設計可藉由按下「Predict」鈕，使用測試資料進行模型預測。本範例使用從時間序列資列產生測試用的輸入資料轉成 3 維張量，再除以最大值將資料正規化成 -1 至 1 之間後存至 xs，將測試數據的輸入 xs 代入訓練好的模型中產生預測結果，再與已知結果 ys 一起呈現在時間序列圖上。本範例宣告一個畫圖區域，先畫上原始時間序列圖，橫座標為資料對應的時間，再畫上處理成每三筆資料對應一個輸出 nextvalue 之資料，再畫上利用後 10% 之資料進行預測之結果。其中預測結果需乘以最大值後再畫在圖上才能與原始資料比對。模型預測與時間序列圖形顯示程式如表 11-19 所示。

表 11-19　模型預測與時間序列圖形顯示程式

將 id 為" onPredictClickbt"之元素值存至 onPredictClickbutton

const onPredictClickbutton = document.getElementById('onPredictClickbt');

當按下 Predict 鍵時

onPredictClickbutton.addEventListener('click', async () => {

呼叫 onPredictClick() 函數

```
onPredictClick();
});
```

新增按下 Predict 鈕會執行的函數

```
async function onPredictClick()
{
```

呼叫 Preparedataset ，將回傳資料存至 data_vec 陣列

```
data_vec = Preparedataset(data_raw, window_size);
```

將 data_vec 中的每個元素中的 price 另外組成一個陣列回傳至 inputs

```
var inputs = data_vec.map(function(inp_f) {
  return inp_f['set'].map(function (val) { return val['price']; }); });
```

將 data_vec 中的每個元素中的 nextvalue 另外組成一個陣列回傳至 nextvalue

```
var nextvalue = data_vec.map(function (val) { return val['nextvalue']; });
```

將 data_raw 中的每個元素中的 price 另外組成一個陣列回傳至 prices

```
var prices = data_raw.map(function (val) { return val['price']; });
```

將輸入數據代入模型進行預測再回傳預測結果至 pred_vals

```
var pred_vals = await Predict(inputs,nextvalue, n_percent);
console.log(pred_vals);
```

原始數據 data_raw 之 'timestamp' 資料

```
var timestamps_a = data_raw.map(function (val) { return val['timestamp']; });
```

將 id 為'graph' 之元素值存至 graph_plot

```
var graph_plot = document.getElementById('graph');
```

在 graph_plot 區畫一個新的圖，顯示原始時間序列資料 prices

```
Plotly.newPlot( graph_plot, [{ x: timestamps_a, y: prices, name: "Series" }],
{ margin: { t: 0 } } );
```

原始數據 data_raw 之'timestamp' 資料，切割出序號 3 至最後一筆

```
var timestamps_b = data_raw.map(function (val) {
    return val['timestamp']; }).splice(window_size, data_raw.length);
```

在 graph_plot 區多畫一個圖，顯示原始資料 nextvalue

```
Plotly.plot( graph_plot, [{ x: timestamps_b, y: nextvalue, name: "nextvalue" }],
{ margin: { t: 0 } } );
```

原始數據 data_raw 之 'timestamp' 資料，切割出序列 3+ nextvalue 筆
數的 90% 至最後一筆

```
var timestamps_c = data_raw.map(function (val) {
    return val['timestamp']; }).splice(window_size + Math.floor(n_percent / 100
* nextvalue.length), data_raw.length);
```

在 graph_plot 區多畫一個圖，顯示預測結果 pred_vals

```
Plotly.plot( graph_plot, [{ x: timestamps_c, y: pred_vals, name: "Predicted" }],
{ margin: { t: 0 } } );

}//end of onPredictClick
```

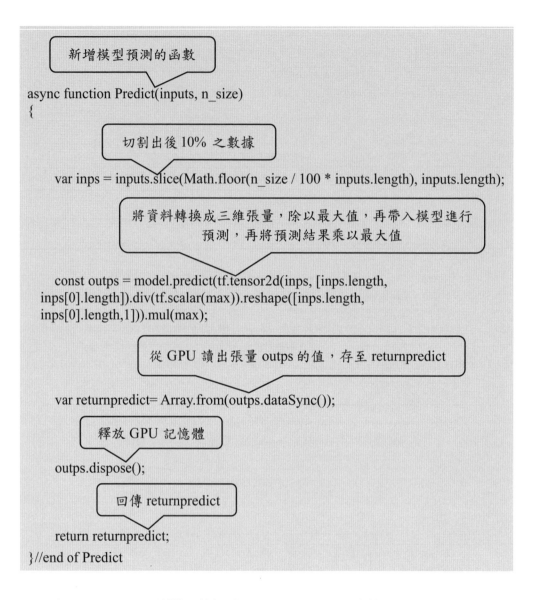

```
新增模型預測的函數

async function Predict(inputs, n_size)
{

            切割出後 10% 之數據

    var inps = inputs.slice(Math.floor(n_size / 100 * inputs.length), inputs.length);

        將資料轉換成三維張量，除以最大值，再帶入模型進行
                預測，再將預測結果乘以最大值

    const outps = model.predict(tf.tensor2d(inps, [inps.length,
    inps[0].length]).div(tf.scalar(max)).reshape([inps.length,
    inps[0].length,1])).mul(max);

            從 GPU 讀出張量 outps 的值，存至 returnpredict

    var returnpredict= Array.from(outps.dataSync());

        釋放 GPU 記憶體

    outps.dispose();

        回傳 returnpredict

    return returnpredict;
}//end of Predict
```

以 Google Chrome 瀏覽器執行「prediction3.html」，先按「Choose File」，選取範例光碟 chap11 中的「timeseriescsv.csv」檔，可以看到數據曲線圖。再按「Train」按鍵，可以在 console 視窗看到每次完成一整批數據訓練回合數（每一次 epoch 結束前），會印出一次目前 epoch 值與 loss 損失值，重複訓練 100 次完成後會跳出提示完成的視窗，按「OK」可以關閉視窗。再按「Predict」鈕，可以看到有三條曲

線畫在同一個區域中，如圖 11-28 所示。

其中 Series 是原始時間序列資料，共有 143 筆資料，nextvalue 為處理過後的資料，代表用前三筆資料預測下一筆資料的所有下一筆資料，nextvalue 的筆數為（143-window_size），本範例 window_size 等於 3，所以 nextvalue 的筆數為 140。Predicted 為經過訓練過的模型所預測出數據後 10% 的結果，預測結果有 14 筆資料，可以看到預測結果與原始資料很接近。

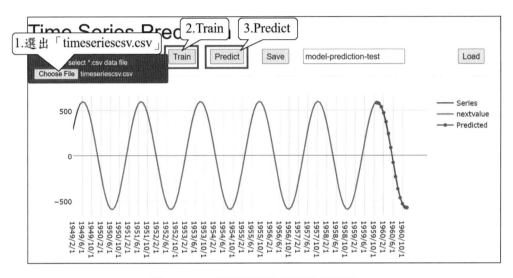

圖 11-28　將訓練好的模型進行預測

**步驟 10** 測試「air_passengers.csv」：以 Google Chrome 瀏覽器執行「prediction3.html」，先按「Choose File」，選取範例光碟 chap11 中的「air_passengers.csv」檔，可以看到數據曲線圖。再按「Train」按鍵，可以在 Console 視窗看到每次完成一整批數據訓練（每一次訓練回合結束前），會印出一次目前 epoch 值與 loss 損失值，重複訓練 100 次完成後會跳出提示完成的視窗，按「OK」可以關閉視窗。再按「Predict」鈕，可以看到有三條曲線畫在同一個區域中，如圖 11-29 所示。其中 Series 是原始時間序列資料，共有 143 筆資料，nextvalue 為處理過後的資料，代表用前三筆資料預測下一筆資料的所有下一筆資料，nextvalue 的筆數爲（143-window_size），本範例 window_size 等於 3，所以 nextvalue 的筆數爲 140。Predicted 爲經過訓練過的模型所預測出數據後 10% 的結果，預測結果有 14 筆資料，可以看到預測結果與原始資料很接近。

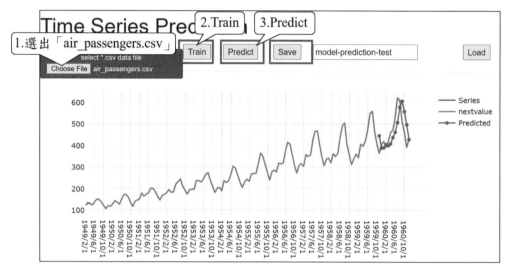

圖 11-29　將訓練好的模型進行預測

**步驟 11** 儲存模型：將程式檔另存爲「prediction4.html」檔。本範例設計可藉由按下「Save」鈕，將訓練好的神經網路模型拓樸與權重值儲存起來。可利用瀏覽器的 indexeddb 儲存，先取得 id 爲 "inputfilename" 的輸入欄位元素的文字值，再以該檔名儲存模型。儲存模型之程式編輯如表 11-20 所示。

表 11-20　儲存模型之程式編輯

将id為"SaveClickbt" 之元素值存至 SaveClickbutton

```
const SaveClickbutton = document.getElementById('SaveClickbt');
```

當按下"Save" 鈕

```
SaveClickbutton.addEventListener('click', async () => {
```

呼叫 SaveClick 函數

```
    SaveClick();
});
```

新增按下 Save 鈕會執行的函數

```
async function SaveClick()

{
```

取得 id 為"inputfilename" 的輸入欄位元素的文字值

```
    const LOCAL_MODEL_URL =
    "indexeddb://"+document.getElementById("inputfilename").value;
```

在 console 視窗顯示 LOCAL_MODEL_URL 值

```
    console.log(LOCAL_MODEL_URL);
```

將模型進行儲存，檔名為 LOCAL_MODEL_URL 之值

```
    const saveResult = await model.save(LOCAL_MODEL_URL);
```

列出所有在瀏覽器 indexeddb 中列出已儲存的檔案資訊

```
    console.log(await tf.io.listModels());
}//end of SaveClick
```

　　以 Google Chrome 瀏覽器執行「prediction4.html」，先按「Choose File」，選取範例光碟chap11 中的「air_passengers.csv」檔，可以看到數據曲線圖。再按「Train」按鍵，可在 Console 視窗看到每完成一整批數據訓練後（每一次訓練回合結束前），會印出一次目前 epoch 值與 loss 損失值，重複訓練 100 次完成後會跳出提示完成的視窗，按「OK」可以關閉視窗。再按「Predict」鈕，可以看到有三條曲線畫在同一個區域中，如圖 11-30 所示。

　　其中 Series 是原始時間序列資料，共有 143 筆資料，nextvalue 為處理過後的資料，代表用前三筆資料預測下一筆資料的所有下一筆資料，nextvalue 的筆數為（143-window_size），本範例 window_size 等於 3，所以 nextvalue 的筆數為 140。Predicted 為經過訓練過的模型所預測出數據後 10% 的結果，預測結果有 14 筆資料，可以看到預測結果與原始資料很接近。再按「Save」鈕，將訓練完成的模型進行儲存，預設儲存的檔名為文字輸入欄所顯示的「model-prediction-test」。也可以更改文字輸入欄的文字，改變欲儲存的檔名，再按「Save」鈕。

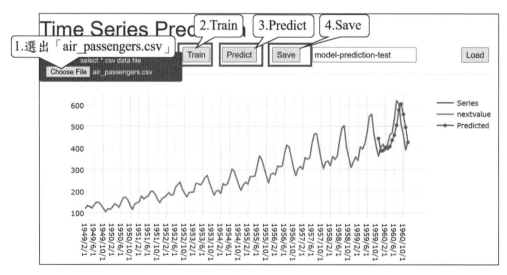

圖 11-30　將訓練完成的模型進行儲存

　　儲存成功會在 Console 視窗看到存檔名稱與列出已儲存的檔案資訊，如圖

11-31 所示。

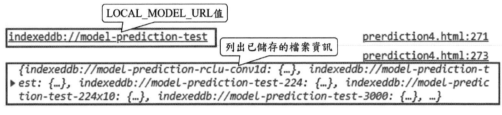

**圖 11-31　Console 視窗顯示存檔名稱與列出已儲存的檔案資訊**

**步驟12** 載入模型：本範例設計成可藉由按下「Load」鈕，將訓練好的神經網路模型拓樸與權重值加載進來，先從 id 為 "inputfilename" 的輸入欄位元素取得文字值，再從瀏覽器的 indexeddb 中載入該名稱的模型檔。程式編輯如表 11-21 所示。

**表 11-21　載入模型**

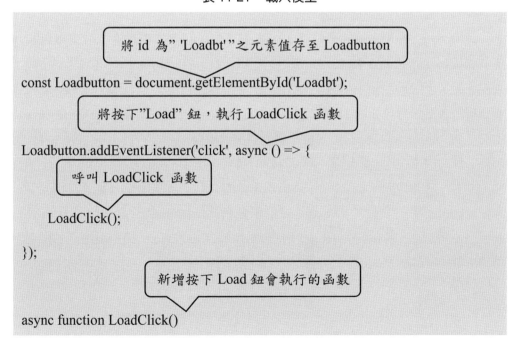

```
{
```

取得 id 為"inputfilename"的輸入欄位元素的文字值

```
    const LOCAL_MODEL_URL =
    "indexeddb://"+document.getElementById("inputfilename").value;
```

在 console 視窗顯示 LOCAL_MODEL_URL 值

```
    console.log(LOCAL_MODEL_URL);
```

將模型進行加載，檔名為 LOCAL_MODEL_URL 之值

```
    model = await tf.loadModel(LOCAL_MODEL_URL);
```

印出模型各層訊息

```
    model.summary();

}//end of LoadClick
```

以 Google Chrome 瀏覽器執行「prediction4.html」，並開啟右上方工具列下 -> 更多工具 -> 開發人員工具，或同時按鍵盤「CTRL+ALT+I」開啟「開發人員工具」視窗。先按「Load」鈕，如圖 11-32 所示，若加載模型成功，可以在 Console 視窗看到模型各層訊息，如圖 11-33 所示。再按「Choose File」，選取範例光碟 chap11 中的「air_passengers.csv」檔，可以看到數據曲線圖。再按「Predict」鈕，可以看到有三條曲線畫在同一個區域中，如圖 11-34 所示。其中 Series 是原始時間序列資料，共有 143 筆資料，nextvalue 為處理過後的資料，代表用前三筆資料預測下一筆資料的所有下一筆資料，nextvalue 的筆數為（143-window_size），本範例 window_size 等於 3，所以 nextvalue 的筆數為 140。Predicted 為經過訓練過的模型所預測出數據後 10% 的結果，預測結果有 14 筆資料。

1.Load
Time Series Prediction
select *.csv data file
Choose File
No file chosen
Train
Predict
Save
model-prediction-test
Load

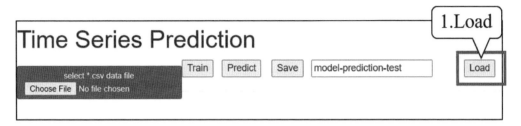

圖 11-32　按「Load」鈕加載模型

LOCAL_MODEL_URL值
印出模型各層訊息
indexeddb://model-prediction-test

```
Layer (type)                 Output shape          Param #
=================================================================
conv1d_Conv1D1 (Conv1D)      [null,3,8]            32
_________________________________________________________________
flatten_Flatten1 (Flatten)   [null,24]             0
_________________________________________________________________
dense_Dense1 (Dense)         [null,100]            2500
_________________________________________________________________
reshape_Reshape1 (Reshape)   [null,10,10]          0
_________________________________________________________________
lstm_LSTM1 (LSTM)            [null,10,20]          2480
_________________________________________________________________
lstm_LSTM2 (LSTM)            [null,20]             3280
_________________________________________________________________
dense_Dense2 (Dense)         [null,1]              21
=================================================================
Total params: 8313
Trainable params: 8313
Non-trainable params: 0
_________________________________________________________________
```

圖 11-33　在 Console 視窗顯示模型各層訊息

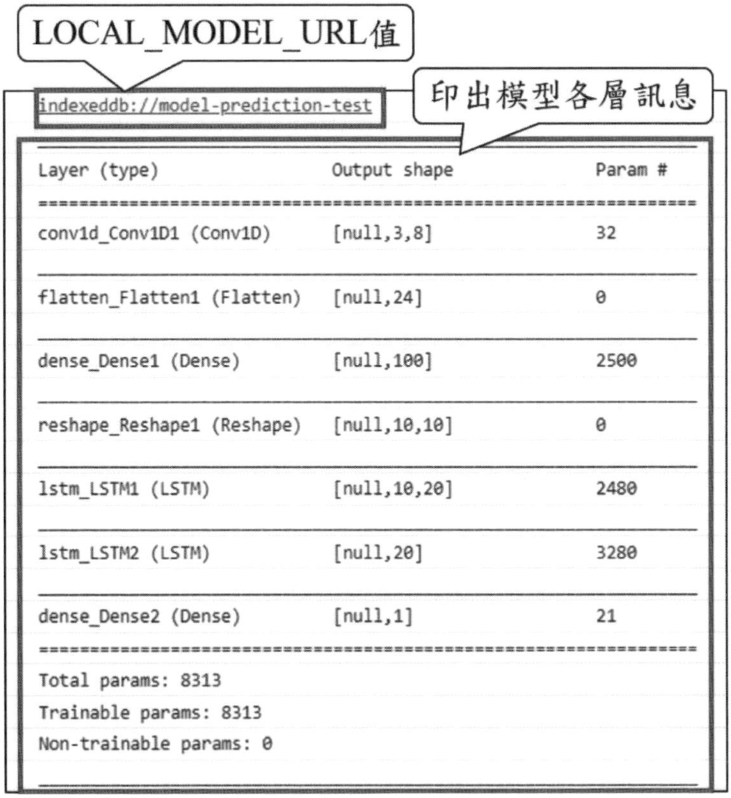

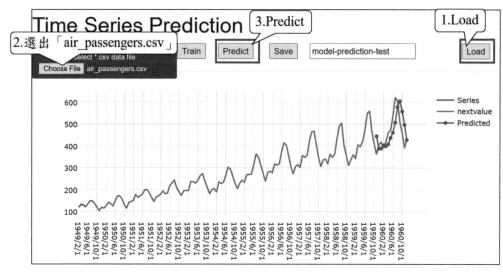

圖 11-34　加載模型與選擇數據庫後直接進行預測

## 六、完整的程式碼

本範例以連續三筆過去時間的資料作爲預測下一時間的資料。使用 csv 檔案與 LSTM 網路進行時間序列預測的之完整程式如表 11-22 所示。

表 11-22　時間序列預測完整程式

```
<!DOCTYPE html>
<html>
<head>
<title>Time Series</title>
<meta name="viewport" content="width=device-width, initial-scale=1"><link
rel="stylesheet"
href="https://maxcdn.bootstrapcdn.com/bootstrap/3.3.7/css/bootstrap.min.css">
<script
src="https://ajax.googleapis.com/ajax/libs/jquery/3.3.1/jquery.min.js"></script>
<script
src="https://maxcdn.bootstrapcdn.com/bootstrap/3.3.7/js/bootstrap.min.js"></script>
<script
src="https://cdn.jsdelivr.net/npm/@tensorflow/tfjs@0.13.3/dist/tf.min.js"></script>
```

```
<script src="https://cdn.plot.ly/plotly-1.2.0.min.js"></script>
</head>
<body>
   <h1>   Time Series Prediction   </h1>
   <table width="100%">
   <tr><td width="30%"><form class="md-form">
     <div class="file-field">
      <div class="btn btn-primary btn-sm float-left">
       <span>select *.csv data file</span>
       <input type="file" id="input-data">
      </div>
     </div>
   </form></td>
   <td><button    id="onTrainClickbt" type="button" >Train</button><hr/></td>
   <td><button    id="onPredictClickbt" type="button" >Predict</button><hr/></td>
   <td><button    id="SaveClickbt" type="button"   >Save</button><hr/></td>
   <td><input     id="inputfilename" value="model-prediction-test" ></input><hr/>
   </td>
   <td><button    id="Loadbt"   type="button"   >Load</button><hr/></td></tr>
   </table>
   <div id="graph" style="height:300px;"></div>
<script>
var data_raw = [];
//檔案改變時觸發事件
document.getElementById('input-data').addEventListener('change', readInputFile,
false);
//讀取本地檔案的函數
function readInputFile(e) {
   data_raw=[];
   // e.target 代表事件發生的元素，其檔案列表中的第一個檔案
   var file = e.target.files[0];
   //宣告一個新的 FileReader 物件
   var reader = new FileReader();
   //當檔案讀取完成會返回該事件 e
   reader.onload = function(e) {
     // e.target 代表事件發生的元素,其結果為檔案的文字
     var contents = e.target.result;
     console.log(contents);
     //呼叫 parseCSVData 函數，傳入 contents
     parseCSVData(contents);
```

```
};
//將檔案內容以字串回傳
reader.readAsText(file);
}//end of readInputFile
// 處理 CSV 檔數據與畫圖的函數
function parseCSVData(contents)
{
    var rows = contents.split("\n");    //以"\n"分離
    console.log(rows);
    for (var   i = 1; i < rows.length-1; i++) {
        var cols = rows[i].split(",");    //以","分離
        console.log(cols);
        //加入 data_raw
        data_raw.push({ id: cols[0], timestamp: cols[1], price: cols[2] });
    }//end of for
    console.log(data_raw);
    //將 data_raw 陣列每個元素的 timestsmap 組成一個陣列
    var timestamps_A = data_raw.map(function (val) { return val['timestamp']; });
    //將 data_raw 陣列每個元素的 price 組成一個陣列
    var prices = data_raw.map(function (val) { return val['price']; });
    //用來取得頁面中 id 是'graph'的元素值
    var graph_plot = document.getElementById('graph');
    //於 graph_plot 畫曲線圖
    Plotly.newPlot( graph_plot, [{ x: timestamps_A, y: prices, name: "Series" }],
{ margin: { t: 0 } } );
}//end of parseCSVData
//將 id 為" onTrainClickbt"之元素值存至" onTrainClickbutton"
const onTrainClickbutton = document.getElementById('onTrainClickbt');
//按下"Train"按鍵會觸發事件
onTrainClickbutton.addEventListener('click', async () => {
        onTrainClick(); //呼叫 onTrainClick 函數
});
var data_vec=[];
const window_size=3;
const n_percent=90; //90%
const max = 600 ;
var   model = tf.sequential(); //以 sequential()方式建立模型
//第一種模型的函數
function setupmodel1()
```

```
{
  //增加第一層 LSTM
  model.add(tf.layers.lstm({ units: 20, inputShape: [window_size,1],
returnSequences: true }));
  //定義 output 為 LSTM 層
  output = tf.layers.lstm({ units: 20, returnSequences: false });
  //增加第二層 LSTM
  model.add(output);
  //增加全連接層
  model.add(tf.layers.dense({units: 1}));
}//end of setupmodel1
// 第二種模型的函數
function setupmodel2()
{
  //增加一維卷積層
  model.add(tf.layers.conv1d({
    inputShape: [window_size,1], //[3,1]
    filters: 8,
    kernelSize: 3,
    padding: 'same'
  }));
  //平坦化
  model.add(tf.layers.flatten());
  //增加全連接層
  model.add(tf.layers.dense({units: 100}));
  // 變化張量形狀
  model.add(tf.layers.reshape({targetShape: [10,10]}));
  // 定義 hidden1 為 LSTM 層
  hidden1 = tf.layers.lstm({ units:20, inputShape: [10,10], returnSequences: true });
  // 增加 LSTM 層
  model.add(hidden1); //2nd lstm layer
  // 定義 output 為 LSTM 層
  output = tf.layers.lstm({ units: 20, returnSequences: false });
  // 增加 LSTM 層
  model.add(output);
  // 增加全連接層
  model.add(tf.layers.dense({units: 1, inputShape: [20]}));
} //end of setupmodel2
```

```
//資料前處理的函數
function Preparedataset(time_s, window_size)
{
    var r_avgs = [];    //宣告 r_avgs 為一個空陣列
    console.log(time_s); //印出 time_s
    //i 從 0 遞增到序列長度- window_size-1
    for (let i = 0; i < time_s.length - window_size; i++)
    {
        //將 times 從 i 到 i + window_size-1 中的元素複製出來
        r_avgs.push({ set: time_s.slice(i, i + window_size), nextvalue: time_s[i +
window_size]['price'] });
    }//end of for
    return r_avgs;
}//end of Preparedataset
```

// **onTrainClick 觸發 Train 鈕所執行的函數**

```
async function onTrainClick() {
    // setupmodel
    setupmodel2(); //呼叫 setupmodel2 函數，建立神經網路模型
    model.summary();//印出模型各層訊息
    //呼叫 Preparedataset，將回傳資料存至 data_vec 陣列
    data_vec = Preparedataset(data_raw, window_size);
    console.log(data_vec);
    //將 data_vec 中的每個元素中的 price 另外組成一個陣列回傳至 inputs
    var inputs = data_vec.map(function(inp_f) {
            return inp_f['set'].map(function(val) { return val['price']; })});
    console.log(inputs);
    //將 data_vec 中的每個元素中的 nextvalue 另外組成一個陣列回傳至 output
    var outputs = data_vec.map(function(outp_f) { return outp_f['nextvalue']; });
    console.log(outputs);
    //呼叫 trainModel 函數，將 90%的數據用來訓練神經網路
    await trainModel(inputs, outputs, n_percent);
    //完成訓練後會跳出訊息"Your model has been successfully trained..."
    alert('Your model has been successfully trained...');
}
```

// **trainModel 訓練模型的函數**

```
async function trainModel(inputs, outputs, n_size)
{
    //宣告 callback 函數
    var callback = function(epoch, log) {
    console.log(epoch);// 在 console 顯示 epoch 值
```

```
    console.log(log.loss); //在 console 顯示 loss 值
  }
  //分割出前 90%之數據
  inputs = inputs.slice(0, Math.floor(n_size / 100 * inputs.length));
  //分割出前 90%之數據
  outputs = outputs.slice(0, Math.floor(n_size / 100 * outputs.length));
  //將輸入數據轉成 3 維張量,再除以最大值,再存成 xs
      const xs = tf.tensor2d(inputs, [inputs.length,
inputs[0].length]).reshape([inputs.length, inputs[0].length,1]).div(tf.scalar(max));
  //將輸出數據轉成 2 維張量,再除以最大最大值,存成 ys
  const ys = tf.tensor2d(outputs, [outputs.length, 1]).reshape([outputs.length,
1]).div(tf.scalar(max));
  //印出 xs
  xs.print();
  //設定學習率變數值
  const learning_rate=0.0001;
  //設定最佳化函數
  const opt_adam = tf.train.adam(learning_rate);
  //編譯模型,損失函數為'meanSquaredError',最佳化演算法為 adam
  model.compile({ optimizer: opt_adam, loss: 'meanSquaredError',metrics:
['accuracy']});
  //以已知數據張量 xs 與 ys 去訓練模型,最佳化模型權重值
  //batchSize 為 5,epochs 為 100
  const hist = await model.fit(xs, ys,
     { batchSize: 5, epochs: 100, callbacks: {
     //每一次 epoch 結束前
     onEpochEnd: async (epoch, log) => { callback(epoch, log); }}});
     xs.dispose();   //釋放 GPU 記憶體
     ys.dispose();   //釋放 GPU 記憶體
}//end of train Model
//將 id 為" onPredictClickbt"之元素值存至"onPredictClickbutton"
const onPredictClickbutton = document.getElementById('onPredictClickbt');
//當按下 Predict 鍵時
onPredictClickbutton.addEventListener('click', async () => {
     onPredictClick(); //呼叫 onPredictClick()函數
});
// 按下 Predict 鈕所執行的函數
async function onPredictClick() {
  //呼叫 Preparedataset 函數,將回傳資料存至 data_vec 陣列
```

379

```
data_vec = Preparedataset(data_raw, window_size);
//將 data_vec 中的每個元素中的 price 另外組成一個陣列回傳至 inputs
var inputs = data_vec.map(function(inp_f) {
return inp_f['set'].map(function (val) { return val['price']; }); });
//將 data_vec 中的每個元素中的 nextvalue
//另外組成一個陣列回傳至 nextvalue
var nextvalue = data_vec.map(function (val) { return val['nextvalue']; });
//將 data_raw 中的每個元素中的 price 另外組成一個陣列回傳至 prices
var prices = data_raw.map(function (val) { return val['price']; });
//將輸入數據代入模型進行預測再回傳預測結果至 pred_vals
var pred_vals = await Predict(inputs, n_percent);
console.log(pred_vals);
//原始數據 data_raw 之'timestamp'資料
var timestamps_a = data_raw.map(function (val) { return val['timestamp']; });
//原始數據 data_raw 之'timestamp'資料，切割出序號 3 至最後一筆
var timestamps_b = data_raw.map(function (val) {
return val['timestamp']; }).splice(window_size, data_raw.length);
//原始數據 data_raw 之'timestamp'資料
//切割出序列 3+ nextvalue  筆數的 90%至最後一筆
var timestamps_c = data_raw.map(function (val) {
return val['timestamp']; }).splice(window_size + Math.floor(n_percent / 100 *
nextvalue.length), data_raw.length);
//將 id 為'graph'之元素值存至 graph_plot
var graph_plot = document.getElementById('graph');
//在 graph_plot 區多畫一個圖，顯示原始資料 nextvalue
Plotly.newPlot( graph_plot, [{ x: timestamps_a, y: prices, name: "Series" }],
{ margin: { t: 0 } } );
//原始數據 data_raw 之'timestamp'資料，
//切割出序列 3+ nextvalue  筆數的 90%至最後一筆至最後一筆
Plotly.plot( graph_plot, [{ x: timestamps_b, y: nextvalue, name: "nextvalue" }],
{ margin: { t: 0 } } );
//在 graph_plot 區多畫一個圖，顯示預測結果 pred_vals
Plotly.plot( graph_plot, [{ x: timestamps_c, y: pred_vals, name: "Predicted" }],
{ margin: { t: 0 } } );
} //end of onPredictClick
//進行模型預測的函數
async function Predict(inputs, n_size)
{
    //切割出後 10%之數據
```

```
    var inps = inputs.slice(Math.floor(n_size / 100 * inputs.length), inputs.length);
    //將資料轉換成三維張量，除以最大值，再帶入模型進行預測
    //再將預測結果乘以最大值
    const outps = model.predict(tf.tensor2d(inps, [inps.length,
inps[0].length]).div(tf.scalar(max)).reshape([inps.length,
inps[0].length,1])).mul(max);
    //從 GPU 讀出張量 outps 的值，存至 returnpredict
    var returnpredict= Array.from(outps.dataSync());
    outps.dispose();   //釋放 GPU 記憶體
    //回傳 returnpredict
    return returnpredict;
}//end of Predict
//將 id 為" 'SaveClickbt'"之元素值存至 SaveClickbutton
const SaveClickbutton = document.getElementById('SaveClickbt');
//當按下"Save"鈕，執行 SaveClick 函數
SaveClickbutton.addEventListener('click', async () => {
    SaveClick(); //  呼叫 SaveClick 函數
});
//按下 Save 鈕所執行的函數
//儲存模型的函數
async function SaveClick()
{
    //const LOCAL_MODEL_URL = 'downloads://my-model-download';
    //const LOCAL_MODEL_URL = 'localstorage://my-model-2-10';
    // const LOCAL_MODEL_URL = 'indexeddb://my-model3';
    //將模型進行儲存，檔名為 LOCAL_MODEL_URL 之值
    const LOCAL_MODEL_URL =
"indexeddb://"+document.getElementById("inputfilename").value;
    //在 console 視窗顯示 LOCAL_MODEL_URL 值
    console.log(LOCAL_MODEL_URL);
    //將模型進行儲存，檔名為 LOCAL_MODEL_URL 之值
    const saveResult = await model.save(LOCAL_MODEL_URL);
    //列出所有在瀏覽器 indexeddb 中列出已儲存的檔案資訊
    console.log(await tf.io.listModels());
}//end of SaveClick
//將 id 為" 'Loadbt'"之元素值存至 Loadbutton
const Loadbutton = document.getElementById('Loadbt');
//若按下"Load"鈕，執行 LoadClick 函數
Loadbutton.addEventListener('click', async () => {
```

```
  LoadClick(); // 呼叫 LoadClick 函數
});
//按下 Load 鈕所執行的函數
//載入模型的函數
async function LoadClick()
{
  //取檔名為 id 為"inputfilename"的輸入欄位元素的值
  const LOCAL_MODEL_URL =
"indexeddb://"+document.getElementById("inputfilename").value;
  //在 console 視窗顯示 LOCAL_MODEL_URL 值
  console.log(LOCAL_MODEL_URL);
  //將模型進行加載，檔名為 LOCAL_MODEL_URL 之值
  model = await tf.loadModel(LOCAL_MODEL_URL);
  model.summary(); //印出模型各層訊息
}//end of LoadClick
</script>
</body>
</html>
```

　　讀者可以先進行「Choose File」選出「air_passengers.csv」，再點選「Train」進行訓練，再點「Predict」進行預測與繪圖，再點「Save」儲存，如圖 11-35 所示，注意圖中範例儲存的名字是「model-prediction-test」。

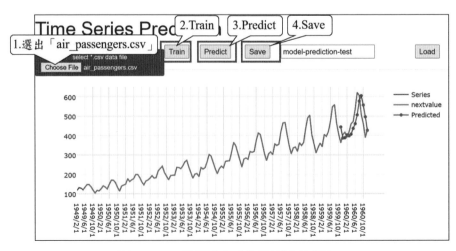

圖 11-35　將訓練完成的模型進行儲存

儲存模型後，使用者可直接載入已儲存的模型，例如「model-prediction-test」。讀者可以先點「Load」進行模型載入，再點選「Choose File」選出「air_passengers.csv」，再點「Predict」進行預測，如圖11-36所示

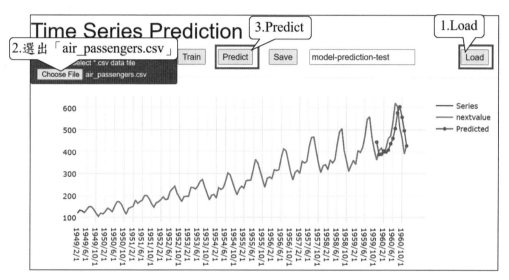

圖 11-36　加載模型與選擇數據庫後直接進行預測

### 隨堂練習

將神經網路模型換成使用 setupmodel1 函數中的模型，並重複實驗進行時間序列數據預測。

## 七、課後測驗

(　　) 1.本範例是處理何種類型資料？　(A) 時間序列資料　(B) 圖片　(C) 影像

(　　) 2.本範例使用的資料檔案是？　(A) CSV 檔　(B) JSON 檔　(C) Word 檔

(　　) 3. 本範例將資料正規化至　　(A) 0 與 1 之間　　(B) -1 與 1 之間　　(C) -1 與 0 之間

(　　) 4. 本範例使用何種遞迴神經網路？　　(A) LSTM　　(B) RNN　　(C) Dense

(　　) 5. 本範例儲存模型至　　(A) indexeddb　　(B) localstorage　　(C) 雲端資料庫

CHAPTER ▶▶ ▶

第
12
堂
課

# 從Nasdaq Data Link的金融資料預測趨勢

## 一、實驗介紹

　　金融自動化已經是時代趨勢，以數據為根據的量化交易逐漸成為市場主流，數據扮演著非常重要的角色。本章使用有「金融的維基百科」之稱的 Quandl 透過 Nasdaq Data Link 資料平台提供的免費 API，獲得一些金融資料，進而用來訓練神經網路模型，期望能預測趨勢。本範例延續上一個章節介紹的時間序列預測，使用瀏覽器建立網頁，以 Quandl 提供的上海期貨交易所（Shanghai Futures Exchange）的某些資料訓練神經網路模型，就可以根據前三天的收盤價（close）與成交量（volume），預測隔天收盤價（close），並畫出預測曲線圖。從 Nasdaq Data Link 資料平台的金融資料分析趨勢架構圖如圖 12-1 所示。

**圖 12-1　從 Nasdaq Data Link 資料平台的金融資料預測趨勢實驗架構**

## 二、實驗流程圖

　　本範例介紹如何使用 Nasdaq Data Link 資料平台，再介紹如何建立 Quandl 提供的上海期貨交易所（Shanghai Futures Exchange）資料的 API，再建立網頁基本架構引入外部 Javascript 函式庫，再透過上海臺灣期貨交易所（Shanghai Futures Exchange）資料的 API 讀取 JSON 檔，再將數據處理後繪製出時間序列圖；接著將資料正規化至 0 與 1 之間，建立與訓練神經網路模型，再繪製出預測的收盤價結果圖。從 Nasdaq Data Link 的金融資料預測趨勢的實驗流程圖如圖 12-2 所示。

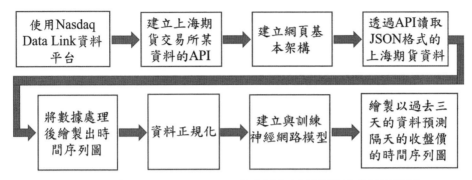

圖 12-2　從 Nasdaq Data Link 的金融資料預測趨勢實驗流程圖

## 三、人機介面與程式架構

　　本範例以 Nasdaq Data Link 資料平台中 Quandl 提供的上海期貨交易所（Shanghai Futures Exchange）某些資料訓練神經網路模型，就可以根據前三天的收盤資料（close）與成交量（volume），預測隔天收盤價，人機介面設計如圖 12-3 所示。網頁有「Get data」按鈕可取得 Quandl 提供的上海期貨交易所（Shanghai Futures Exchange）某些資料、「Train」訓練按鈕、「Predict」預測按鈕、「Save」儲存按鈕、儲存檔名設定欄、「Load」載入模型檔按鈕與繪圖區、與已儲存的模型選單。

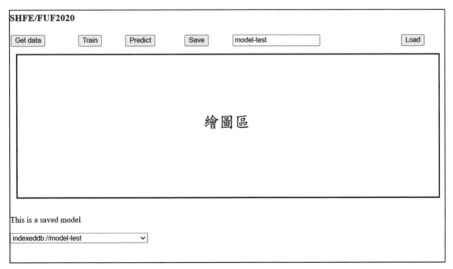

圖 12-3　從 Nasdaq Data Link 資料平台的金融資料預測趨勢實驗的人機介面

　　本範例之程式架構如圖 12-4，網頁設計五個按鈕、輸入欄、繪圖區與選單。在按下「Get data」後，會觸發事件獲取資料並將數據進行處理後顯示時序資料於繪圖區。在按下「Train」按鈕觸發事件將神經網路模型建立後加以訓練；在按下「Predict」按鈕觸發事件將以測試數據集測試神經網路模型並將預測結果顯示於繪圖區。在按下「Save」按鈕觸發事件儲存模型。在按下「Load」按鈕觸發事件可以從選單中選擇已儲存過的模型。

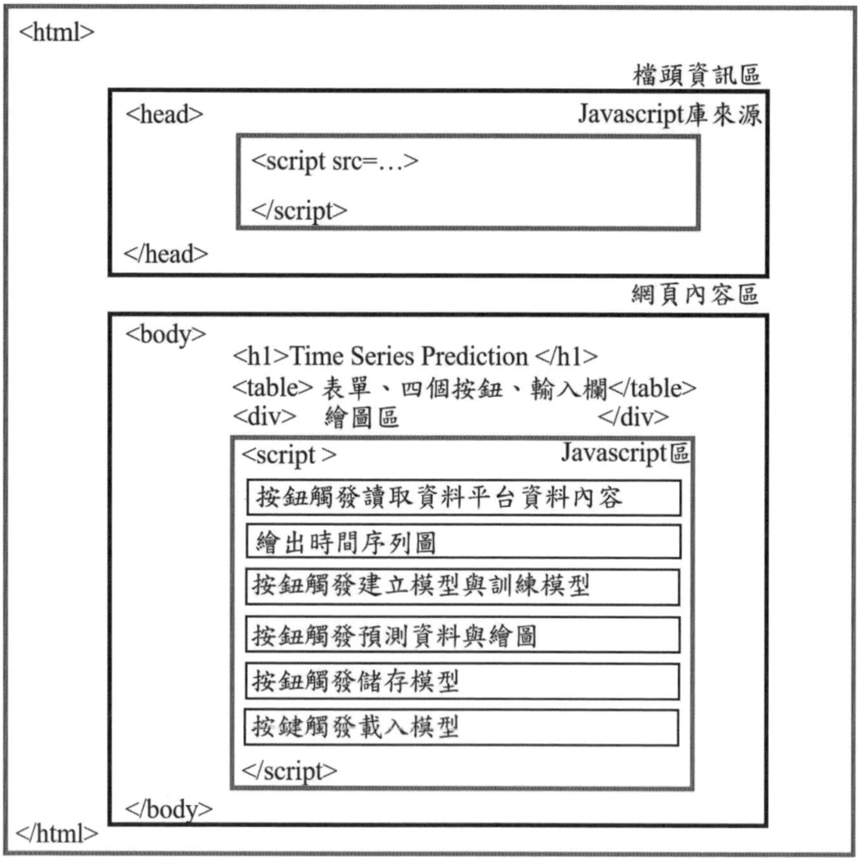

圖 12-4　程式架構

## 四、重點說明

1. Nasdaq Data Link 資料平台：Nasdaq Data Link 資料平台是美國 Nasdaq 交易所在收購加拿大金融數據業者 Quandl 之後，取代原來 Quandl 平台網站，持續建立和維護一個強大而透明的數據市場，讓更多人能夠在市場上獲得機會。除了專有的 Nasdaq 數據，客戶還可以訪問數十個第三方數據集，包括來自 Marex、Sharadar 和 World'vest Base 的數據集。之前在 Quandl 平台網站上找到的免費數據產品可以繼續使用。Quandl 是一個是包括金融數據與分析的來源，提供的 API 只需要簡單的一行程式碼，就可以將您想要的資料輸出成您所需要的資料格式。使用者可以付費使用選定的數據源，也提供一些免費的數據源供有興趣的人使用。Quandl 使用者需要在 Nasdaq Data Link 網站（https://data.nasdaq.com/）進行註冊，獲得個人的金鑰（API KEY），才能下載資料或透過 API 使用資料。

2. 上海期貨交易所：在 Nasdaq Data Link 資料平台中有 Quandl 提供有免費的上海期貨交易所行情資料，使用者登入進 Nasdaq Data Link 網站後，可以在最下方的「Browse Data Categories」處選擇「Futures」，再點「Free」可以找到「Shanghai Futures Exchange」如圖 12-5 所示，網站顯示這資料是「FREE」免費的。

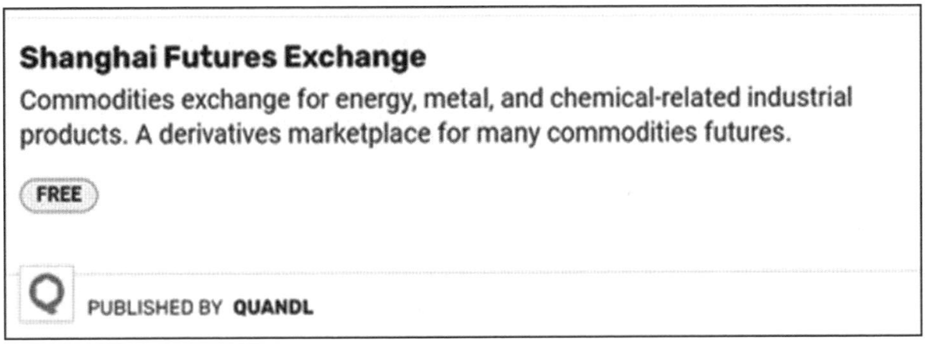

**Shanghai Futures Exchange**

Commodities exchange for energy, metal, and chemical-related industrial products. A derivatives marketplace for many commodities futures.

( FREE )

Q　PUBLISHED BY **QUANDL**

圖 12-5　在 Nasdaq Data Link 網站提供有免費的上海臺灣期貨交易所資料

上海期貨交易所於 1999 年 12 月開始運作，是不以盈利為目的的事業單位法人，採取會員制的組織模式。上海期貨交易所目前已上市銅、鋁、鋅、鉛、鎳、錫、黃金、白銀、天然橡膠、燃料油等期貨品種，在全球衍生品市場占據重要地位。本堂課以「上海燃料油期貨」Shanghai Fuel Oil Futures, June 2020（FUF2020）為資料來源，該資料之 Nasdaq Data Link Code 為「SHFE/FUF2020」，該網站提供之 API 有「JSON」、「CSV」、「XML」三種，也提供 Python、R 與 Ruby 使用的函式庫。該資料更新時間是在 2019 年 12 月 20 日。資料頻率是每日交易行情。提供的資料內容有「日期」（Date）、「前一日結算價」（Pre Settle）、「開盤價」（Open）、「最高價」（High）、「最低價」（Low）、「收盤價」（Close）、「結算價」（Settle）、「CH1」、「CH2」、「成交量」（Volume）、「未平倉量」（O.I.）與「Change」。「未平倉量」是指一個交易日結束時仍未清算的合約數量。「CH1」是當日「收盤價」與「前一日結算價」差；「CH2」是當日「結算價」與「前一日結算價」差；「Change」是當日「未平倉量」與前一日「未平倉量」差。

| Shanghai Fuel Oil Futures, January 2020 (FUF2020) | | | | | | | | EXPAND |
|---|---|---|---|---|---|---|---|---|
| date | pre settle | open | high | low | close | settle | ch1 | ch2 |
| 2019-12-20 | 1968 | 1987 | 2108 | 1945 | 2107 | 2004 | 139 | 36 |
| 2019-12-19 | 1969 | 1955 | 1992 | 1901 | 1985 | 1968 | 16 | -1 |
| 2019-12-18 | 2032 | 1965 | 1998 | 1940 | 1958 | 1969 | -74 | -63 |
| DISPLAYING 3 ROWS. | | | | | | | | SHFE/FUF2020 |

圖 12-6　Shanghai Fuel Oil Futures, June 2020（FUF2020）資料

　　Nasdaq Data Link 提供的 API 只需要簡單的一行程式碼，就可以將您想要的資料輸出成您所需要的資料格式。將 Shanghai Fuel Oil Futures, June 2020（SHFE/FUF2020）之 API 整理如表 12-1 所示。使用者需要在 Nasdaq Data Link 網站（https://data.nasdaq.com/）進行註冊，獲得個人的金鑰（API KEY），再更換表 12-1 中的「your_api_key」。

表 12-1　取得 Nasdaq Data Link 平台之 SHFE/FUF2020 資料之 API

| 資料格式 | API |
|---|---|
| JSON | https://data.nasdaq.com/api/v3/datasets/SHFE/FUF2020.json?api_key=your_api_key |
| CSV | https://data.nasdaq.com/api/v3/datasets/SHFE/FUF2020.csv?api_key=your_api_key |
| XML | https://data.nasdaq.com/api/v3/datasets/SHFE/FUF2020.xml?api_key=your_api_key |

3. 引入 Javascript 函式庫：本範例使用了一些 Javascript 函式庫，可以幫助網頁開發者用更快速地撰寫網頁，例如機器學習函式庫 TensorFlow、jquery 函式庫與繪圖套件 Vega-Lite。將本範例使用到的函式庫之網路來源整理如表 12-2 所示。

表 12-2　引入 Javascript 函式庫來源

| Javascript 函式庫 | 網路來源 |
|---|---|
| 機器學習函式庫 | https://cdn.jsdelivr.net/npm/@tensorflow/tfjs@2.0.0/dist/tf.min.js |
| jquery 的 min 版本函式庫 | https://ajax.googleapis.com/ajax/libs/jquery/3.3.1/jquery.min.js |
| 繪圖套件 | https://cdn.plot.ly/plotly-1.2.0.min.js |

4. 神經網路模型：本範例從 Nasdaq Data Link 資料平台的金融資料預測趨勢使用的神經網路模型，有使用到一維卷積層，再接一層 LSTM，再增加 dropout 功能，再接一層 LSTM，再增加 dropout 功能，最後再接全連接層輸出，整理如圖 12-7 所示。

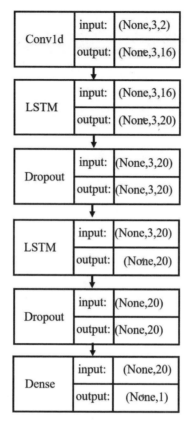

**圖 12-7　從 Nasdaq Data Link 資料平台的金融資料預測趨勢實驗神經網路模型**

本範例使用到的 Tensorflow.js 的神經網路 API，包括 tf.layers.conv1d、tf.layers.lstm、tf.layers.dropout 與 tf.layers.dense，將說明整理如表 12-3 所示。

**表 12-3　部分 tensorflow.js 的神經網路 API 說明**

| Tensorflow.js 的神經網路 API | 說明 | 範例 |
|---|---|---|
| tf.layers.conv1d | 1D 卷積層，這層創造一個卷積權重矩陣，該卷積權重是會與輸入層做卷積運算遍及一個空間或時間維度去產生一個輸出張量。若 use_bias 為「真」，會再增加一個偏差向量後輸出。<br>若 activation 是非空的，則會運作在輸出。 | tf.layers.conv1d({ inputShape: [3,1],filters: 8, kernelSize: 3,padding: 'same',activation: 'relu'<br>}) |

| Tensorflow.js 的神經網路 API | 說明 | 範例 |
|---|---|---|
| tf.layers.lstm | 這是一個 RNN 層包括一個 LSTMCell。這樣的 LSTM 操作在一序列輸入。輸入形狀（shape）（不包括第一個批（batch）的維度）至少需要 2 維，第一個維度是時間步數（time steps）。 | tf.layers.lstm({ units: 20, inputShape: [10,10], returnSequences: true }); |
| tf.layers.dropout | 這示一種防止神經網路過擬的手段。會在訓練時隨機的拿掉網路中的部分神經元，從而減小對權重的依賴，以達到減小過擬合的效果。注意：dropout 只能用在訓練模型時，測試的時候不能 dropout。 | tf.layers.dropout（0.1）dropout 函數的 rate 參數是要在 0 到 1 之間。例如，rate=0.1 會將隨機拿掉輸入神經元的 10%。 |
| tf.layers.dense | 創造全連接層。輸出 =activation(dot(input, kernel) + bias) activation是一個會作用在每個組成上的激活函數。kernel 是每一層的權重矩陣。bias 是一個偏差向量（只有適用在當 useBias 是為「真」的時候）。 | tf.layers.dense({units: 1, inputShape: [20]}) |

5. 最小值最大值正規化（Min-Max Normalization）：最小值最大值正規化是將資料等比例縮放到 [0, 1] 區間中，可利用下列公式進行轉換：

$$正規化資料 = （原始資料 - 最小值）/（最大值 - 最小值） \tag{12-1}$$

其中最小值與最大值分別為該筆資料中的最小值與最大值。

6. 準備數據：本範例以連續三筆過去時間的資料（收盤價 close 與成交量 volume）作為預測下一時間的資料（收盤價 close），設定窗口長度為 3。這裡我們採用 t-2、t-1 與 t 次的 2 個通道數據作為模型輸入，然後用 t+1 次之數據做為模型輸出，如圖 12-8 所示，X 為輸入數據，Y 為模型輸出的數據。

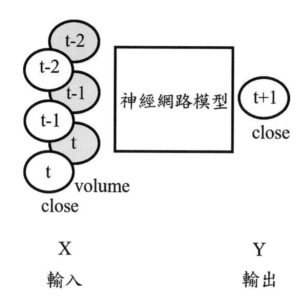

圖 12-8　輸入採用連續三筆數據輸出預測出下一個數據

　　假設用於訓練的時間序列數據依序為 1 到 10，則將數據分成連續 3 個一組為 X（本範例為兩個通道資料 close 與 volume），下一個數據為 Y（本範例為 close 資料），每次移動一格連續 3 個一組為 X，下一個數據為 Y，以此類推，如圖 12-9，建立出用以訓練模型的數據，並找出最佳的模型參數。實際窗口長度依實際情況而進行調整。

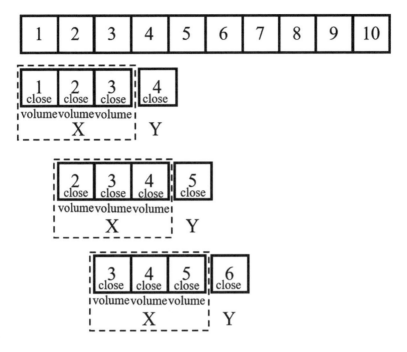

圖 12-9　採用窗口長度為 3 每次移動一格產生 X 與 Y

7. DOM 新增節點：DOM 是 W3C 制定的一個規範，當一個網頁被載入到瀏覽器時，瀏覽器會先分析這個 HTML 檔案，然後依照這份 HTML 的內容解析成「DOM」（Document Object Model，文件物件模型）。document 物件是「DOM tree」的根節點，所以當我們要存取 HTML 時，都從 document 物件開始。本範例使用 DOM API 建立新的節點，元素。本範例使用到的 DOM API 整理如表 12-4 所示。

表 12-4　本範例使用到的 DOM API

| Javascript | 說明 |
| --- | --- |
| document.createElement("P") | 創造「P」元素 |
| document.createTextNode("This is a saved model") | 創建一個新的文字節點 |
| x.appendChild(t); | 將 t 節點添加成 x 節點最後一個子節點 |

| Javascript | 說明 |
|---|---|
| document.body.appendChild(x); | 將 x 添加成 body 最後一個子節點 |
| document.createElement("SELECT"); | 創造「SELECT」元素 |
| select.setAttribute("id", "mySelect"); | 設定 id 為「mySelect」 |
| document.createElement("option"); | 創造「option」元素 |
| z.setAttribute("value", "choose one model below"); | 設定該元素之值為「choose one model below」 |
| z.appendChild(t); | 將 t 節點添加成 z 節點最後一個子節點 |
| document.getElementById("mySelect").appendChild(z); | 將 z 節點加入到 id 為「mySelect」的元素的最後一個子節點 |

8. 將資料還原：由於本範例使用正規化之資料進行訓練，在做模型預測後要將得到的資料還原才能與原來資料進行比對。可利用下列公式進行資料還原：

$$還原資料 = 模型預測結果 * (最大值 - 最小值) + 最小值 \qquad (12\text{-}2)$$

9. Plotly 圖形資料庫：Plotly is a free and open-source graphing library for JavaScript. 提供多種形式的圖形供使用者呈現資料，如「Scatter Plots」、「Line Charts」、「Bar Charts」、「Pie Charts」、「Bubble Charts」、「Dot Plots」、「Filled Area Plots」、「Horizontal Bar Charts」、「Sunburst Charts」、「Sankey Diagrams」、「Point Cloud」、「Treemaps」'、「Tables」與「Multiple Chart Types」等樣式。可以參考網站「 https://plotly.com/javascript/basic-charts/ 」。

## 五、實驗步驟

使用 Nasdaq Data LinkQuandl 資料平台的金融資料分析趨勢圖之實驗步驟如圖 12-10 所示。

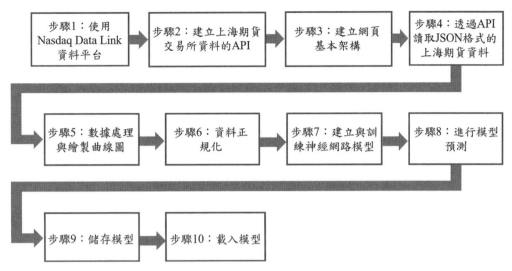

步驟1：使用 Nasdaq Data Link 資料平台 → 步驟2：建立上海期貨交易所資料的API → 步驟3：建立網頁基本架構 → 步驟4：透過API讀取JSON格式的上海期貨資料

步驟5：數據處理與繪製曲線圖 → 步驟6：資料正規化 → 步驟7：建立與訓練神經網路模型 → 步驟8：進行模型預測

步驟9：儲存模型 → 步驟10：載入模型

**圖 12-10　從 Nasdaq Data Link 資料平台的金融資料預測趨勢圖之實驗步驟**

**步驟 1**　使用 Nasdaq Data Link 資料平台：首先要進入 Nasdaq Data Link 網站，網址為「https://data.nasdaq.com/」，點網站右上角「SIGN UP」，如圖 12-11 所示。

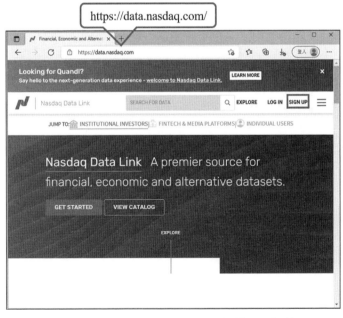

**圖 12-11　Nasdaq Data Link 資料平台網站**

　　進入「Create your account」頁面，建立帳號共有三個步驟，第一步先填入個人資料後，可選擇「Personal」，再按「NEXT」，如圖 12-12 所示。

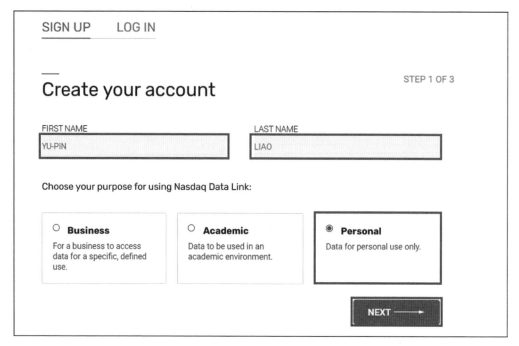

圖 12-12　「Create your account」第一步頁面

　　第二步再填入 e-mail 信箱，與回答問題「你要這平台資料做什麼用？」，選一個選項後按「NEXT」，如圖 12-13 所示。

圖 12-13　「Create your account」第二步頁面

　　第三步再設定密碼，與勾選「I am not a robot」，再按「CREATE AC-COUNT」，如圖 12-14 所示。

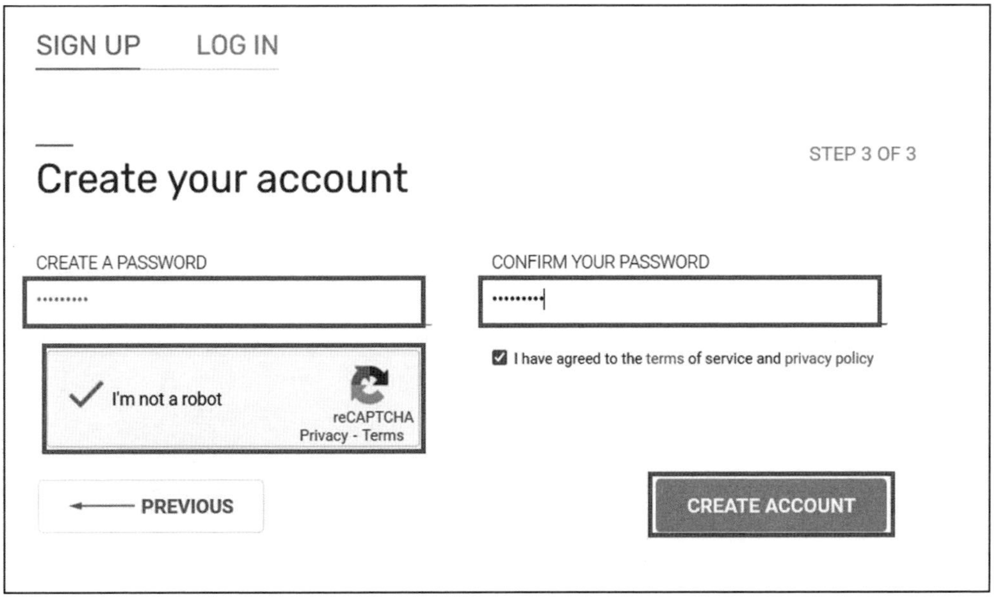

圖 12-14　「Create your account」第三步頁面

　　再到第二步所輸入的 e-mail 信箱收信，會看到一封從 Nasdaq Data Link Team 寄來的驗證啓動信，如圖 12-15 所示。按「CONFIRM ADDRESS」，就完成創造 Nasdaq Data Link 資料平台帳號的步驟。

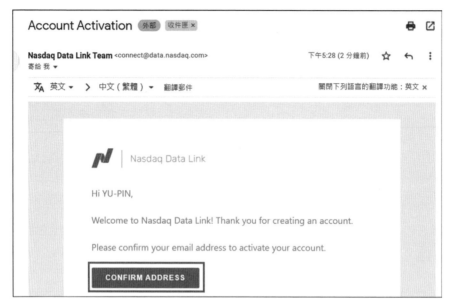

圖 12-15　進 e-mail 信箱收信按「CONFIRM ADDRESS」

　　點選後會自動登入 Nasdaq Data Link 資料平台網站，如圖 12-16 所示。點選網頁右上方有一個人頭圖案的選單，按「ACCOUNT SETTINGS」。

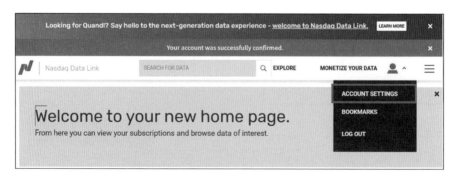

圖 12-16　確認完成自動登入 Nasdaq Data Link 資料平台網站

可以觀察到「Your Profile」下的「YOUR API KEY」與其他個人資料，如圖 12-17 所示。如果要修改個人資料，改完再按'UPDATE'。

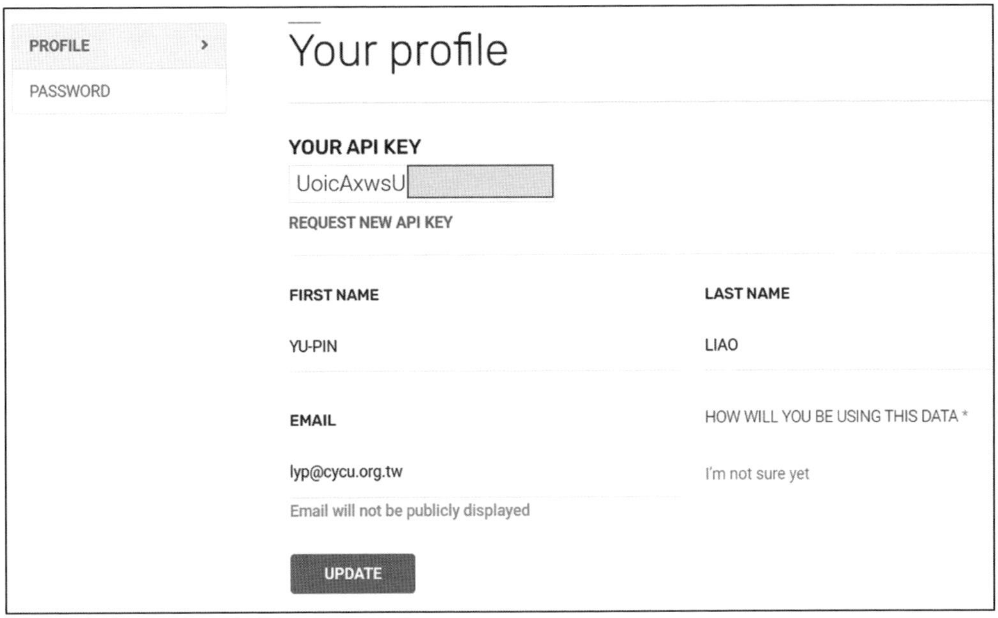

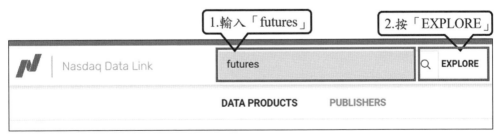

**圖 12-17　確定個人資料**

**步驟 2**　尋找上海期貨交易所資料的 API：在 Nasdaq Data Link 資料平台網頁利用 搜尋功能，輸入「futures」，再按「EXPLORE」如圖 12-18 所示。

**圖 12-18　尋找「Futures」**

在「Browse」處加勾選「Free」，可以找到上海期貨交易所「Shanghai Futures Exchange」資料，如圖 12-19 所示。可以看到該資料是「FREE」免費的，讀者可以放心使用。

圖 12-19　找到「Shanghai Futures Exchange」

我們以「Fuel Oil Futures, January 2020（FUF2020）」資料為例，點開「FUF2020」，可以看到上海期貨交易所中的歷史資料 2020 年 Fuel Oil 的期貨交易資料，畫面左邊會有關於該筆資料集的描述，如圖 12-20 所示。可以看到該資料集最後更新日是 2019 年 12 月 20 日，更新頻率是每天。

From the data product:

**Shanghai Futures Exchange**
(2,357 datasets)

**Refreshed**

2 years ago, on 20 Dec 2019

**Frequency**

Daily

**Description**

Historical Shanghai Futures Prices: Fuel Oil
Futures, January 2020 (FUF2020). Trading Unit :
50 ton/lot. Quotation Unit : Yuan (RMB)/ton.
Deliverable Grades : Fuel oil,180CST or higher
standard. For more details about the contract
please visit :
http://www.shfe.com.cn/docview/docview_41135
04.htm

圖 12-20　「Fuel Oil Futures, January 2020（FUF2020）」資料集描述

　　也可以看到該項目提供 2019 年 1 月 2 日至 2019 年 12 月 20 日的資料，有「PRE
SETTLE」、「OPEN」、「HIGH」、「LOW」、「CLOSE」、「SETTLE」、「CH1」、「CH2」、
「VOLUME」、「O.I.」、「CHANGE」。Nasdaq Data Link 提供的「SHFE/FUF2020」
之 API 有三種，分別是 JSON 格式、CSV 格式與 XML 格式，如圖 12-21 所示。

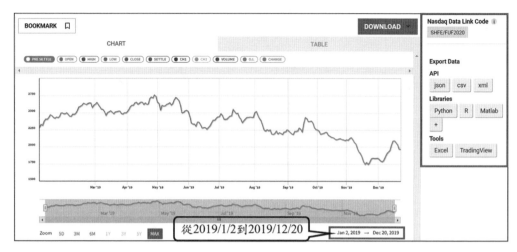

圖 12-21　「SHFE/FUF2020」曲線圖

　　本範例使用 JSON 格式的 API，點選 JSON 後，會跳出複製提供 JSON 格式資料的 API，如圖 12-22，複製此 API，可以貼到文字編輯器暫存。

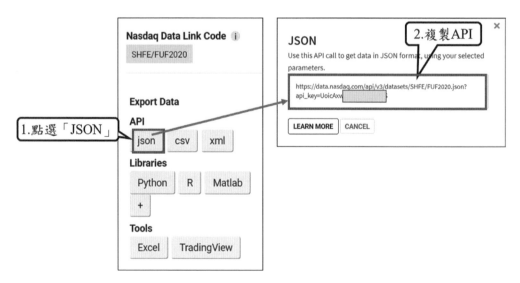

圖 12-22　複製提供 JSON 格式資料的 API

先使用瀏覽器觀察，貼上剛才取得的提供 JSON 格式資料的 API:「https://data.nasdaq.com/api/v3/datasets/SHFE/FUF2020.json?api_key=your_api_key」，會出現 Shanghai Fuel Oil Futures, January 2020（FUF2020）資料內容，如圖 12-23 所示。

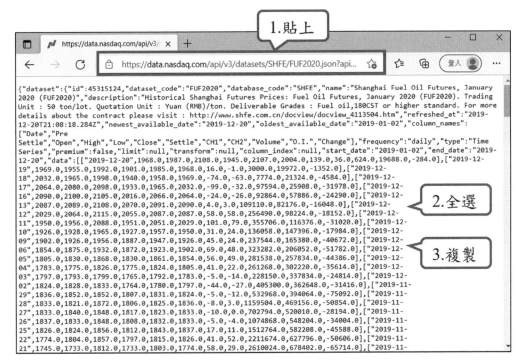

圖 12-23　使用 API 取得 Quandl 之 SHFE/FUF2020 資料

可複製在瀏覽器看到的 Shanghai Fuel Oil Futures, January 2020（FUF2020）資料，再貼至 JSON 編輯器「https://jsoneditoronline.org/」網頁左邊，再按網頁中間向右的箭頭，按右邊視窗的「tree」就可看到右邊出現較易觀看的格式化 JSON 資料，如圖 12-24 所示。

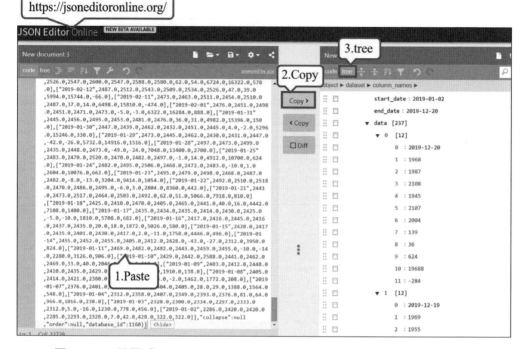

**圖 12-24　貼至「https://jsoneditoronline.org/」網頁觀看 JSON 格式資料**

　　展開 dataset 下的 data，可以看到有 237 筆資料，再展開序號為 0 之資料，可以看到有 12 個資料，分別是「日期」（Date）為 2019-12-20、「前一天結算價」（Pre Settle）為 1968、「開盤價」（Open）為 1987、「最高價」（High）為 2108、「最低價」（Low）為 1945、「收盤價」（Close）為 2107、「結算價」（Settle）為 2004、「CH1」為 139、「CH2」為 36、「成交量」（volume）為 624，「未平倉量」（O.I.）為 19688 與「Change」為 -284，如圖 12-25 所示。

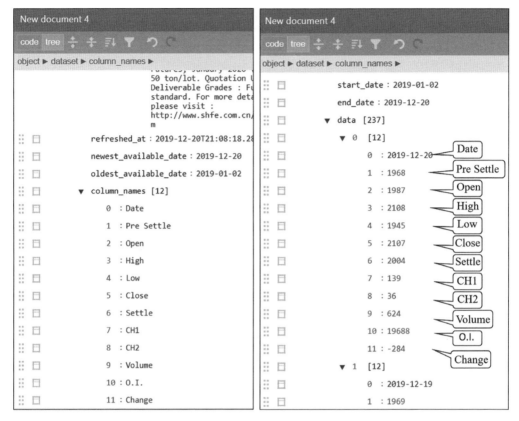

**圖 12-25　展開 dataset 下的 data，可以看到有 237 筆資料**

從圖 12-25 之結果對 JSON 物件 dataset 下部分資料的解析整理如表 12-5 所示。

**表 12-5　從 JSON 物件 dataset 下的部分資料的解析**

| JSON 資料 | 說明 | 元素 |
|---|---|---|
| dataset.data | 237 天的資料 | array[237] |
| dataset.data[0] | 某 1 天的資料 | array[12] |
| dataset.data[1] | 某 1 天的資料 | array[12] |
| dataset.data[43] | 某 1 天的資料 | array[12] |
| dataset.data[0].[0] | 日期 | 2019-12-20 |

| JSON 資料 | 說明 | 元素 |
|---|---|---|
| dataset.data[236].[0] | 日期 | 2019-01-02 |
| dataset.data[0].[1] | Pre settle（前一天結算價） | 1968 |
| dataset.data[0].[2] | Open（開盤價） | 1987 |
| dataset.data[0].[3] | Hight（當日最高價） | 2108 |
| dataset.data[0].[4] | Low（當日最低價） | 1945 |
| dataset.data[0].[5] | Close（收盤價） | 2107 |
| dataset.data[0].[6] | Settle（結算價） | 2004 |
| dataset.data[0].[7] | CH1（當日收盤價與前一日結算價差） | 139 |
| dataset.data[0].[8] | CH2（當日結算價與前一日結算價差） | 36 |
| dataset.data[0].[9] | Volume（成交量） | 624 |
| dataset.data[0].[10] | O.I.（未平倉量） | 19688 |
| dataset.data[0].[11] | Change（當日未平倉量與前一日未平倉量差） | -284 |

**步驟 3** 建立網頁基本架構：開啓文字編輯器，建立一個新的 html 檔案，如「SHFEFUF2020.html」檔，程式如表 12-6 所示，其中引入機器學習函式庫、jquery 函數庫的 min 版本函式庫與繪圖套件函式庫來源。

### 表 12-6　建立網頁基本架構

```
<html>
<head>
                                    添加機器學習函式庫來源
<script src="https://cdn.jsdelivr.net/npm/@tensorflow/tfjs@2.0.0/dist/tf.min.js">
</script>

                                    jquery 的 min 版本函式庫
<script src="https://ajax.googleapis.com/ajax/libs/jquery/3.3.1/jquery.min.js">
</script>
                                    繪圖套件函式庫
<script src="https://cdn.plot.ly/plotly-1.2.0.min.js"></script>
</head>
```

```
<body>
<h3> SHFE/FUF2020 </h3>
<table width="100%">
<tr>
```

按鈕 Get data

```
<td><button id="getdata" type="button">Get data </button></td>
```

按鈕 Train

```
<td><button    id="onTrainClickbt" type="button" >Train</button></td>
```

按鈕 Predict

```
<td><button    id="onPredictClickbt" type="button" >Predict</button></td>
```

按鈕 Save

```
<td><button    id="SaveClickbt" type="button" >Save</button></td>
```

預設值為"model-test"

```
<td><input    id="inputfilename" value="model-test" ></input></td>
```

按鈕 Load

```
<td><button    id="Loadbt"   type="button">Load</button></td></tr>
</table>
<div id="graph" style="height:300px;"></div>
</body>
</html>
```

以 Google Chrome 開啟「SHFEFUF2020.html」檔案，可以看到執行結果，按鍵盤 CTRL+ALT+I，可以開啟「開發人員工具」視窗，如圖 12-26 所示。

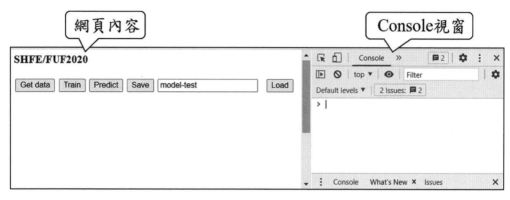

圖 12-26　使用 Google 開啟網頁

**步驟 4**　透過 API 讀取 JSON 格式的上海期貨資料：本範例設計了當按「Get data」鈕時，可以由網路取得 Nasdaq Data Link 的上海期貨交易所某段時間的燃料油的期貨交易資料，藉由 JSON API，「https://data.nasdaq.com/api/v3/datasets/SHFE/FUF2020.json?api_key=your_api_key」取得資料。使用 HTTP GET 的方式取得資料之程式設計如表 12-7 所示。

表 12-7　藉由 Shanghai Fuel Oil Futures, January 2020 之 JSON API 取得資料

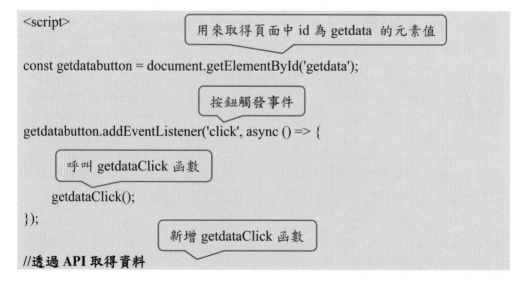

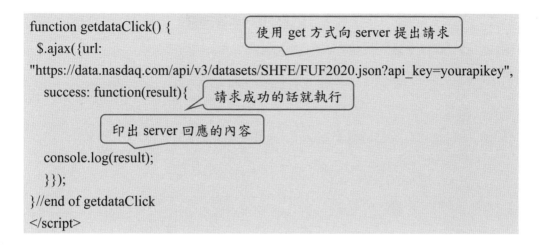

```
function getdataClick() {
    $.ajax({url:
"https://data.nasdaq.com/api/v3/datasets/SHFE/FUF2020.json?api_key=yourapikey",
    success: function(result){


    console.log(result);
    }});
}//end of getdataClick
</script>
```

使用 get 方式向 server 提出請求

請求成功的話就執行

印出 server 回應的內容

以 Google Chrome 開啓「SHFEFUF2020.html」檔案，可以看到執行結果，按鍵盤 CTRL+ALT+I，可以開啓「開發人員工具」視窗，如圖 12-27 所示。按「Get data」可以取得資料，並顯示在 Console 視窗，或可展開物件中的 dataset 觀察資料。

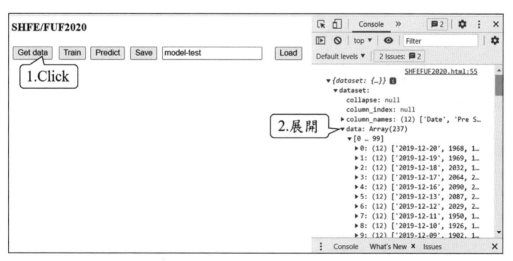

圖 12-27　取得 Shanghai Fuel Oil Futures, January 2020 資料

**步驟 5**　數據處理與繪製曲線圖：取得資料後，將數據處理後繪製出時間序列圖可以使用畫圖函數將資料以曲線呈現，程式整理如表 12-8 所示。

表 12-8　數據處理與繪製曲線圖

```
//透過 API 取得資料
function getdataClick()                修改 getdataClick 函數
{
    $.ajax({url:
"https://data.nasdaq.com/api/v3/datasets/SHFE/CUQ2022.json?api_key=your_api_ke
y",
        success: function(result){
        console.log(result);           呼叫 parseJSONData 函數

        parseJSONData(result)
    }});
}//end of getdataClick

                    宣告 data_12 為空陣列

var data_12=[];

//數據處理與繪製曲線圖函數           新增 parseJSONData 函數
function parseJSONData(contents)
{
                        印出傳入資料之部分內容
    data_12=[];
    console.log(contents.dataset.data[0][0]);
    console.log(contents.dataset.data[0][1]);
    console.log(contents.dataset.data[0][2]);
    console.log(contents.dataset.data[0][3]);
    console.log(contents.dataset.data[0][4]);
    console.log(contents.dataset.data[0][5]);
    console.log(contents.dataset.data[0][6]);
    console.log(contents.dataset.data[0][7]);
    console.log(contents.dataset.data[0][8]);
    console.log(contents.dataset.data[0][9]);
```

```
console.log(contents.dataset.data[0][10]);
console.log(contents.dataset.data[0][11]);
```

將資料存至 data

```
var data=contents.dataset.data;
```

將每天的 12 項資料組成一筆 JSON 資料,再新增至陣列中

```
for (var   i =   0; i <data.length; i++) {
    var j=data.length-1-i;
    data_12.push({ id: i, timestamp: data[j][0], pre_settle: data[j][1],
    open:data[j][2],high:data[j][3],low:data[j][4],close:data[j][5],
    settle: data[j][6], ch1: data[j][7], ch2:data[j][8],    volume:data[j][9],
    O_I:data[j][10], change:data[j][11]});
} //end of for
```

陣列的每個成分中'timestamp'的值組成新的陣列

```
var timestamps_A = data_12.map(function (val) { return val['timestamp']; });
```

陣列的每個成分中'pre_settle'的值組成新的陣列

```
var pre_settle = data_12.map(function (val) { return val['pre_settle']; });
```

陣列的每個成分中'open'的值組成新的陣列

```
var open = data_12.map(function (val) { return val['open']; });
```

陣列的每個成分中'high'的值組成新的陣列

```
var high =data_12.map(function (val) { return val['high']; });
```

陣列的每個成分中'low'的值組成新的陣列

```
var low =data_12.map(function (val) { return val['low']; });
```

陣列的每個成分中'close'的值組成新的陣列

```
var close =data_12.map(function (val) { return val['close']; });
```

陣列的每個成分中'settle'的值組成新的陣列

```
var settle =data_12.map(function (val) { return val['settle']; });
```

陣列的每個成分中'ch1'的值組成新的陣列

```
var ch1 =data_12.map(function (val) { return val['ch1']; });
```

陣列的每個成分中'ch2'的值組成新的陣列

```
var ch2 =data_12.map(function (val) { return val['ch2']; });
```

陣列的每個成分中'volume'的值組成新的陣列

```
var volume =data_12.map(function (val) { return val[' volume ']; });
```

陣列的每個成分中'O_I'的值組成新的陣列

```
var O_I =data_12.map(function (val) { return val['O_I']; });
```

陣列的每個成分中'change'的值組成新的陣列

```
var change =data_12.map(function (val) { return val['change']; });
```

印出'timestamps_A'陣列內容

```
console.log(timestamps_A);
```

取得頁面中特定 id 的元素值

```
var graph_plot = document.getElementById('graph');
```

新的繪圖

```
Plotly.newPlot( graph_plot, [{ x: timestamps_A, y: open, name: "open" }], { margin:
{ t: 0 } } );
```

增加另一條曲線

```
Plotly.plot( graph_plot, [{ x: timestamps_A, y: close, name: "close" }], { margin: { t:
0 } } );
} //end of parseJSONData
```

　　將「SHFEFUF2020.html」檔案修改完儲存後重新整理 Google Chrome 網頁，可以看到程式修改後的執行結果，按「Get data」可以取得資料畫出資料集開盤價（open）曲線圖與收盤價曲線圖（close），於 Console 視窗看到取得物件的第一筆資料中日期爲 2019-12-20、pre settle 值爲 68640、open 值爲 68200、high 值爲 68360，low 值爲 67940、close 值爲 67950，settle 值爲 68190，ch1 值爲 -690，ch2 值爲 -450，volume 值爲 19，O.I. 值爲 194，change 值爲 0。將資料改爲由舊至新排列後儲存至 data_12，將 data_12 資料的日期印出在 Console 視窗，可以看到第一筆日期爲 2019-01-02，如圖 12-28 所示。

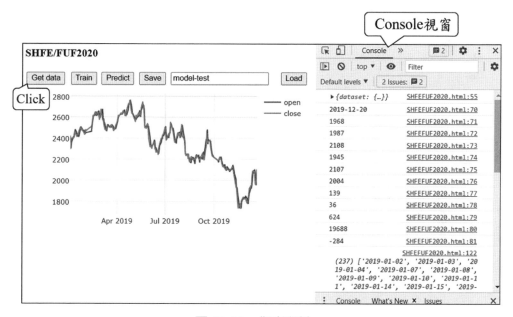

圖 12-28　觀察資料

步驟 6　資料正規化：若是在一張圖上想顯示多種資料的變化幅度的比較，可以將資料做正規化，讓不同級數的資料可以在同一張圖中觀察出各項資料隨時間變化的狀況。本範例使用最大值最小值正規化函數 normalize 函數，可以將傳入的陣列資料正規化至 0 到 1 的區間，在此設計將開盤價（open）、收盤價（close）與成交量（volume）正規化，也一起將三項資料正規化結果顯示出來在一張圖上，程式編輯如表 12-9 所示。

表 12-9　將開盤價（open）、收盤價（close）與成交量（volume）正規化程式

```
var data_12 =[];
//數據處理與繪製曲線圖函數
function parseJSONData(contents)
{
  …
  var graph_plot = document.getElementById('graph');
  Plotly.newPlot( graph_plot, [{ x: timestamps_A, y: open, name: "open" }],
{ margin: { t: 0 } } );
  Plotly.plot( graph_plot, [{ x: timestamps_A, y: close, name: "close" }], { margin:
{ t: 0 } } );
```

印出 open、close 與 volume 陣列內容

```
  console.log('open', open);
  console.log('close', close);
  console.log('volume', volume);
```

將 open 陣列資料正規化至 0 到 1 之間

```
  var nopen=Normalize(open);
  console.log('nopen.max',nopen.max,'nopen.min', nopen.min );
  console.log('nopen.Normalizedarray',nopen.Normalizedarray );
```

畫新圖案，曲線資料為正規化的 open 陣列

```
  Plotly.newPlot( graph_plot, [{ x: timestamps_A, y: nopen.Normalizedarray,
name: "nopen" }], { margin: { t: 0 } } );
```

將 close 陣列資料正規化至 0 到 1 之間

```
  var nclose=Normalize(close);
```

416

```
console.log('nclose.max',nclose.max,'nclose.min', nclose.min );
console.log('nclose.Normalizedarray', nclose.Normalizedarray );
```

畫新圖案，曲線資料為正規化的 close 陣列

```
Plotly.plot( graph_plot, [{ x: timestamps_A, y: nclose.Normalizedarray, name:
"nclose" }], { margin: { t: 0 } } );
```

將 volume 陣列資料正規化至 0 到 1 之間

```
var nvolume=Normalize(volume);
console.log('nvolume.max', nvolume.max,'nvolume.min', nvolume.min );
console.log('nvolume.Normalizedarray', nvolume.Normalizedarray );
```

畫新圖案，曲線資料為正規化的 volume 陣列

```
Plotly.plot( graph_plot, [{ x: timestamps_A, y: nvolume.Normalizedarray, name:
"nvolume" }], { margin: { t: 0 } } );
} //end of parseJSONData
```

新增 Normalize 函數

```
//正規化函數
function Normalize(array) {
   let Normalizedarray=[];
```

取最大值

```
   const max = Math.max(...array);
```

取最小值

```
   const min = Math.min(...array);
```

正規化

```
Normalizedarray = array.map(function (val) { return (val-min)/(max-min); });
```

回傳 json 格式

```
return {     max: max,     min: min, Normalizedarray : Normalizedarray   };
} //end of Normalize
```

　　將「SHFEFUF2020.html」檔案修改完儲存後重新整理 Google Chrome 網頁，可以看到程式修改後的執行結果，按「Get data」可以取得資料畫出資料集之開盤價（open）、收盤價（close）與成交量（volume）正規化後的曲線圖，如圖 12-29 所示。

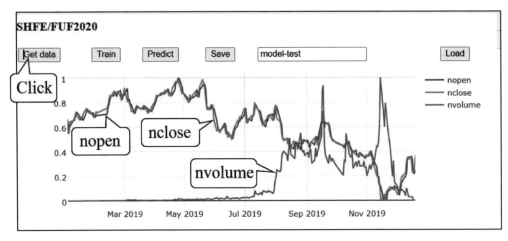

圖 12-29　資料集之 open、close 與 volume 正規化後的曲線圖

　　在「開發人員工具」視窗中也可以看到各項資料（open、close 與 volume）的原始資料與正規化後的結果，如圖 12-30 所示。

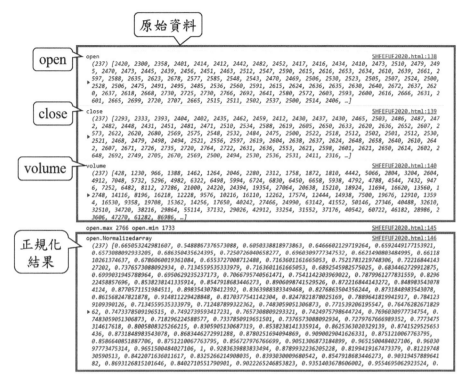

**圖 12-30　三項資料原始資料與正規化後的結果**

確認資料處理的方式正確後，再將其他項目資料如 pre_settle（前一日結算價）、high（最高價）、low（最低價）與 settle（結算價）等也進行正規化，再重新產生一個 data_12_n 的陣列，儲存正規化後的資料。資料正規化程式編輯如表 12-10 所示。

**表 12-10　資料正規化程式編輯**

修改 parseJSONData 函數

```
//數據處理與繪製曲線圖函數
function parseJSONData(contents)
{
...
```

將其他資料正規化至 0 至 1 間

```
    var npre_settle=Normalize(pre_settle);
    var nhigh=Normalize(high);
    var nlow=Normalize(low);
    var nsettle=Normalize(settle);
    var nch1=Normalize(ch1);
    var nch2=Normalize(ch2);
    var nO_I=Normalize(O_I);
    var nchange=Normalize(change);
```

將每組資料組成 JSON 物件，推入 data_12_n 陣列

```
    for (var   i =   0; i <data.length; i++) {
        data_12_n.push({ id: i, timestamp: data_12[i].timestamp, pre_settle:
npre_settle.Normalizedarray[i], open: nopen.Normalizedarray[i],
high:nhigh.Normalizedarray[i], low: nlow.Normalizedarray[i],
close:nclose.Normalizedarray[i], settle:nsettle.Normalizedarray[i],
ch1:nch1.Normalizedarray[i], ch2: nch2.Normalizedarray[i],
volume:nvolume.Normalizedarray[i], O_I:nO_I.Normalizedarray[i],
change:nchange.Normalizedarray[i] });
    } //end of for
```

紀錄 close 的最大值與最小值

```
    closemax = nclose.max;
    closemin = nclose.min;
} //end of parseJSONData
```

**步驟 7**　建立與訓練神經網路模型：當按「train」按鈕時，會建立神經網路與編譯
神經網路，再進行模型訓練。本範例以連續三筆過去時間的資料作爲預測
下一時間的資料。當進行模型訓練時會調整模型權重值讓損失函數值到足
夠的小，程式設計如表 12-11 所示。

### 表 12-11　建立與訓練神經網路模型

變數設定

```
var data_vec=[];
const window_size=3;
const n_epochs=200;
const lr_rate=0.0001;
const channel =2;
```

以 sequential()方式建立模型

```
var    model = tf.sequential();
```

將 id 為'onTrainClickbt'之元素值存至 onTrainClickbutton

```
const onTrainClickbutton = document.getElementById('onTrainClickbt');
```

當按下 Train 鈕時

```
onTrainClickbutton.addEventListener('click', async () => {
```

呼叫 onTrainClick 函數

```
  onTrainClick();
});
```

新增 onTrainClick 非同步函數

```
//當按下 Train 鈕時會執行的函數
async function onTrainClick()
```

```
{
```

呼叫 Preparedataset 函數，將回傳結果存至 data_vec 陣列

```
data_vec = Preparedataset(data_12_n, window_size); // window_size=3
console.log(data_vec);
```

將 data_vec 中的每個組成中的 nextvalue 另外組成一個陣列回傳至 outputs

```
var outputs = data_vec.map(function(outp_f) { return outp_f['nextvalue']; });
console.log(outputs);
```

將 data_vec 中的每個組成中的 set 的 close 另外組成一個陣列
回傳至 inputsprices

```
var inputsprices = data_vec.map(function(inp_f) {
  return inp_f['set'].map(function(val) { return val['close']; })});
  console.log(inputsprices);
```

將 data_vec 中的每個組成中的 set 的 volume 另外組成一個陣列
回傳至 inputvolumns

```
var inputvolumns = data_vec.map(function(inp_f) {
  return inp_f['set'].map(function(val) { return val['volume']; })});
console.log(inputvolumns);
```

宣告 xArrayData 為空陣列

```
const xArrayData = [];
for (let i = 0; i < inputvolumns.length; i++) {
```

宣告 xArrayDatatemp 為空陣列

```
  const xArrayDatatemp = [];
```

將 inputsprices[i] 推進 xArrayDatatemp 陣列

```
  xArrayDatatemp.push(inputsprices[i]);
```

> 將 inputvolumns[i]推進 xArrayDatatemp 陣列

```
xArrayDatatemp.push(inputvolumns[i]);
```

> 將 xArrayDatatemp 陣列推進 xArrayData 陣列

```
xArrayData.push(xArrayDatatemp);
}//end of for
```

> 呼叫非同步函數 trainModel，進行模型訓練

```
await trainModel(xArrayData, outputs, window_size, n_epochs, lr_rate,
callback);
```

> 訓練模型完成跳出警示視窗'Your model has been successfully trained...'

```
alert('Your model has been successfully trained...');
}//end of onTrainClick
```

> 新增非同步函數 trainModel

//建立與訓練模型
```
async function trainModel(inputs, outputs, window_size, n_epochs, learning_rate,
callback)
{
    const input_layer_shape   = window_size;
    const channel =2;
    const rnn_batch_size = window_size;
    const output_layer_shape = 20;
    const output_layer_neurons = 1;
    const filters =16;
```

> 建立 3 維張量存成 xArrayDatatensor

```
var xArrayDatatensor=
    tf.tensor3d(inputs,[inputs.length,channel,input_layer_shape]);
```

```
xArrayDatatensor.print();
```

將 xArrayDatatensor 轉置

```
const xs = tf.transpose(xArrayDatatensor, perm=[0, channel, 1]);
xs.print();
```

建立 2 維張量存成 ys

```
const ys = tf.tensor2d(outputs, [outputs.length,1]).reshape([outputs.length, 1]);
ys.print();
```

以 sequential()方式建立模型

```
model = tf.sequential();
```

增加一維卷積層

```
model.add(tf.layers.conv1d({
    inputShape: [input_layer_shape,2],    //input_layer_shape=3
    filters: filters,    //filters=16
    kernelSize: 3,
    padding: 'same',
}));
```

增加 LSTM 層

```
hidden1 = tf.layers.lstm({ units: output_layer_shape,
                    inputShape: [window_size,filters], returnSequences: true });
model.add(hidden1);
```

增加 dropout 功能

```
model.add(tf.layers.dropout(0.5));
```

增加 LSTM 層

```
output = tf.layers.lstm({ units: output_layer_shape, returnSequences: false });
```

```
model.add(output);
```

增加 dropout 功能

```
model.add(tf.layers.dropout(0.5));
```

增加全連接層

```
model.add(tf.layers.dense({units: output_layer_neurons, inputShape:
[output_layer_shape]}));
const opt_adam = tf.train.adam(learning_rate);
```

編譯模型，最佳化方式為 adam，損失函數為 meanSquaredError

```
model.compile({ optimizer: opt_adam, loss: 'meanSquaredError'});
```

使用 xs 與 ys 訓練模型，每一次 epoch 結束前執行 callback 函數

```
const hist = await model.fit(xs, ys,
    { batchSize: rnn_batch_size, epochs: n_epochs, callbacks: {
    onEpochEnd: async (epoch, log) => { callback(epoch, log); }}});
    xArrayDatatensor.dispose();      //釋放 GPU 記憶體
    xs.dispose();    //釋放 GPU 記憶體
    ys.dispose();    //釋放 GPU 記憶體
}//end of trainModel
```

新增 Preparedataset 函數

```
//資料前處理函數
function Preparedataset(time_s, window_size)
{
```

變數 r_avgs 為空陣列

```
    var r_avgs = [];
    console.log(time_s);
    for (let i = 0; i < time_s.length - window_size; i++)
    {
```

設 set 值為每連續三筆 time_s 的組成，設 nextvalue 為下一筆的 close 值

```
    r_avgs.push({ set: time_s.slice(i, i + window_size), nextvalue: time_s[i +
window_size]['close'] });
  } //end of for
```

返回 r_avgs 陣列

```
  return r_avgs;
} //end of Preparedataset
```

訓練模型時每次 epoch 結束前執行 callback 函數

```
var callback = function(epoch, log) {
```

印出 epoch 與 loss

```
    console.log(epoch);
    console.log(log.loss);
}
```

　　將「SHFEFUF2020.html」檔案修改完儲存後重新整理 Google Chrome 網頁，可以看到程式修改後的執行結果，按「Get data」可以取得資料畫出開盤價（open）、收盤價（close）與成交量（volume）正規化後的曲線圖，再按「Train」鍵，開始訓練模型，如圖 12-31 所示。在 Console 視窗就會看到 epoch 值與 loss 值，本範例設定 epoch 為 200，當訓練完成時，會跳出警示窗如圖 12-32 所示。再按「OK」鍵關閉警示窗。

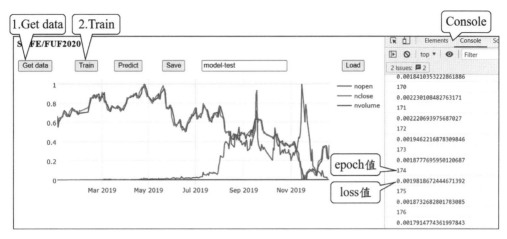

圖 12-31　訓練模型

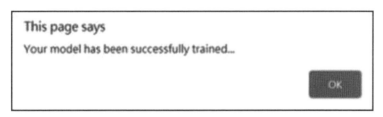

圖 12-32　當 epoch 值等於 200 時會跳出警示窗

**步驟 8**　進行模型預測：本範例可以根據前三天的收盤資料（close）與成交量（volume），預測隔天收盤資料，預測的方式為將前三天的 close 資料與 volume 資料組合成 2 維 tensor，再輸入至訓練完成的模型中，預測隔天收盤資料。本範例在訓練模型時每次 epoch 結束前執行 callback 函數時，也會進行一次模型預測並畫出原來資料與模型預測的資料曲線圖，程式如表 12-12 所示。本範例建立 onPredictClick 函數進行模型預測。

表 12-12　進行模型預測

```
//訓練模型時每次 epoch 結束前執行 callback 函數
var callback = function(epoch, log) {
    console.log(epoch);    //印出 epoch 值
    console.log(log.loss); //印出 loss 值
```

> 呼叫 onPredictClick 函數

```
    onPredictClick();
}
```

> 新增 onPredictClick 函數

```
//當按下 Predict 鈕時會執行的函數
function onPredictClick() {
```

> 呼叫 Preparedataset 函數，回傳結果至 data_vec

```
    data_vec = Preparedataset(data_12_n, window_size);
```

> 將 data_vec 中的每個組成中的 set 的 close 另外組成一個
> 陣列回傳至 inputsprices

```
    var inputsprices = data_vec.map(function(inp_f) {
        return inp_f['set'].map(function(val) { return val['close']; })});
```

> 將 data_vec 中的每個組成中的 set 的 volume 另外組成一個陣列
> 回傳至 inputvolumns

```
    var inputvolumns = data_vec.map(function(inp_f) {
        return inp_f['set'].map(function(val) { return val['volume']; })});
```

> 宣告 xArrayData 為空陣列

```
    var xArrayData = [];
```

> 宣告 xArrayDatatemp 為空陣列

```
    var xArrayDatatemp = [];
```

```
for (let i = 0; i < inputvolumns.length; i++) {
```

xArrayDatatemp 值設為空陣列

```
    xArrayDatatemp = [];
```

將 inputsprices[i]推進 xArrayDatatemp 陣列

```
    xArrayDatatemp.push(inputsprices[i]);
```

將 inputvolumns[i]推進 xArrayDatatemp 陣列

```
    xArrayDatatemp.push(inputvolumns[i]);
```

將 xArrayDatatemp 陣列推進 xArrayData 陣列

```
    xArrayData.push(xArrayDatatemp);
}//end of for
```

將 xArrayData 陣列傳入 Predict 函數，回傳預測結果至 pred_vals

```
var pred_vals = Predict(xArrayData);
```

畫出原始資料與預測結果

```
var data_output = "";
var timestamps_a = data_12.map(function (val) { return val['timestamp']; });
console.log(timestamps_a);
var timestamps_b = data_12.map(function (val) {
    return val['timestamp']; }).splice(window_size, data_12.length);
var nextvalue = data_vec.map(function (val) { return
val['nextvalue']*(closemax-closemin)+closemin; });
var prices = data_12.map(function (val) { return val['close']; });
var graph_plot = document.getElementById('graph');
Plotly.newPlot( graph_plot, [{ x: timestamps_a, y: prices, name: "Series" }],
{ margin: { t: 0 } } );
Plotly.plot( graph_plot, [{ x: timestamps_b, y: nextvalue, name: "nextvalue" }],
```

```
{ margin: { t: 0 } } );
   Plotly.plot( graph_plot, [{ x: timestamps_b, y: pred_vals, name: "Predicted" }],
{ margin: { t: 0 } } );
}//end of onPredictClick
```

新增 Predict 函數

```
//模型預測
function Predict(inputs)
{
   console.log(inputs);
```

將傳入的 inputs 陣列轉為 3D 張量

```
var xArrayDatatensor=tf.tensor3d(inputs, [inputs.length,channel,window_size]);
```

將 xArrayDatatensor 張量轉置

```
const xs = tf.transpose(xArrayDatatensor, perm=[0, channel, 1]);
```

將 xs 輸入模型進行預測，將預測結果依 close 正規化參數還原資料

**還原資料=模型預測結果*（最大值-最小值）+最小值**

```
const outps = model.predict(xs).mul(closemax-closemin).add(closemin);
xArrayDatatensor.dispose(); //釋放 GPU 記憶體
xs.dispose(); //釋放 GPU 記憶體
```

從 GPU 記憶體讀回值作為函數返回值

```
return Array.from(outps.dataSync());
}//end of Predict
```

將 id 為'onPredictClickbt'之元素值存至 onPredictClickbutton

```
const onPredictClickbutton = document.getElementById('onPredictClickbt');
```

> 當按下 Predict 鈕時

```
onPredictClickbutton.addEventListener('click', async () => {
```

> 呼叫 onPredictClick 函數

```
    onPredictClick();
});
```

　　將「SHFEFUF2020.html」檔案修改完儲存後重新整理 Google Chrome 網頁，可以看到程式修改後的執行結果，按「Get data 鈕可以取得資料畫出資料集之開盤價（open）、收盤價（close）與成交量（volume）正規化後的曲線圖。再按「Train」鈕，開始訓練模型，可以看到隨著 epoch 值增加，預測的曲線（Predicted data）就會越來越接近實際的曲線（Real data），如圖 12-33 所示。也可以按「Predict」鈕繪製預測結果圖，由於在訓練時，每一次 epoch 訓練結束前就會執行一次預測，所以也可不用按「Predict」鈕就可看到預測結果圖。

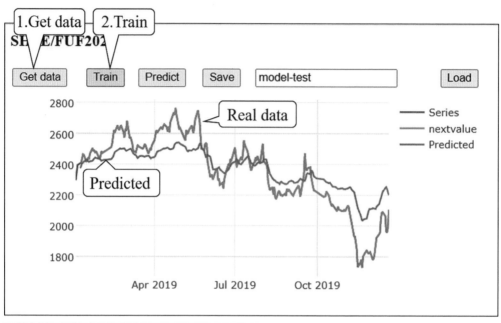

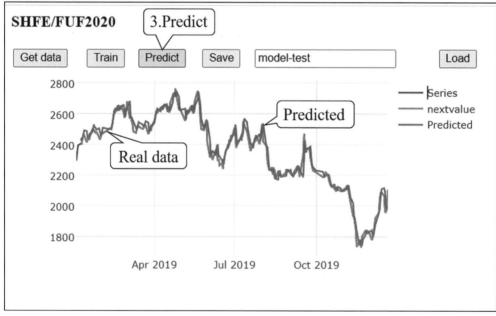

圖 12-33　進行模型預測

步驟 9　儲存模型：本範例設計一個「Save」鈕，按下該按鈕可將訓練好的神經網路模型拓樸與權重值儲存起來，可利用瀏覽器的 indexeddb 儲存。從 id 為「inputfilename」的輸入欄位元素的文字值取得儲存檔名。儲存模型之程式編輯如表 12-13 所示。

表 12-13　儲存模型之程式編輯

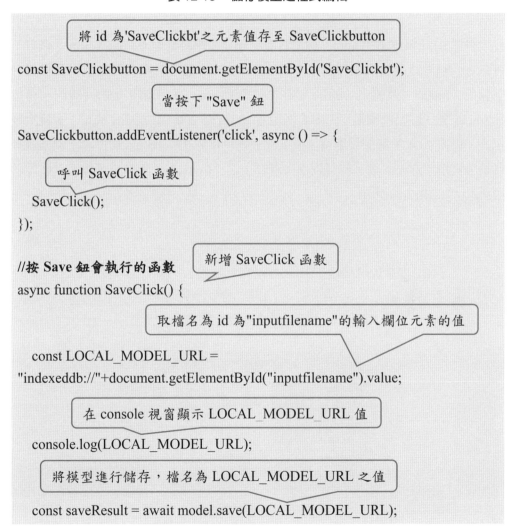

```
將 id 為'SaveClickbt'之元素值存至 SaveClickbutton
const SaveClickbutton = document.getElementById('SaveClickbt');

當按下 "Save" 鈕
SaveClickbutton.addEventListener('click', async () => {

呼叫 SaveClick 函數
  SaveClick();
});

//按 Save 鈕會執行的函數
新增 SaveClick 函數
async function SaveClick() {

取檔名為 id 為"inputfilename"的輸入欄位元素的值

  const LOCAL_MODEL_URL =
"indexeddb://"+document.getElementById("inputfilename").value;

在 console 視窗顯示 LOCAL_MODEL_URL 值
console.log(LOCAL_MODEL_URL);

將模型進行儲存，檔名為 LOCAL_MODEL_URL 之值
const saveResult = await model.save(LOCAL_MODEL_URL);
```

列出所有在瀏覽器 indexeddb 中列出已儲存的檔案資訊

```
console.log(await tf.io.listModels());
```

印出模型各層訊息

```
model.summary();
} //end of SaveClick
```

　　將「SHFEFUF2020.html」檔案修改完儲存後重新整理 Google Chrome 網頁，可以看到程式修改後的執行結果，按「Get data」鈕可以取得資料畫出資料集之開盤價（open）、收盤價（close）與成交量（volume）正規化後的曲線圖。再按「Train」鈕，開始訓練模型。本範例設定 epoch 為 200，當訓練完成時，會跳出警示窗，再按「OK」關閉警示窗。訓練完成後可以先在「input」欄位設定模型儲存名稱，再按「Save」鈕，就可以進行儲存，在「Console」視窗也可以看到模型各層訊息。如圖 12-34 所示。

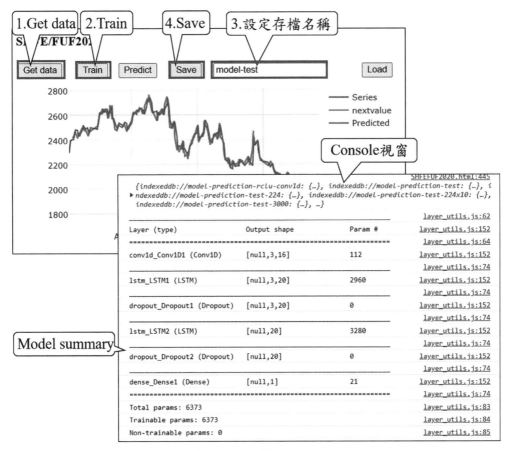

圖 12-34　　儲存模型

也可在 Console 視窗看到已儲存的模型名稱，如圖 12-35 所示，是以 JSON 格式之鍵值對 {key:value} 方式儲存。

SHFEFUF2020.html:445

{indexeddb://model-prediction-rclu-conv1d: {…}, indexeddb://model-prediction-test: {…}, i
▼ndexeddb://model-prediction-test-224: {…}, indexeddb://model-prediction-test-224x10: {…},
indexeddb://model-prediction-test-3000: {…}, …} ⓘ
  ▶ indexeddb://model-prediction-rclu-conv1d: {dateSaved: Wed Feb 26 2020 22:51:58 GMT+080…
  ▶ indexeddb://model-prediction-test: {dateSaved: Sun Aug 09 2020 08:49:29 GMT+0800 (Taip…
  ▶ indexeddb://model-prediction-test-224: {dateSaved: Thu Feb 27 2020 17:28:51 GMT+0800 (…
  ▶ indexeddb://model-prediction-test-224x10: {dateSaved: Thu Feb 27 2020 17:41:54 GMT+080…
  ▶ indexeddb://model-prediction-test-600: {dateSaved: Mon Feb 24 2020 23:41:59 GMT+0800 (…
  ▶ indexeddb://model-prediction-test-3000: {dateSaved: Sat Mar 07 2020 15:40:21 GMT+0800 (…
  ▶ indexeddb://model-prediction-test-air: {dateSaved: Mon Feb 24 2020 20:28:45 GMT+0800 (…
  ▶ indexeddb://model-prediction-test-rclu: {dateSaved: Wed Feb 26 2020 21:23:10 GMT+0800 (…
  ▶ indexeddb://model-prediction-window-10: {dateSaved: Fri Feb 28 2020 14:17:44 GMT+0800 (…
  ▶ indexeddb://model-test: {dateSaved: Sat Oct 09 2021 22:37:10 GMT+0800 (Taipei Standard…
  ▶ indexeddb://my-model-ping-pong-100: {dateSaved: Sun Feb 23 2020 00:46:45 GMT+0800 (Tai…
  ▶ indexeddb://my-model-ping-pong-1000: {dateSaved: Sun Feb 23 2020 09:56:59 GMT+0800 (Ta…
  ▶ indexeddb://my-model-ping-pong-3000: {dateSaved: Sun Apr 26 2020 23:31:16 GMT+0800 (Ta…
  ▶ indexeddb://my-model-predict: {dateSaved: Sun Feb 23 2020 21:42:45 GMT+0800 (Taipei St…
  ▶ indexeddb://my-model-stock-predict: {dateSaved: Sun Feb 23 2020 20:38:28 GMT+0800 (Tai…
  ▶ localstorage://customModel: {dateSaved: '2021-07-30T08:41:31.194Z', modelTopologyType:…
  ▶ localstorage://transferModel: {dateSaved: '2021-07-30T08:41:31.321Z', modelTopologyTyp…
  ▶ [[Prototype]]: Object

key    value

圖 12-35    已存儲模型之清單

**步驟 10** 載入模型：本範例設計一個「Load」鈕，按下該按鈕可以將訓練好的神
經網路模型拓樸與權重值加載進來，可從瀏覽器的 indexeddb 中載入 id 為
"SELECT" 的選擇結果之模型。程式編輯如表 12-14 所示。本範例使用到
Javascript 的 DOM Node，可利用 Javascript 新增網頁選單與選項內容。

表 12-14    載入模型

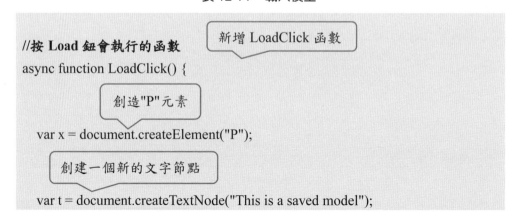

```
//按 Load 鈕會執行的函數          新增 LoadClick 函數
async function LoadClick() {

                創造"P"元素

var x = document.createElement("P");

          創建一個新的文字節點

var t = document.createTextNode("This is a saved model");
```

將 t 節點附加到 x 節點列表的末尾處

```
x.appendChild(t);
```

將上面建立的元素加入到 body 的尾部

```
document.body.appendChild(x);
```

創造"SELECT"元素

```
var select = document.createElement("SELECT");
```

設定 id 為"mySelect"

```
select.setAttribute("id", "mySelect");
```

將 select 元素加入到 body 的尾部

```
document.body.appendChild(select);
```

所有在瀏覽器 indexeddb 中已儲存的檔案清單

```
var listmodel = await tf.io.listModels();
```

創造"option"元素

```
var z = document.createElement("option");
```

設定該元素之值為"choose one model below"

```
z.setAttribute("value", "choose one model below");
```

替"choose one model below"創造一個文字節點

```
t = document.createTextNode( "choose one model below");
```

將 t 節點附加到 z 節點列表的末尾處

```
z.appendChild(t);
```

> 將節點 z 加入到 id 為"mySelect"的元素的尾部

```
document.getElementById("mySelect").appendChild(z);
```

> 對所有已儲存的模型名稱清單之 key 逐一處理

```
for (var key in listmodel) {
```

> 將 key 值存至 value

```
var value =key;
```

> 創造"option "元素

```
var z = document.createElement("option");
```

> 設定該元素之值為 value

```
z.setAttribute("value", value);
```

> 替 value 值創造一個文字節點

```
t = document.createTextNode(value);
```

> 將 t 節點附加到 z 節點列表的末尾處

```
z.appendChild(t);
```

> 將上面建立的元素 z 加入到 id 為"mySelect"的尾部

```
document.getElementById("mySelect").appendChild(z);
}//end of for
```

> 若當變更選擇時

```
select.addEventListener('change', (event) => {
```

> 顯示選到的 select 值

```
console.log(select.value);
```

若選擇的值不等於"choose one model below"

```
if(select.value!="choose one model below")
{
```

呼叫 selectchange 函數

```
    selectchange(select.value);
}//end of if
});

//根據所選的項目載入模型函數
async function selectchange(selection){
```

載入模型

```
    model = await tf.loadLayersModel(selection);
```

印出模型各層訊息

```
    model.summary();
}//end of selectchange
}//end of LoadClick
```

將 id 為'Loadbt'之元素值存至 Loadbutton

```
const Loadbutton = document.getElementById('Loadbt');
```

將按下" Load鈕，執行 LoadClick 函數

```
Loadbutton.addEventListener('click', async () => {
```

呼叫 LoadClick 函數

```
    LoadClick();
});
```

　　將「SHFEFUF2020.html」檔案修改完儲存後重新整理 Google Chrome 網頁，可以看到程式修改後的執行結果。按「Get data」可以取得資料畫出資料集之開盤價（open）、收盤價（close）與成交量（volume）正規化後的曲線圖。再按「Load」鍵，才會出現左下角「This is a saved model」與選單，如圖 12-36 所示。本範例選擇「indexeddb://model-test」作為要載入的模型。選擇完成後再按「Predict」鈕，就可以使用已訓練完成的模型進行預測，畫出預測結果。

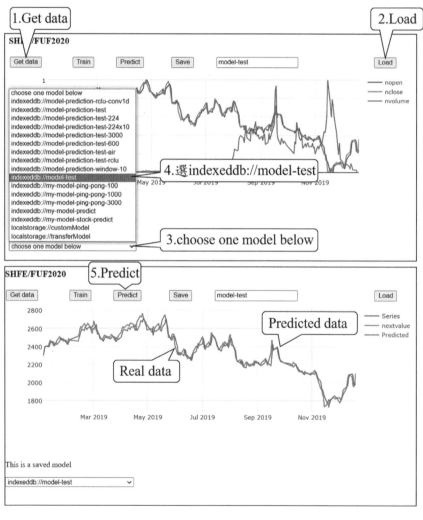

圖 12-36　載入已儲存過的模型並進行預測

## 六、完整的程式碼

本範例使用 Google Chrome 瀏覽器建立網頁，以 Nasdaq Data Link 資料平台的 Quandl 提供的上海期貨交易所（Shanghai Futures Exchange）資料「Shanghai Fuel Oil Futures, January 2020（FUF2020）」去訓練神經網路模型，就可以根據前三天的收盤價（close）與成交量（volume）資料，預測隔天收盤價（close），並畫出預測曲線圖。從 Nasdaq Data Link 資料平台的金融資料預測趨勢完整程式如表 12-15 所示。

表 12-15　從 Nasdaq Data Link 資料平台的金融資料預測趨勢完整程式

```
<html>
<head>
<script src="https://cdn.jsdelivr.net/npm/@tensorflow/tfjs@2.0.0/dist/tf.min.js">
</script>
<script src="https://ajax.googleapis.com/ajax/libs/jquery/3.3.1/jquery.min.js">
</script>
<script src="https://cdn.plot.ly/plotly-1.2.0.min.js"></script>
</head>
<body>
<h3> SHFE/FUF2020 </h3>
<table width="100%">
<tr>
<td><button id="getdata" type="button">Get data </button></td>
<td><button   id="onTrainClickbt" type="button" >Train</button></td>
<td><button   id="onPredictClickbt" type="button" >Predict</button></td>
<td><button   id="SaveClickbt" type="button" >Save</button></td>
<td><input    id="inputfilename" value="model-test" ></input></td>
<td><button   id="Loadbt"    type="button">Load</button></td></tr>
</table>
<div id="graph" style="height:300px;"></div>
<script>
```

```
const getdatabutton = document.getElementById('getdata');

//按下'Get data'鈕執行 getdataClick 函數
getdatabutton.addEventListener('click', async () => {
    getdataClick();
});

//按'Get data'鈕會執行的函數
function getdataClick()
{
    $.ajax({ url:
"https://data.nasdaq.com/api/v3/datasets/SHFE/FUF2020.json?api_key=your_api_key
",
            success: function(result){
                    console.log(result);
                    parseJSONData(result)
            }
    });
}//end of getdataClick
//變數宣告
var data_12=[];
var data_12_n=[];
var closemax=0;
var closemin=0;

//數據處理與繪製曲線圖函數
function parseJSONData(contents)
{
    data_12=[];
    console.log(contents.dataset.data[0][0]);
    console.log(contents.dataset.data[0][1]);
    console.log(contents.dataset.data[0][2]);
```

```
console.log(contents.dataset.data[0][3]);
console.log(contents.dataset.data[0][4]);
console.log(contents.dataset.data[0][5]);
console.log(contents.dataset.data[0][6]);
console.log(contents.dataset.data[0][7]);
console.log(contents.dataset.data[0][8]);
console.log(contents.dataset.data[0][9]);
console.log(contents.dataset.data[0][10]);
console.log(contents.dataset.data[0][11]);


var data=contents.dataset.data;
for (var   i =   0; i <data.length; i++) {
   var j=data.length-1-i;
   data_12.push({ id: i, timestamp: data[j][0], pre_settle: data[j][1],
   open:data[j][2],high:data[j][3],low:data[j][4],close:data[j][5],
   settle: data[j][6], ch1: data[j][7], ch2:data[j][8],   volume:data[j][9],
   O_I:data[j][10], change:data[j][11]});
} //end of for


var timestamps_A = data_12.map(function (val) { return val['timestamp']; });
var pre_settle = data_12.map(function (val) { return val['pre_settle']; });
var open = data_12.map(function (val) { return val['open']; });
var high =data_12.map(function (val) { return val['high']; });
var low =data_12.map(function (val) { return val['low']; });
var close =data_12.map(function (val) { return val['close']; });
var settle =data_12.map(function (val) { return val['settle']; });
var ch1 =data_12.map(function (val) { return val['ch1']; });
var ch2 =data_12.map(function (val) { return val['ch2']; });
var volume =data_12.map(function (val) { return val['volume']; });
var O_I =data_12.map(function (val) { return val['O_I']; });
var change =data_12.map(function (val) { return val['change']; });
console.log(timestamps_A);
```

```javascript
var graph_plot = document.getElementById('graph');
Plotly.newPlot( graph_plot, [{ x: timestamps_A, y: open, name: "open" }],
{ margin: { t: 0 } } );
Plotly.plot( graph_plot, [{ x: timestamps_A, y: close, name: "close" }], { margin:
{ t: 0 } } );
console.log('open', open);
console.log('close', close);
console.log('volume', volume);
var nopen=Normalize(open);
console.log('open.max',nopen.max,'open.min', nopen.min );
console.log('open.Normalizedarray',nopen.Normalizedarray );
Plotly.newPlot( graph_plot, [{ x: timestamps_A, y: nopen.Normalizedarray, name:
"nopen" }], { margin: { t: 0 } } );
var nclose=Normalize(close);
console.log('close.max',nclose.max, 'close.min',nclose.min );
console.log('close.Normalizedarray',nclose.Normalizedarray );
Plotly.plot( graph_plot, [{ x: timestamps_A, y: nclose.Normalizedarray, name:
"nclose" }], { margin: { t: 0 } } );
var nvolume=Normalize(volume);
console.log('volume.max',nvolume.max,   'volume.min', nvolume.min );
console.log('volume.Normalizedarray',nvolume.Normalizedarray );
Plotly.plot( graph_plot, [{ x: timestamps_A, y: nvolume.Normalizedarray, name:
"nvolume" }], { margin: { t: 0 } } );
var nhigh=Normalize(high);
var nlow=Normalize(low);
var nsettle=Normalize(settle);
var npre_settle=Normalize(pre_settle);
var nch1=Normalize(ch1);
var nch2=Normalize(ch2);
var nO_I=Normalize(O_I);
var nchange=Normalize(change);
```

```
for (var   i = 0; i <data.length; i++) {
        data_12_n.push({ id: i, timestamp: data_12[i].timestamp, pre_settle:
npre_settle.Normalizedarray[i], open: nopen.Normalizedarray[i],
high:nhigh.Normalizedarray[i], low: nlow.Normalizedarray[i],
close:nclose.Normalizedarray[i], settle:nsettle.Normalizedarray[i],
ch1:nch1.Normalizedarray[i], ch2: nch2.Normalizedarray[i],
volume:nvolume.Normalizedarray[i], O_I:nO_I.Normalizedarray[i],
change:nchange.Normalizedarray[i] });
   } //end of for
```

> 紀錄 close 的最大值與最小值

```
   closemax = nclose.max;
   closemin = nclose.min;


} //end of parseJSONData


//正規化函數
function Normalize(array) {
   let Normalizedarray=[];
   const max = Math.max(...array);
   const min = Math.min(...array);
   Normalizedarray = array.map(function (val) { return (val-min)/(max-min); });
   return { max: max, min: min, Normalizedarray: Normalizedarray};
} //end of Normalize


//變數宣告與設定
var data_vec=[];
const window_size=3;
const n_epochs=200;
const lr_rate=0.001;
const channel =2;
var   model = tf.sequential();
const onTrainClickbutton = document.getElementById('onTrainClickbt');
```

```
//按下 Train 鈕呼叫 onTrainClick 函數
onTrainClickbutton.addEventListener('click', async () => {
  onTrainClick();
});
```

//按下 **Train** 鈕執行的函數

```
async function onTrainClick() {
  data_vec = Preparedataset(data_12_n, window_size);
  console.log(data_vec);
  var outputs = data_vec.map(function(outp_f) { return outp_f['nextvalue']; });
  console.log(outputs);
  var inputsprices = data_vec.map(function(inp_f) { return
inp_f['set'].map(function(val) { return val['close']; })});
  console.log(inputsprices);
  var inputvolumns = data_vec.map(function(inp_f) { return
inp_f['set'].map(function(val) { return val['volume']; })});
  console.log(inputvolumns);
  const xArrayData = []; //宣告 xArrayData 為空陣列
  for (let i = 0; i < inputvolumns.length; i++) {
    const xArrayDatatemp = []; //宣告 xArrayDatatemp 為空陣列
    xArrayDatatemp.push(inputsprices[i]);
    xArrayDatatemp.push(inputvolumns[i]);
    xArrayData.push(xArrayDatatemp);
  }//end of for
  //呼叫建立與訓練模型函數
  await trainModel(xArrayData, outputs, window_size, n_epochs, lr_rate, callback);
  alert('Your model has been successfully trained...');
}//end of onTrainClick
```

//建立與訓練模型

```
async function trainModel(inputs, outputs, window_size, n_epochs, learning_rate,
callback)
```

```
{
    const input_layer_shape   = window_size;
    const rnn_batch_size = window_size;
    const output_layer_shape = 20;
    const output_layer_neurons = 1;
    const filters =16;
    model = tf.sequential();
    console.log("ok");
    var
xArrayDatatensor=tf.tensor3d(inputs,[inputs.length,channel,input_layer_shape]);
    xArrayDatatensor.print();
    const xs = tf.transpose(xArrayDatatensor, perm=[0, channel, 1]);
    xs.print();
    const ys = tf.tensor2d(outputs, [outputs.length, 1]).reshape([outputs.length, 1]);
    ys.print();
    model.add(tf.layers.conv1d({
        inputShape: [input_layer_shape,2], //input_layer_shape=3
        filters: filters,
        kernelSize: 3,
        padding: 'same',}));
    hidden1 = tf.layers.lstm({ units: output_layer_shape, inputShape:
[window_size,filters], returnSequences: true });
    model.add(hidden1); //2nd lstm layer const
    model.add(tf.layers.dropout(0.5));
    output = tf.layers.lstm({ units: output_layer_shape, returnSequences: false });
    model.add(output);
    model.add(tf.layers.dropout(0.5));
    model.add(tf.layers.dense({units: output_layer_neurons, inputShape:
[output_layer_shape]}));
    const opt_adam = tf.train.adam(learning_rate);
    model.compile({ optimizer: opt_adam, loss: 'meanSquaredError'});
    const hist = await model.fit(xs, ys,
```

```
        { batchSize: rnn_batch_size, epochs: n_epochs, callbacks: {
            onEpochEnd: async (epoch, log) => { callback(epoch, log); }}});
    xArrayDatatensor.dispose();
    xs.dispose();    //釋放記憶體
    ys.dispose();    //釋放記憶體
}//end of trainModel


//資料前處理函數
function Preparedataset(time_s, window_size)
{
    var r_avgs = [];
    console.log(time_s);
    for (let i = 0; i < time_s.length - window_size; i++)
    {
        r_avgs.push({ set: time_s.slice(i, i + window_size), nextvalue: time_s[i +
window_size]['close'] });
    }//end of for

    console.log("r_avgs",r_avgs);
    return r_avgs;
}//end of Preparedataset

var callback = function(epoch, log) {
            console.log(epoch);
            console.log(log.loss);
            onPredictClick(); //呼叫 onPredictClick 函數進行預測

}

//當按 Predict 鈕會執行的函數
function onPredictClick() {
    data_vec = Preparedataset(data_12_n, window_size);
    var inputsprices = data_vec.map(function(inp_f) { return
```

448

```
inp_f['set'].map(function(val) { return val['close']; })}]);
   var inputvolumns = data_vec.map(function(inp_f) { return
inp_f['set'].map(function(val) { return val['volume']; })}]);
   var xArrayData = []; //宣告 xArrayData 為空陣列
   var xArrayDatatemp = [];
   for (let i = 0; i < inputvolumns.length; i++) {
       xArrayDatatemp = []; //宣告 xArrayDatatemp 為空陣列
       xArrayDatatemp.push(inputsprices[i]);
       xArrayDatatemp.push(inputvolumns[i]);
       xArrayData.push(xArrayDatatemp);
   }//end of for
   var pred_vals = Predict(xArrayData);//進行模型預測
   var data_output = "";
   var timestamps_a = data_12.map(function (val) { return val['timestamp']; });
   console.log(timestamps_a);
   var timestamps_b = data_12.map(function (val) { return
val['timestamp']; }).splice(window_size, data_12.length);
   var nextvalue = data_vec.map(function (val) { return val['nextvalue']*(closemax
-closemin)+closemin; });
   var prices = data_12.map(function (val) { return val['close']; });
   var graph_plot = document.getElementById('graph');
   //畫圖
   Plotly.newPlot( graph_plot, [{ x: timestamps_a, y: prices, name: "Series" }],
{ margin: { t: 0 } } );
   Plotly.plot( graph_plot, [{ x: timestamps_b, y: nextvalue, name: "nextvalue" }],
{ margin: { t: 0 } } );
   Plotly.plot( graph_plot, [{ x: timestamps_b, y: pred_vals, name: "Predicted" }],
{ margin: { t: 0 } } );
}//end of onPredictClick


//模型預測函數
function Predict(inputs)
```

```
{
    console.log(inputs);
    var xArrayDatatensor=tf.tensor3d(inputs, [inputs.length,channel,window_size]);
    const xs = tf.transpose(xArrayDatatensor, perm=[0, channel, 1]);
    const outps = model.predict(xs).mul(closemax -closemin).add(closemin);
    xArrayDatatensor.dispose();
    xs.dispose();
    return Array.from(outps.dataSync());
}//end of Predict


const onPredictClickbutton = document.getElementById('onPredictClickbt');
//當按下 Predict 鈕呼叫 onPredictClick 函數
onPredictClickbutton.addEventListener('click', async () => {
    onPredictClick();
});
const SaveClickbutton = document.getElementById('SaveClickbt');
//當按下 Save 鈕呼叫 SaveClick 函數
SaveClickbutton.addEventListener('click', async () => {
    SaveClick();//呼叫儲存模型函數
});


//儲存模型函數
async function SaveClick() {
    //const LOCAL_MODEL_URL = 'localstorage://my-model-2-10';
    const LOCAL_MODEL_URL =
"indexeddb://"+document.getElementById("inputfilename").value;
console.log(LOCAL_MODEL_URL);
    const saveResult = await model.save(LOCAL_MODEL_URL);
    console.log(await tf.io.listModels());
    model.summary();
}//end of SaveClick
```

```
//當按 Load 鈕會執行的函數
async function LoadClick() {
    var x = document.createElement("P");
    var t = document.createTextNode("This is a saved model");
    x.appendChild(t);
    document.body.appendChild(x);
    var select = document.createElement("SELECT");
    select.setAttribute("id", "mySelect");
    document.body.appendChild(select);
    var listmodel = await tf.io.listModels();
    var z = document.createElement("option");
    z.setAttribute("value", "choose one model below");
    t = document.createTextNode( "choose one model below");
    z.appendChild(t);
    document.getElementById("mySelect").appendChild(z);
    for (var key in listmodel) {
        var value =key;
        var z = document.createElement("option");
        z.setAttribute("value", value);
        t = document.createTextNode(value);
        z.appendChild(t);
        console.log(value);
        document.getElementById("mySelect").appendChild(z);
    }//end of for
    console.log(select.value);
    //當選單改變選項時觸發事件
    select.addEventListener('change', (event) => {
        console.log(select.value);
        if(select.value!="choose one model below"){
            selectchange(select.value); //呼叫載入模型函數
        }//end of if
    });
```

```
//根據所選的項目載入模型函數
async function selectchange(selection){
    model = await tf.loadLayersModel(selection); //載入模型
    model.summary();
  }//end of selectchange
}//end of LoadClick

const Loadbutton = document.getElementById('Loadbt');
//當按下 Load 鈕呼叫 LoadClick 函數
Loadbutton.addEventListener('click', async () => {
    LoadClick();
});
</script>
</body>
</html>
```

### ✎ 隨堂練習

根據前三天的開盤價（open）、收盤價（close）與成交量（volume），預測隔天收盤價（close）。

## 七、課後測驗

(　　) 1. 本範例是處理何種類型資料？　(A) 時間序列資料　(B) 圖片　(C) 影像

(　　) 2. 本範例使用的資料平台是？　(A) Nasdaq Data Link 資料平台　(B) 政府開放資料平台　(C) 氣象開放資料平臺

(　　) 3. 本範例將資料正規化至　(A) 0 與 1 之間　(B) -1 與 1 之間　(C) -1 與 0 之間

(　　) 4. 本範例使用何種遞迴神經網路？　(A) LSTM　(B) RNN　(C) Dense

(　　) 5. 本範例使用幾天之資料進行預測？　(A) 3 天　(B) 4 天　(C) 5 天

第
13
堂
課

CHAPTER ▶▶ ▶

# 遷移學習

● ● ● ● ● ● ● ● ● ● ● ● ● ● ● ● ● ● ● ● ● ● ● ● ● ● ● ● ● ● ● ●

## 一、實驗介紹

複雜的深度學習模型有大量的參數，訓練模型時會需要大量的資料運算資源。而遷移學習（Transfer learning）是一個走捷徑的技術，能藉由已利用大量資料訓練好的模型的一部分，應用在一個相關的任務，例如進行自訂的影像分類。遷移學習可使用比原來模型更少的資料調整已訓練好的模型，以進行自訂的影像分類。當在資源有限的環境下進行客製化模型訓練時，這是一個快速發展新模型有用的方法。

本範例使用能分辨 1000 種物體的「MobileNet」模型來做遷移學習，對周遭物品進行辨識，範例中的分類項為大同電鍋與麵包板，如圖 13-1 所示。實驗時辨識的項目可在瀏覽器與攝影機進行訓練集蒐集、訓練與預測，即使分類項目不在原來「MobileNet」模型的一千個分類項中的標籤也沒關係。

圖 13-1　遷移學習實驗範例辨識物品

## 二、遷移學習實驗流程圖

本範例使用瀏覽器與攝影機進行訓練集蒐集、訓練與預測。實驗流程為先載入預訓練的 MobileNet 模型測試網頁功能，新建立分類器，萃取預訓練的 MobileNet

模型的特徵作爲分類器的輸入。再以按鈕觸發方式蒐集分成兩類標籤的訓練集影像，再訓練分類器，訓練完成就可對攝影機影像進行預測，此時會產生兩類標籤的可信度，再將可信度值最高的標籤項作爲辨識結果。實驗流程如圖 13-2 所示。

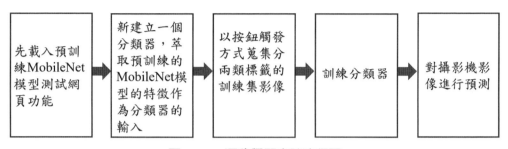

圖 13-2　　**遷移學習實驗流程圖**

## 三、程式架構

　　ml5.js 構建於 TensorFlow.js 之上，可以訪問瀏覽器中的機器學習算法和模型。本範例使用 ml5.js 技術，進行訓練集蒐集、訓練與預測，將攝影機拍攝到的畫面呈現在瀏覽器畫布上並標示出辨識結果，程式架構如圖 13-3 所示。先創造畫布與攝影機，再萃取預訓練模型特徵，再新增一個分類器，再觸發蒐集資料建立訓練集的按鈕，再觸發訓練分類器的按鈕，再對攝影機影像進行預測，再顯示結果。

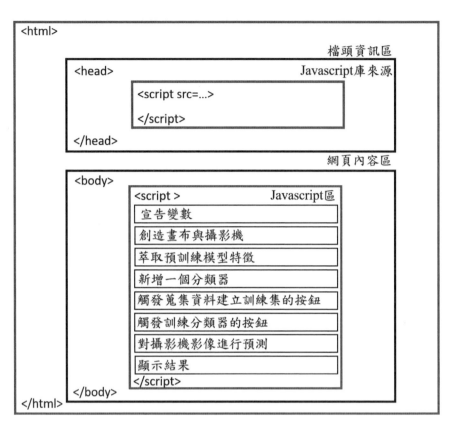

圖 13-3　遷移學習程式架構

## 四、重點說明

1. 圖像分類（Image Classification）：圖像分類就是在看到測試圖像時，電腦以類別標籤將圖像依類別分類，並衡量分類的準確性。圖像分類涉及各種挑戰，包括雜訊、尺度變化、角度、光照、圖像變形、圖像遮蔽等等。深度學習使用數據驅動方法（data-driven approach）來解決這個問題。

2. 遷移學習：本範例使用已訓練完成的深度學習模型解決圖像分類問題，卷積神經網路（CNN）模型擅長在解決機器視覺的問題。一般 CNN 的模型體系結構可以分為兩部分，第一部分是由卷積層和池化層的堆棧組成的卷積神經網路，用以生成特徵，也就是特徵萃取（feature extraction），會將有利於物件分類的特徵萃取出來。另一部分是分類器（classifier），利用這些特徵對物件種類進行判別，通常是由多個全連接層與激活函數 softmax 組成，會輸出每個類別的機率，如圖 13-4 所示。

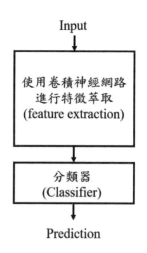

圖 13-4　基於 CNN 的模型體系結構

在重新定義圖 13-4 分類器的類別後，輸入照片與對應標籤後，再開始訓練分類器的參數。本範例重新設計分類器輸出為 2 個類別，圖片從最上層輸入，凍結 feature_extraction 區的參數作為固定的特徵提取的手段，其對與原來資料集類似的資料會有良好的特徵萃取能力，再送入分類器（classifier）訓練分類器的參數，分類器輸出有 2 個類別，如圖 13-5 所示。訓練完成後，會針對輸入（input）的圖像進行特徵萃取後，再進行預測（Prediction），輸出每個新定義的類別的機率。遷移學習可以解決資料量不多的問題。

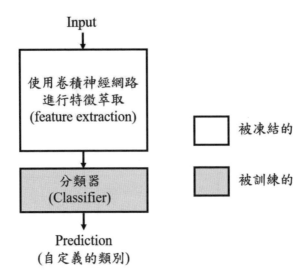

圖 13-5　凍結 feature_extraction 區的參數與訓練分類器的參數

　　3. Mobilenet：Mobilenet 是 Google 提出的一種小巧而高效的神經網路模型，把傳統的卷積過程簡化成計算量更少的過程，其使用深度級可分離卷積（depthwise separable convolution），能比傳統的卷積運算減少計算複雜度。比較傳統卷積運算方式與深度級可分離卷積運算方式分別如圖 13-6 與圖 13-7 所示。

　　以輸入資料為 W_in*H_in*Nch（輸入圖的寬 * 高 * 輸入 channel 數）為例，若是以使用 Nk 個 k*k*Nch 的 Kernel Map 進行卷積運算，得到輸出假設為 W_out*H_out*Nk（輸出圖的寬 * 高 * 輸出 channel 數），其中 Kernel Map 的參數量為 Nk*（k*k*Nch）。

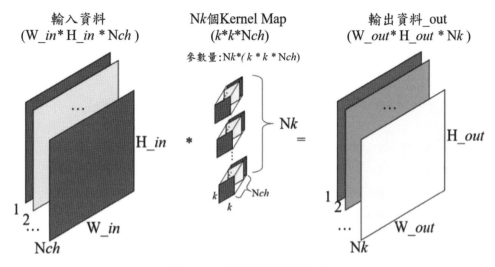

輸入資料
(W_in* H_in *Nch )

Nk個Kernel Map
(k*k*Nch)

參數量：Nk*( k * k * Nch)

輸出資料_out
(W_out* H_out * Nk )

圖 13-6　傳統卷積運算方式

　　計算深度級可分離卷積（depthwise separable convolution）可以分成逐深度做卷積（Depthwise convolution）與逐點做卷積（Pointwise convolution），在此同樣假設輸入資料爲 W_in*H_in*Nch（輸入圖的寬 * 高 * 輸入 channel 數）。Nch 爲深度值（depth），先使用 Nch 個（k*k）的 Kernel 進行 Depthwise convolution，也就是每個 Kernel 只作用在一個深度的 W_in*H_in 的資料，得到結果 Depthwise_out 爲 W_out*H_out*Nch，再經過 Pointwise convolution 運算，使用 Nk 個 1*1*Nch 的 Kernel Map 進行卷積運算，對每個深度資料 W_out*H_out 的每個點做各自 1*1 的卷積計算，將對應的點做加總 Nch 個運算結果產生輸出爲 W_out*H_out 的資料，共有 Nk 個 1*1*Nch 的 Kernel Map，所以輸出有深度爲 Nk 的 W_out*H_out 的資料。參數量爲 Nch*(k*k)+Nk*Nch。

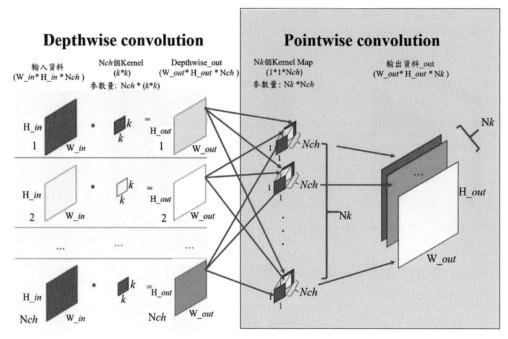

圖 13-7　計算深度級可分離卷積

深度級可分離卷積的參數量與一般卷積的參數量比例為：

$$\frac{深度級可分離卷積的參數量}{一般卷積的參數量} = \frac{Nch*(k*k)+Nk*Nch}{Nk*(k*k*Nch)} = \frac{1}{Nk} + \frac{1}{k*k}$$

其中 $k$ 為 Kernel Map 的寬高，$Nk$ 為 Kernel Map 的個數。所以當 $k$ 值越大和 $Nk$ 數量越多，深度級可分離卷積相較於一般卷積可以節省越多計算量。

　　4. ml5.imageClassifier()：ml5.js 提供一個 API，mageClassifier() 讓我們可以使用一個預訓練的模型去對一個物體進行分類，這預訓練的模型是利用大約 1500 萬張影像（ImageNet）去訓練。ml5 程式庫可以從雲端取得這些模型。ml5.image-Classifier() 使用範例如表 13-1 所示。

表 13-1　ml5.imageClassifier() 使用範例

```
// 使用 MobileNet 初始化影像分類方法
const classifier = ml5.imageClassifier('MobileNet', modelLoaded);
// 當模型被載入完成時執行的函數
function modelLoaded() {
    console.log('Model Loaded!');//在 console 視窗顯示'Model Loaded!'
}//end of modelLoaded
// 使用一張影像進行預測
classifier.predict(document.getElementById('image'), function(err, results) {
    console.log(results); //將預測結果在 console 視窗顯示
});
```

　　5. ml5.featureExtractor()：ml5.js 提供一個 API，可以讓我們使用預訓練模型的特徵（features）部分。featureExtractor() 可以利用預訓練的模型萃取出影像的特徵，並且可以為了一個新的客製化任務用新的資料重新訓練或重用模型，ml5.featureExtractor() 使用範例如表 13-2 所示。

表 13-2　ml5.featureExtractor() 使用範例

```
// 從 MobileNet 萃取已經學習到的特徵
const featureExtractor = ml5.featureExtractor("MobileNet", modelLoaded);
// 當模型被載入完成時執行的函數
function modelLoaded() {
    console.log("Model Loaded!");
}//end of modelLoaded
//創造一個新的分類器使用從攝影機組件輸入模型產生的特徵
const classifier = featureExtractor.classification(video, videoReady);
//當攝影機準備好時會觸發的函數
function videoReady() {
    console.log("The video is ready!");
```

```
}//end of videoReady
//將訓練集加入一個標籤為 dog 的影像
classifier.addImage(document.getElementById("dogA"), "dog");
//  重新訓練分類器
classifier.train(function(lossValue) {
    console.log("Loss is", lossValue);
});
//  從一張影像預測分類結果
classifier.classify(document.getElementById("dogB"), function(err, result) {
    console.log(result); //  印出結果應該是'dog'
});
```

## 五、實驗步驟

遷移式學習實驗之實驗步驟如圖 13-8 所示。

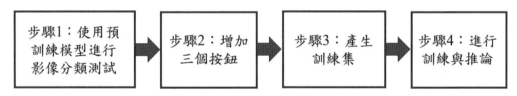

圖 13-8　遷移式學習實驗之實驗步驟

**步驟 1**　使用預訓練模型進行影像分類測試：先使用 'MobileNet' 預訓練模型進行影像分類（Image Classification）測試。本範例運用到 p5.js 與 ml5.js 函式庫，讓初學者能快速上手。使用 'MobileNet' 模型進行影像辨識之程式編輯如表 13-3 所示，可以由光碟片 chap13 資料夾「index1.html」，另存一個「index1.html」至讀者電腦中。

表 13-3　使用「MobileNet」模型進行影像分類程式

```html
<html>
<head>
<meta charset="UTF-8">
<title>Webcam Image Classification using MobileNet and p5.js</title>
```

引入 p5.js 函式庫

```html
<script src="https://cdnjs.cloudflare.com/ajax/libs/p5.js/0.9.0/p5.min.js"></script>
<script
src="https://cdnjs.cloudflare.com/ajax/libs/p5.js/0.9.0/addons/p5.dom.min.js"></script>
```

引入 ml5.js 函式庫

```html
<script                         src="https://unpkg.com/ml5@latest/dist/ml5.min.js"
type="text/javascript"></script>
</head>
<body>
<h1>Webcam Image Classification using MobileNet and p5.js</h1>
<script >
```

宣告變數

```javascript
let video;
let mobilenet;
let label ='Wating ...';
```

程式一開始會執行一次設定的函數

```javascript
function setup()
{
```

創造畫布

```javascript
  createCanvas(640, 520);
  // Create the video
```

創造一個攝影機輸入

```javascript
  video = createCapture(VIDEO);
```

> 將 video 畫面隱藏

```
video.hide();
background(0);
```

> 使用 'MobileNet'，模型對 video 影像進行分類

```
mobilenet = ml5.imageClassifier('MobileNet',video,    modelReady);
}//end of setup
```

> 載入模型完成時執行的函數

```
function modelReady()
{
  console.log('Model Ready');
```

> 以目前攝影機畫面進行預測

```
  mobilenet.predict(gotResults);
}//end of modelReady
```

> 重複執行將影像畫至畫布上的函數

```
function draw()
{
  background(0);
```

> 將 video 內容畫在畫布上

```
  image(video, 0, 0);
  fill(255);
  textSize(32);
  textAlign(CENTER,CENTER);
```

> 將 label 文字寫在畫布上

```
  text(label, width/2, height-16);
```

```
}//end of draw
```

當得到預測結果時執行的函數

```
function gotResults(error, results)
{
```

這 results 是一個陣列，以可信度分數排序

```
    if (error){
    console.log(error);
    return
}
    else {
```

在 console 視察顯示 results[0].label

```
    console.log(results[0].label);
```

在 console 視窗顯示 results[0]. Confidence，取 2 位小數

```
    console.log(nf(results[0].confidence, 0, 2));
```

將 results[0].label 存成 label

```
    label=results[0].label;
```

以目前攝影機畫面進行預測

```
    mobilenet.predict(gotResults);
 }//end of if
}//end of gotResults
</script>
</body>
</html>
```

　　以 Google Chrome 瀏覽器執行「index1.html」，會出現詢問視窗，視窗內容是「file:///wants to Use you camera」的視窗，如圖 13-9 所示，按「Allow」允許使

用攝影機。再開啟右上方工具列下 -> 更多工具 -> 開發人員工具，或同時按鍵盤「CTRL+ALT+I」，可以開啟「開發人員工具」視窗。

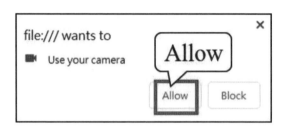

圖 13-9　按「Allow」允許使用攝影機

　　瀏覽器上會顯示攝影機拍攝的畫面，影像下方顯示的字是進行影像辨識的結果。例如從圖 13-10 的畫面可看到用攝影鏡頭對著電腦螢幕，會產生辨識結果「screen, CRT screen」的標籤文字，在 Console 視窗也可看到辨識結果為該標籤文字類別的可信度為 0.37，表示畫面中的物品有 37% 的機率為該標籤類別的物品。

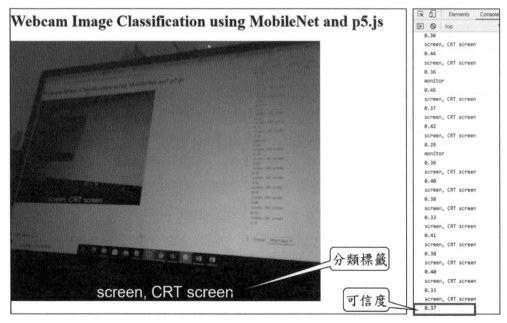

圖 13-10　辨識物體為 1000 種分類標籤中的「screen, CRT screen」

當進行分類後，只會列出可信度最高的分類標籤。若將攝影機對著大同電鍋，會看到辨識結果爲「cocktail shaker」不銹鋼雪克杯，可信度約爲 0.2，如圖 13-11 所示。這是因爲原來分類項中沒有「大同電鍋」（Ta-Tung rice cooker）這個項目，而系統會針對 1000 個分類項目分別給予 1000 個可信度分數，但最後列出系統所認爲可信度最高的「cocktail shaker」標籤。但從可信度在 0.13 至 0.29 之間跳動來看，代表系統認爲這個物品爲「cocktail shaker」的機率並不高。

圖 13-11　辨識物體爲 1000 種分類標籤中的「cocktail shaker」

將攝影機對著麵包板，會看到辨識結果爲「lighter, light, igniter, ignitor」打火機，可信度約爲 0.3，如圖 13-12 所示。這是因爲原來分類項中沒有「麵包板」（Breadboard）這個項目，故誤認爲「lighter, light, igniter, ignitor」。

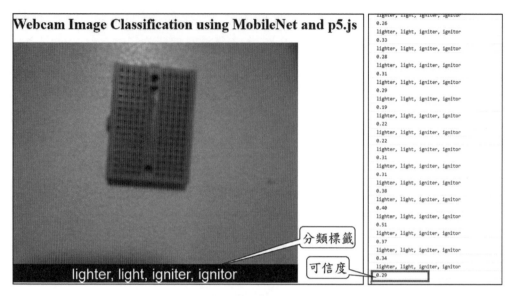

圖 13-12　辨識物體為 1000 種分類標籤中的「lighter,light,igniter,ignitor」

**步驟 2**　增加三個按鈕：另存檔案「index2.html」至讀者電腦中。將網頁設計添
加三個按鈕，分別是命名成「Ta-Tung rice cooker」、「Breadboard」與
「train」，程式設計如表 13-4 所示。

表 13-4　增加三個按鈕

…

在網頁上新增按鈕，按鈕文字為'Ta-Tung rice cooker'

newLabelbutton_1 = createButton('Ta-Tung rice cooker');

在網頁上新增按鈕，按鈕文字為'Breadboard'

newLabelbutton_2 = createButton('Breadboard');

在網頁上新增按鈕，按鈕文字為'train'

trainbutton = createButton('train');
}//end of setup

以 Google Chrome 瀏覽器執行「index2.html」，會出現詢問視窗，視窗內容是「file:///wants to Use you camera」的視窗，按「Allow」允許使用攝影機。可以看到瀏覽器上顯示攝影機拍攝的畫面，並有三個按鈕，分別顯示「Ta-Tung rice cooker」、「Breadboard」與「train」，如圖 13-13 所示。

圖 13-13　增加三個按鈕

**步驟 3** 　產生訓練集：另存一個檔案「index3.html」至讀者電腦中。將原本使用預
訓練的 'MobileNet' 模型做分類的地方變註解，加入從 MobileNet 萃取已經
學習到的特徵，再創造一個新的分類器輸入已學習到的特徵。每按一次分
類標籤按鈕，將增加該標籤訓練集的影像，也讓該項計數值加 1，以得知
該標籤累計的訓練照片的張數。產生訓練集程式設計如表 13-5 所示。

表 13-5　產生訓練集程式設計

宣告變數

```
let count1=0;
let count2=0;
//程式一開始執行一次設定的函數
function setup()
{
```

從MobileNet萃取已經學習到的特徵

```
mobilenet = ml5.featureExtractor('MobileNet',　modelReady);
```

創造一個新的分類器輸入從MobileNet萃取已經學習到的特徵

```
classifier=mobilenet.classification(video, videoReady);
//在網頁上新增按鈕，按鈕文字為'Ta-Tung rice cooker'
newLabelbutton_1 = createButton('Ta-Tung rice cooker');
```

當 newLabelbutton_1 按鈕被按下會觸發

```
newLabelbutton_1.mousePressed(function(){
```

Count1累加與顯示

```
count1++;
console.log(count1);
```

470

將訓練集增加一個標籤為'Ta-Tung rice cooker'的影像

```
classifier.addImage('Ta-Tung rice cooker');
});
//在網頁上新增按鈕，按鈕文字為"Breadboard"
newLabelbutton_2 = createButton('Breadboard');
```

當 newLabelbutton_2 按鈕被按下會觸發

```
newLabelbutton_2.mousePressed(function(){
```

Count2 累加與顯示

```
count2++;
console.log(count2);
```

將訓練集增加一個標籤為'Breadboard '的影像

```
classifier.addImage('Breadboard');
});
…
} //end of setup
//載入模型完成時執行的函數
function modelReady() {
console.log('Model Ready');
} //end of modelReady
```

當攝影機準備好時會觸發的函數

```
function videoReady() {
console.log('video Ready');
```

以 Google Chrome 瀏覽器執行「index3.html」，會出現詢問視窗，視窗內容是「file:///wants to Use you camera」的視窗，按「Allow」允許使用攝影機。再開啟右上方工具列下 -> 更多工具 -> 開發人員工具，或同時按鍵盤「CTRL+ALT+I」，可以開啟「開發人員工具」視窗。可看到瀏覽器上顯示攝影機拍攝的畫面，並有三個按鈕，分別顯示「Ta-Tung rice cooker」、「Breadboard」與「train」，如圖 13-14 所示。

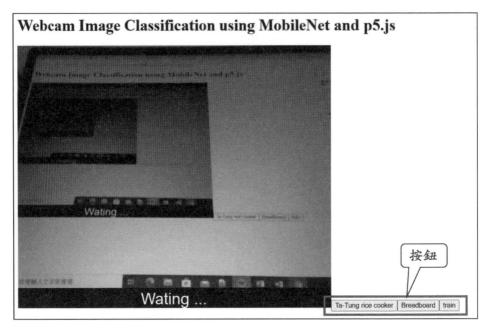

圖 13-14　瀏覽器上顯示攝影機拍攝的畫面，並有三個按鈕

將攝影機對著大同電鍋，並按下「Ta-Tung rice cooker」按鈕，可看到 console 視窗顯示數字 1，代表取像 1 次，如圖 13-15 所示。再將攝影機變換取像位置，例如旋轉電鍋，前後移動攝影機，上下改變角度等，並繼續按下「Ta-Tung rice cooker」按鈕到 30 下左右。再將攝影機對著麵包板，點選按下「Breadboard」，可看到 Console 視窗顯示數字 1，代表取像 1 次，如圖 13-16 所示，同樣改變取像位置或角度，並繼續按下「Breadboard」按鈕到 30 下左右。

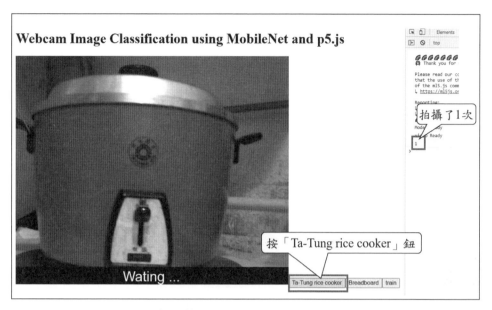

圖 13-15　攝影機對著大同電鍋再按「Ta-Tung rice cooker」鈕

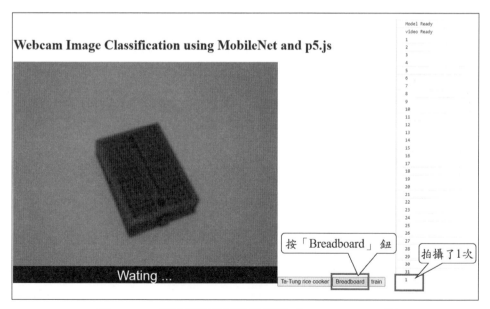

圖 13-16　攝影機對著麵包板再按「Breadboard」鈕

**步驟4** 進行訓練與推論：另存檔案「index4.html」至讀者電腦中。修改程式當按下「train」標籤時，就會開始利用蒐集到的訓練集訓練分類器。本範例新增建立兩分類項目，讓人工智慧看得懂自己周遭的物品「Ta-Tung rice cooker」（大同電鍋）與「Breadboard」（麵包板），即便此分類標籤不在原來「MobileNet」模型的一千個分類項中也沒關係。利用遷移學習，可以自訂分類的項目，並用幾十張你想要系統識別的影像就可以進行訓練，訓練完成後系統會自動開始對攝影機影像進行推論，進行訓練與推論的程式如表 13-6 所示。

表 13-6　進行訓練與推論的程式

```
// 程式一開始執行一次設定的函數
function setup() {
    trainbutton = createButton('train');
```
修改 setup 函數

當按下 'train' 按鈕，執行 classifier.train 函數

```
trainbutton.mousePressed(function(){
```
開始對分類器進行訓練，當每次訓練一次 epoch 完成即呼叫 whileTraining

```
    classifier.train(whileTraining);
});
}//end of setup
…
```
新增當每次訓練一次 epoch 完成執行的函數

```
function whileTraining(loss)
{
```
若 loss 等於 null

```
if (loss ==null){
```

印出 'Training Complete'

```
console.log('Training Complete');
```

以目前攝影機畫面進行分類

```
  classifier.classify(gotResults);
  }
  else
```

印出 loss 值

```
  {
    console.log(loss);
  }//end of if
}//end of whileTraining
…
```

新增當得到預測結果時執行的函數

```
function gotResults(error, results) {
  // The results are in an array ordered by confidence.
  if (error){
    console.log(error);
    return
  }
  else {
    console.log(results[0].label);
    console.log(results[0].confidence);
    console.log(results[1].label);
    console.log(results[1].confidence);
    label=results[0].label;
```

以目前攝影機畫面進行分類

```
    classifier.classify(gotResults);
```

```
}//end of if
}//end of gotResults
```

以 Google Chrome 瀏覽器執行「index4.html」，會出現詢問視窗，視窗內容是「file:///wants to Use you camera」的視窗，按「Allow」允許使用攝影機。再開啟右上方工具列下 -> 更多工具 -> 開發人員工具，或同時按鍵盤「CTRL+ALT+I」，可以開啟「開發人員工具」視窗。

瀏覽器上顯示攝影機拍攝的畫面，並有三個按鈕，分別顯示「Ta-Tung rice cooker」、「Breadboard」與「train」。將攝影機對著大同電鍋，並按下「Ta-Tung rice cooker」按鈕，可以看到 Console 視窗顯示數字 1，代表取像 1 次，改變攝影機或物品的取像位置與角度後，繼續按下「Ta-Tung rice cooker」按鈕到 30 下左右。再將攝影機對著麵包板，再按「Breadboard」取像，同樣取不同影像到 30 張左右。再按「train」按鈕，如圖 13-17 所示，開始由拍攝的圖片訓練分類器的模型參數。

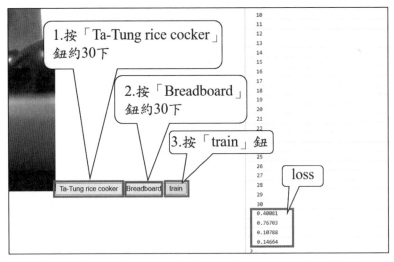

圖 13-17　按「Train」鈕開始訓練

不到 1 分鐘的時間，就可以看到訓練完成的訊息，如圖 13-18 所示。

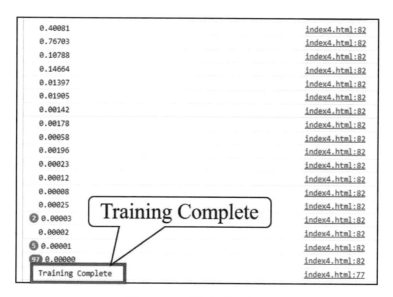

圖 13-18　模型訓練完成

　　訓練完成後系統會自動開始對攝影機影像進行推論，可以先將攝影鏡頭對著大同電鍋，應該會看「Ta-Tung rice cooker」出現在大同電鍋畫面的下方，代表這標籤是所有類別機率最高的，如圖 13-19 所示。同時在 Console 畫面，會出現機率最高的標籤與機率和機率第二高的標籤與機率，例如，「Ta-Tung rice cooker」的機率約為 0.999999，可信度相當高，而「Breadboard」的機率僅約為 $7.6*10^{-7}$，近乎於零。

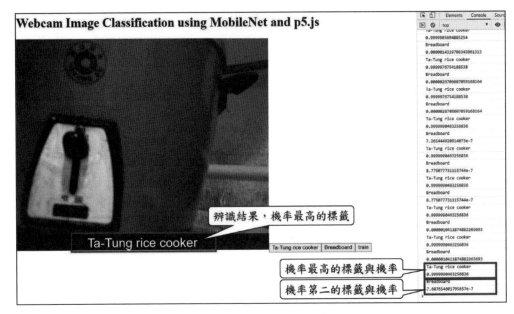

圖 13-19　使用遷移式學習辨識出大同電鍋

　　將攝影鏡頭對著麵包板，應該會看「Breadboard」出現在麵包板畫面的下方，代表這標籤是所有類別機率最高的，如圖 13-20 所示。同時在 Console 畫面，會出現機率最高的標籤與機率和機率第二高的標籤與機率，例如，「Breadboard」的機率為甚高的 0.999998，而「Ta-Tung rice cooker」的機率僅約為 0.0000019。

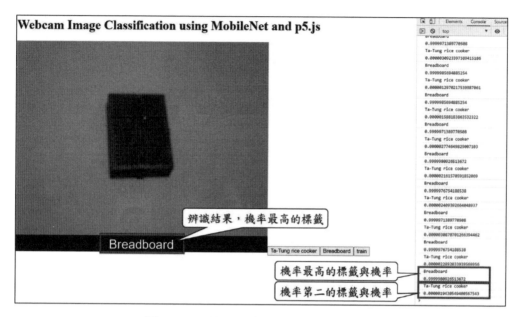

圖 13-20　使用遷移式學習辨識出麵包板

　　目前的辨識標籤只有大同電鍋與麵包板兩類。若將攝影鏡頭對著筆電的電腦螢幕與鍵盤，在 Console 畫面，仍會試圖將待測物品歸類到此兩類標籤中。例如在圖 13-21，AI 將圖中筆電認為是「Breadboard」的機率約為 0.59，而「Ta-Tung rice cooker」的機率約為 0.40，所以挑選可信度較高的「Breadboard」作為輸出。也就是 AI 認為畫面中物體的特徵點比較類似「Breadboard」，比較不像「Ta-Tung rice cooker」，雖然事實上不屬於這兩種標籤中的任一種。

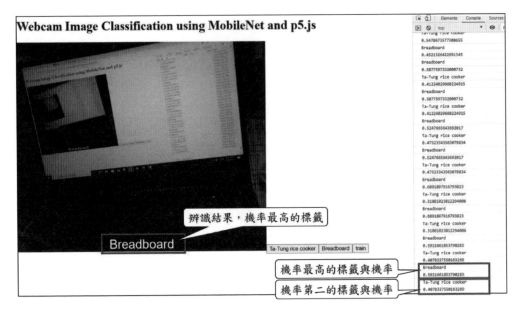

圖 13-21　使用遷移式學習辨識結果只有大同電鍋與麵包板兩類

## 六、完整的程式碼

　　本範例使用能分辨 1000 種物體的「MobileNet」模型來做遷移學習，分類項只有大同電鍋與麵包板，在瀏覽器與攝影機進行訓練集蒐集、訓練與預測之完整程式如表 13-7 所示。

### 表 13-7　遷移式學習完整程式

```
<html>
<head>
<meta charset="UTF-8">
<title>Webcam Image Classification using MobileNet and p5.js</title>
<script src="https://cdnjs.cloudflare.com/ajax/libs/p5.js/0.9.0/p5.min.js"></script>
<script
src="https://cdnjs.cloudflare.com/ajax/libs/p5.js/0.9.0/addons/p5.dom.min.js"></scrip
t>
```

```
<script                              src="https://unpkg.com/ml5@latest/dist/ml5.min.js"
type="text/javascript"></script>
</head>
<body>
<h1>Webcam Image Classification using MobileNet and p5.js</h1>
<script >
//變數宣告
let video;
let mobilenet;
let classifier;
let label ='Wating ...';
let newLabelbutton_1;
let newLabelbutton_2;
let trainbutton;
let count1=0;
let count2=0;
//程式一開始執行一次設定的函數
function setup()
{
  //創造畫布，寬為 640 與高 520
  createCanvas(640, 520);
  //創造攝影機
  video = createCapture(VIDEO);
  //隱藏攝影機
  video.hide();
  //設定背景顏色
  background(0);
  //從 MobileNet 萃取已經學習到的特徵
  mobilenet = ml5.featureExtractor('MobileNet',   modelReady);
  //創造一個新的分類器輸入從 MobileNet 萃取已經學習到的特徵
  classifier=mobilenet.classification(video, videoReady);
  //創造一個名為'Ta-Tung rice cooker'的按鈕
```

```
newLabelbutton_1 = createButton('Ta-Tung rice cooker');
    //當'Ta-Tung rice cooker'的按鈕被按下
newLabelbutton_1.mousePressed(function(){
    // count1 加 1
    count1++;
    //印出 count1 值
    console.log(count1);
    //加入一張影像至分類器標籤為'Ta-Tung rice cooker'的訓練集
    classifier.addImage('Ta-Tung rice cooker');
});
//創造一個名為' Breadboard '的按鈕
newLabelbutton_2 = createButton('Breadboard');
//當'Breadboard'的按鈕被按下
newLabelbutton_2.mousePressed(function(){
    // count2 加 1
    count2++;
    //印出 count2 值
    console.log(count2);
    //加入一張影像至分類器標籤為'Breadboard'的訓練集
    classifier.addImage('Breadboard');
});
//創造一個名為' train'的按鈕
trainbutton = createButton('train');
//當'train'的按鈕被按下
trainbutton.mousePressed(function(){
    //開始對分類器進行訓練
    //當每次訓練一次 epoch 完成即呼叫 whileTraining
    classifier.train(whileTraining);
});
}//end of setup
//當模型載入完成執行的函數
function modelReady()
```

```
{
  console.log('Model Ready');
} //end of modelReady
```
//當攝影機準備完成執行的函數
```
function videoReady()
{
  console.log('video Ready');
}//end of videoReady
```
//當每訓練epoch完成一次時就會執行的函數
```
function whileTraining(loss)
{
  //假如損失 loss 等於 null
  if (loss ==null){
  //印出 'Training Complete'
  console.log('Training Complete');
  //對攝影機影像進行預測
  classifier.classify(gotResults);
  }
  else
  { //否則印出 loss 值
     console.log(loss);
  }//end of if
}//end of whileTraining
```
//重覆執行將影像畫至畫布上的函數
```
function draw()
{
  background(0);
  //畫出攝影機影像內容至畫布上
  image(video, 0, 0);
  fill(255);
  // 設定文字大小與排版
  textSize(32);
```

```
   textAlign(CENTER,CENTER);
   //將 label 值寫在畫布上，文字起點為 x=width/2, y=height-16
   text(label, width/2, height-16);
}//end of draw
//當得到預測結果時執行的函數
function gotResults(error, results)
{
   // 這預測結果是按照可信度值作排序
   if (error){
      console.log(error);
      return
   }
   else {
      // 印出預測結果第一個類別的標籤名稱;
      console.log(results[0].label);
      // 印出預測結果第一個類別的可信度
      console.log(results[0].confidence);
      // 印出預測結果第二個類別的標籤名稱;
      console.log(results[1].label);
      // 印出預測結果第二個類別的可信度
      console.log(results[1].confidence);
      // 將預測結果第一個類別(可信度值最高)的標籤名稱存至 label;
      label=results[0].label;
      //對攝影機影像進行預測
      classifier.classify(gotResults);
   }//end of if
}//end of gotResults
</script>
</body>
</html>
```

**隨堂練習**

使用遷移學習辨識身邊三樣東西，例如水壺、鉛筆盒或飲料罐。

## 七、課後測驗

(　　) 1. 本範例是使用何種技術？　(A) 遷移學習　(B) 漸進學習　(C) 重頭學習

(　　) 2. 本範例使用的模型是？　(A) MobileNet　(B) VGG16　(C) YOLO

(　　) 3. 本範例凍結住哪一區的參數？　(A) Feature_extraction 區　(B) Classifier 區　(C) 全部

(　　) 4. 本範例使用何種方式輸入資料？　(A) 攝影機影像　(B) 聲音　(C) 網路照片

(　　) 5. 這預測結果是按照何種方式作排序？　(A) 可信度值作排序　(B) 標籤字母排列　(C) 隨機排列

CHAPTER ▶▶ ▶

# 聲音辨識

## 一、實驗介紹

本範例介紹如何使用少量的聲音樣本來訓練神經網路模型，使該模型可以分辨出不同的聲音來源，例如區別人學貓叫的聲音與人學狗叫的聲音。本範例使用 ml5. js 與 Google 的 Teachable Machine，可以先在 Google 的 Teachable Machine 網站上訓練出客製化模型，並將模型上傳至雲端空間，再撰寫 HTML5 程式載入放在雲端的模型，就會針對聲音辨識結果切換不同的文字於網頁上。聲音辨識實驗架構圖如圖 14-1 所示。

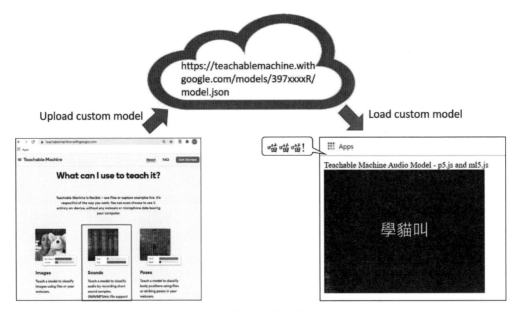

圖 14-1　聲音辨識實驗架構圖

## 二、實驗流程圖

本堂課先使用 p5.js 與 ml5.js 程式庫，測試預訓練模型對聲音的辨識，再利用 Google 的 Teachable Machine 網站上訓練客製化模型，再自己編輯一個 HTML5 的網頁載入該模型測試。聲音辨識實驗流程圖如圖 14-2 所示。

圖 14-2　聲音辨識實驗流程圖

## 三、程式架構

　　本範例建立一個聲音辨識的 HTML5 檔案，程式架構如圖 14-3 所示。網頁初始化先載入模型，載入模型完成後再建立畫布與監聽麥克風進行辨識，再定期更新畫面顯示辨識結果。

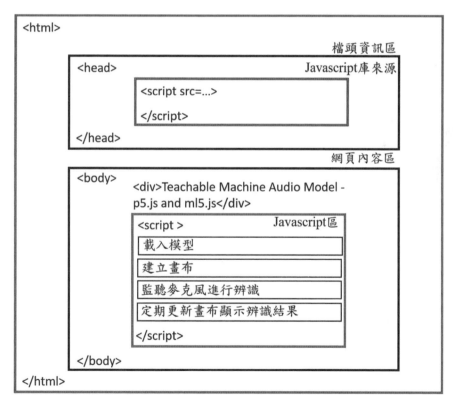

圖 14-3　聲音辨識程式架構

## 四、重點說明

1. p5.js：p5.js 是一套 JavaScript 函式庫，有完整的繪畫功能，可讓使用者輕易製作出互動的網頁作品，另外有套件可以匯入文字欄位，影片、視訊或聲音等功能。

2. ml5.js：ml5.js 是個開源的機器學習框架；它是基於 TensorFlow.js 的一個應用於 Web 瀏覽器上非常簡便易用的介面，讓初學者可很快速地掌握它。ml5.js 可以搭配 p5.js 使用。

3. ml5.soundClassifier()：ml5.js 庫中有一個 soundClassifier 函數可以讓你去分類聲音。藉由預訓練好的模型，可偵測聲音是拍手、吹口哨或是語音指令（例如「Up」、「Down、「Yes」、「No」等等）。ml5.js 提供了「SpeechCommands18w」的預訓練模型，可辨識出英文 0 到 9 的語音，以及唸「up」、「down」、「left」、「right」、「go」、「stop」、「yes」與「no」的語音。

4. createP()：創造一個可呈現文字於網頁上的元素。例如：「createP('hello world');」就是創造一個在網頁上寫著「hello world」的元素。

5. 遷移學習（Transfer learning）：Transfer learning 就是把一組資料集（假設叫 A 資料集）訓練好的模型運用在其他不同資料集（假設叫 B 資料集）的學習程序。為了得到良好的遷移學習效果，需要用資料集 B 重新訓練此模型，但因該模型已經由 A 資料集訓練過，所以由 B 資料集訓練時可花較少的時間且需較少的計算資源，再者 B 資料集只需要比原來 A 資料集少的資料量就可以。這個調整的過程牽扯到將原始模型最上層的分類層（output）移除而保存住此模型的基礎層，由於已由資料集 A 訓練過，所以對與原來資料集類似的資料會有良好的特徵萃取能力。而被移除的分類層由新的分類層取代，就要由新的資料集 B 來訓練這層的參數。

6. 語音指令模型（speech-command model）：這是一種適合進行遷移學習的模型。原來的模型是用大約 50000 個樣本分 20 個類別進行訓練的。預設的語彙是英文數字「zero」到「nine」（0～9 共 10 個數字）、「up」、「down」、「left」、「right」、「go」、「stop」、「yes」、「no」，還有「unknown word」與「background noise」。這模型可以用作遷移學習在與原來不同的短語彙辨識上。

7. Teachable Machine：Teachable Machine 是一個 Google 所開發的網站，可供初學者認識人工智慧的神經網路應用平臺。利用遷移學習的方式，讓少量的樣本可以在瀏覽器上訓練出客製化的分類模型。Teachable Machin 的網址為「https://teachablemachine.withgoogle.com/」。

## 五、實驗步驟

聲音辨識實驗步驟如圖 14-4 所示。

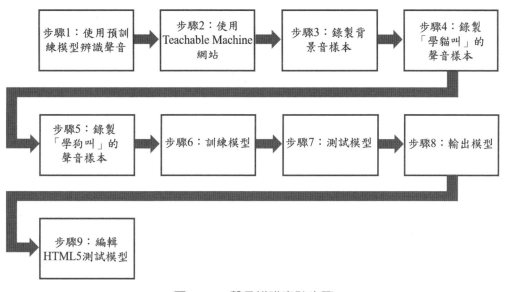

**圖 14-4　聲音辨識實驗步驟**

**步驟 1**　使用預訓練模型辨識聲音：ml5.soundClassifier():ml5.js 庫中有一個 sound-Classifier 函數可用來分類聲音。我們使用 'SpeechCommands18w' 的預訓練模型，可以辨識出唸英文的 0 到 9 的語音，與念「up」、「down」、「left」、「right」、「go」、「stop」、「yes」與「no」的語音。開啟文字編輯器，建立一個新的 html 檔案，如「sound.html」檔使用預訓練模型辨識聲音程式編輯如表 14-1 所示。

表 14-1　使用預訓練模型辨識聲音程式

```html
<!DOCTYPE html>
<html>
<head>
```

引用 p5.js 相關程式庫

```html
<script src="https://cdnjs.cloudflare.com/ajax/libs/p5.js/0.7.3/p5.min.js"></script>
<script
src="https://cdnjs.cloudflare.com/ajax/libs/p5.js/0.7.3/addons/p5.dom.min.js"></script>
<script
src="https://cdnjs.cloudflare.com/ajax/libs/p5.js/0.7.3/addons/p5.sound.min.js"></script>
<link rel="stylesheet" type="text/css" href="style.css">
<meta charset="utf-8" />
```

引用 ml5.js 相關程式庫

```html
<script src="https://unpkg.com/ml5@0.3.1/dist/ml5.min.js"></script>
</head>
<body>
<script >
console.log('ml5 version:', ml5.version)
let soundClassifier;
let resultP;
//處理非同步載入外部檔案，在 setup 前執行
function preload()
{
```

設定機率臨界值為 0.95

```javascript
  let options = { probabilityThreshold: 0.95 };
```

使用預訓練模型'SpeechCommands18w'辨識聲音

```javascript
  soundClassifier = ml5.soundClassifier('SpeechCommands18w', options);
}//end of preload
//程式一開始執行一次的設定
function setup()
{
```

創造一個畫布並設定寬與高，單位是像素

```
createCanvas(400, 400);
```

創造一個元素可以呈現文字於網頁上

```
resultP = createP('waiting...');
```

設定文字大小為'32pt'

```
resultP.style('font-size','32pt');
```

對麥克風收到的聲音進行分類，會觸發事件由 gotResults 函數處理

```
soundClassifier.classify(gotResults);
}//end of setup
//當得到預測結果時執行的函數
function gotResults(error, results)
{
```

若有錯誤發生

於 console 印出文字

```
  if (error) {
    console.log('something went wrong');
    console.error(error);
  }//end of if
```

在 resultP 元素顯示機率最大的標籤與機率值

```
  resultP.html(`${results[0].label}${results[0].confidence}`);
}//end of gotResults
</script>
</body>
</html>
```

　　使用 Google Chrome 開啟「sound.html」檔案，可以看到執行結果，如圖 14-5 所示。首先會出現詢問視窗，顯示這檔案想要使用你電腦的麥克風，選「Allow」允許使用，就可以開始對電腦講話。

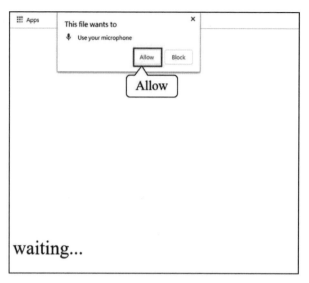

圖 14-5　允許使用麥克風

可以試試看說「left」，若辨識成功可以看到網頁出現「left：機率值」，如圖
14-6所示。可以再試試看唸其他英文數字的0到9，以及唸「up」、「down」、「left」、
「right」、「go」、「stop」、「yes」與「no」的語音，看看辨識結果如何。

圖 14-6　辨識出語音說「left」的結果

步驟 2　使用 Teachable Machine 網站：本範例使用 Google 所開發的 Teachable Machin 網站「https://teachablemachine.withgoogle.com/」，可以在瀏覽器上訓練出客製化的分類模型，例如本範例要分辨出「人學貓叫的聲音」與「人學狗叫的聲音」。先進入 Teachable Machine 網站，可看到可教導的模型有三種類型，第一種是可教導式的影像分類模型，第二種是可教導式的聲音分類模型，第三種是可教導式的姿態辨識模型，如圖 14-7 所示。本範例是使用第二種，利用滑鼠點選「Get Started」。

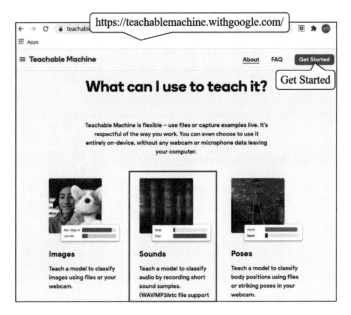

圖 14-7　Google 建立的可教導的模型（Teachable Machine）

會進入到一個「New Project」專案，如圖 14-8 所示，點「Audio Project」建立新的專案。

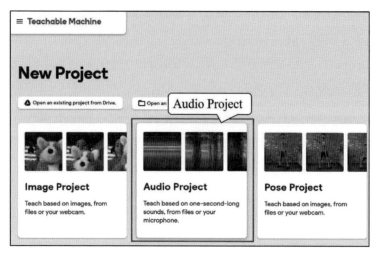

圖 14-8　建新的「Audio Project」專案

**步驟 3**　錄製背景音樣本：先建立「Background Noise」，點選「Mic」就可以由麥克風收音。

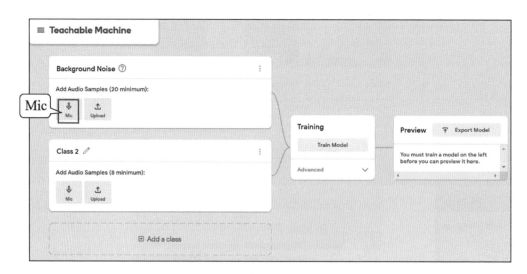

圖 14-9　由麥克風蒐集背景音

　　會先出現詢問視窗，顯示這檔案想要使用你電腦的麥克風，選「Allow」允許使用，就可以使用麥克風，如圖 14-10 所示。

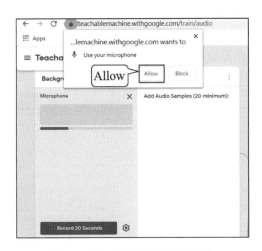

圖 14-10　記錄背景音 20 秒

　　按「Record 20 Seconds」鈕錄製 20 秒背景音後，再按「Extract Samples」取出 30 個樣本，如圖 14-11 所示。

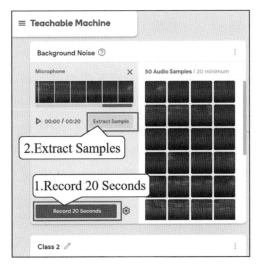

圖 14-11　錄製 20 秒背景音後取出至少有 20 個樣本

**步驟 4** 錄製「學貓叫」的聲音樣本：接著修改 Class 2 為「學貓叫」，點選「Mic」就可以由麥克風收音，按「Record 2 Seconds」鈕錄製 2 秒學貓叫的聲音後，再按「Extract Samples」取出 2 個樣本，再重複按「Record 2 Seconds」鈕錄製 2 秒學貓叫的聲音後，再按「Extract Samples」再增加 2 個樣本，重複動作到至少有 8 個聲音樣本，如圖 14-12 所示。

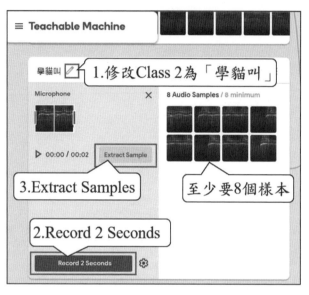

圖 14-12　錄製「學貓叫」的聲音樣本

**步驟 5** 錄製「學狗叫」的聲音樣本：接著增加一個 class 為「學狗叫」，點選「Mic」就可以由麥克風收音，按「Record 2 Seconds」鈕錄製 2 秒學狗叫的聲音後，再按「Extract Samples」取出 2 個樣本，再重複按「Record 2 Seconds」鈕錄製 2 秒學狗叫的聲音後，再按「Extract Samples」再增加 2 個樣本，重複動作到至少有 8 個聲音樣本，如圖 14-13 所示。

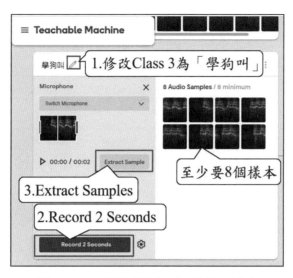

圖 14-13 錄製「學狗叫」的聲音樣本

**步驟6** 訓練模型：當聲音樣本都準備好之後，按「Train Model」鍵，如圖 14-14 所示，開始進行訓練模型。

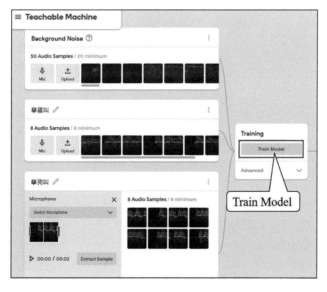

圖 14-14 訓練模型

步驟 7　測試模型：當訓練完成時，會顯示「Model Trained」，並且自動開始對環境收音送入模型在「Output」處產生模型預測之結果，顯示有三項類別的可信度分數（0 到 1）。先發出貓叫，「喵喵喵」，可以看到在「Output」處「學貓叫」最高分，如圖 14-15 所示。

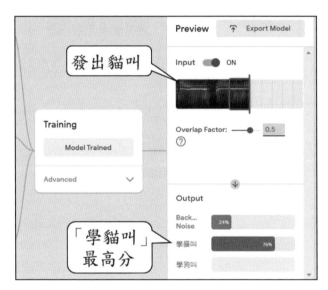

圖 14-15　發出貓叫測試模型

再發出狗叫，「汪汪汪」，可以看到在「Output」處「學狗叫」最高分，如圖 14-16 所示。

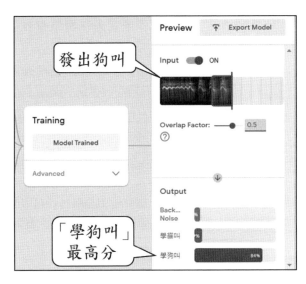

圖 14-16　發出狗叫測試模型

**步驟 8**　輸出模型：如果對模型測試結果滿意的話，就可以將訓練好的模型輸出，
按「Export Model」，如圖 14-17 所示。

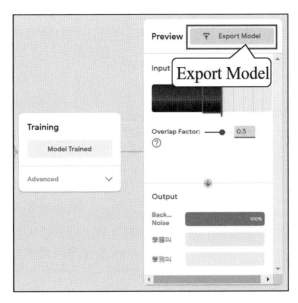

圖 14-17　輸出模型

選擇「Upload」與「p5.js」可以觀看如何使用該模型的網頁程式範例，再按「Upload my model」，如圖 14-18 所示。

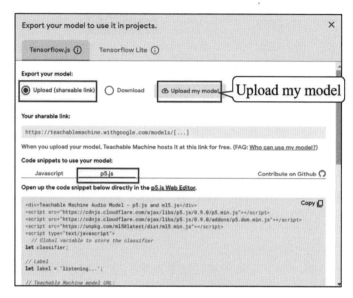

圖 14-18　上傳訓練好的模型

上傳模型完成會出現一個網址，如圖 14-19 所示，可以利用「Copy」鈕複製下 p5.js 範例程式，貼在文字編輯器上。

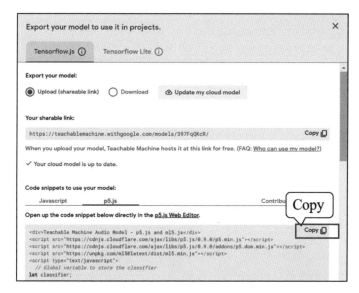

圖 14-19　利用「Copy」鈕複製下 p5.js 範例程式

**步驟 9**　編輯 HTML5 測試模型：先建立「sound2.html」檔，貼上利用「Copy」鈕
複製的 p5.js 範例程式，如表 14-2 所示。

表 14-2　複製的 p5.js 範例程式

```
<div>Teachable Machine Audio Model - p5.js and ml5.js</div>
<script src="https://cdnjs.cloudflare.com/ajax/libs/p5.js/0.9.0/p5.min.js"></script>
<script
src="https://cdnjs.cloudflare.com/ajax/libs/p5.js/0.9.0/addons/p5.dom.min.js"></scrip
t>
<script src="https://unpkg.com/ml5@latest/dist/ml5.min.js"></script>
<script type="text/javascript">
// 全域變數
let classifier;
// 宣告 label 變數
let label = 'listening...';
// Teachable Machine model URL:
let soundModel = 'https://teachablemachine.withgoogle.com/models/397FqQKcR/';
//用來處理非同步載入外部檔案的函數，在 setup 前執行
function preload()
```

```
{
  // Load the model
  classifier = ml5.soundClassifier(soundModel + 'model.json');
}//end of preload
//程式一開始執行一次設定的函數
function setup() {
  createCanvas(320, 240);
  // 開始分類
  // 這聲音模型會連續監聽著麥克風
  classifier.classify(gotResult);
}//end of setup
//重覆執行將影像畫在畫布上的函數
function draw()
{
  background(0);
  // 在畫布上畫出 label 值
  fill(255);
  textSize(32);
  textAlign(CENTER, CENTER);
  text(label, width / 2, height / 2);
}//end of draw
//當得到預測的結果時會執行的函數
function gotResult(error, results)
{
  if (error) {
    console.error(error);
    return;
  }//end of if
  // 預測結果是以可信度進行陣列的排序
  // console.log(results[0]);
  label = results[0].label;
}//end of gotResult
</script>
```

用 Google Chrome 開啟「sound2.html」檔案，可以看到執行結果，如圖 14-20 所示。會先出現詢問視窗，顯示這檔案想要使用你電腦的麥克風，選「Allow」允許使用後，就可以開始對電腦講話。

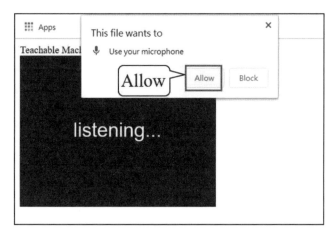

圖 14-20　允許電腦使用麥克風

　　當發出貓叫可以看到網頁文字變成「學貓叫」，當發出狗叫可以看到網頁文字變成「學狗叫」，如圖 14-21 所示。

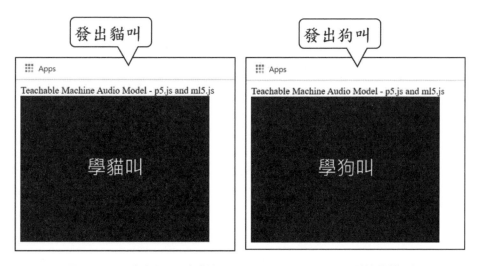

圖 14-21　建立網頁測試使用 Teachable Machine 訓練的模型

505

**隨堂練習**

嘗試建立模型，能夠分辨出四種聲音的模型，例如：學馬叫、學鳥叫、學公雞叫等等不同的聲音。

## 六、課後測驗

( ) 1. 本範例是使用何種技術？ (A) 遷移學習 (B) 漸進學習 (C) 重頭學習

( ) 2. 本範例使用的模型是？ (A) SpeechCommands18w (B) VGG16
(C) YOLO

( ) 3. 本範例使用何種方式輸入資料？ (A) 聲音 (B) 攝影機影像 (C) 網路照片

( ) 4. 何者不是本範例可以分辨的聲音？ (A) 學鳥叫 (B) 學貓叫 (C) 學狗叫

( ) 5. 本範例使用的 Teachable Machine 模型是哪家公司提供的網站資源？
(A) Google (B) Microsoft (C) IBM

第
15
堂
課

CHAPTER ▶▶ ▶

# TensorFlow模型
# 轉換與SSD測試

● ● ● ● ● ● ● ● ● ● ● ● ● ● ● ● ● ● ● ● ● ● ● ●

## 一、實驗介紹

訓練深度學習模型時，多數人使用 Python 程式語言開發專案。但若想要將模型訓練的結果載入至瀏覽器環境，以設計出一個有深度學習功能且具互動功能的網頁，就需要進行模型轉換。本堂課以 2017 年六月 Google 釋出的 TensorFlow 框架設計的基於 MobileNets 的 Single Shot Multibox Detector（SSD）模型為範例。將網路上在「Google Colab」上的自訂物件偵測（辨識出豆豆龍玩偶與龍貓公車玩偶）的模型訓練結果，轉換成可以載入至瀏覽器使用 TensorFlow.js 做推論使用的形式。再使用 Chrome 瀏覽器搭配攝影機測試辨識出豆豆龍玩偶與龍貓公車玩偶，並使用 Web Server for Chrome 在 Chrome 上建立 Websever，就可以在個人電腦上利用轉換的模型在瀏覽器上執行 SSD 物件偵測，實驗架構如圖 15-1 所示。

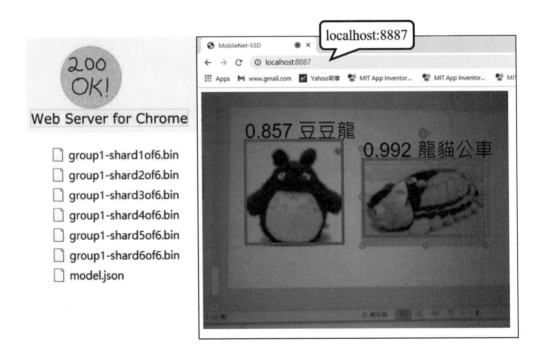

**圖 15-1　利用轉換的模型在瀏覽器上執行 SSD 物件偵測實驗架構**

## 二、模型轉換實驗流程圖

　　為了將已訓練好的模型實施在不同的平臺上（例如，伺服器、行動裝置、嵌入式元件與瀏覽器等等），通常以 Python 執行 TensorFlow 模型完成訓練後，會輸出成 TensorFlow 標準格式 SaveModel，這格式包含了完整的 TensorFlow 程式的資訊（不只有模型的權重值，也有計算的程序）。接著經過 tensorflowjs_converter 函數轉換 SaveModel 成 tfjs 模型，轉換出 model.json 及 n 個 group1-shardxofx.bin 文件，如 group1-shard1of6.bin、group1-shard2of6.bin 和 group1-shard6of6.bin 等。下一步是使用 Web Server for Chrome 建立網頁伺服器再由 TensorFlow.js 載入轉換過的模型與權重再執行推論。最後由推論結果透過非最大抑制函數計算出最後的物件辨識結果並會以矩形框出該物件範圍，實驗流程如圖 15-2 所示。

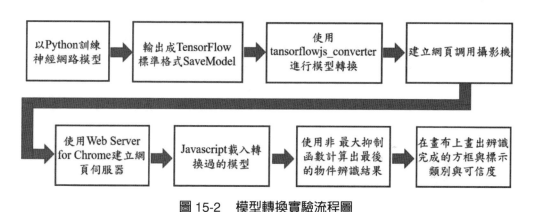

圖 15-2　模型轉換實驗流程圖

## 三、程式架構

　　本範例使用 Chrome 瀏覽器開啟攝影機，可將攝影機拍攝到的畫面呈現在瀏覽器，並以方框框出辨識到的物體並標出名稱，程式架構如圖 15-3 所示。網頁初始化呈現一個畫布，再定期依攝影機畫面更新畫布內容，並將攝影機影像數值轉換成張量，再輸入至神經網路模型進行推論，最後將推論結果的物體座標與分類名稱標示在畫布上。

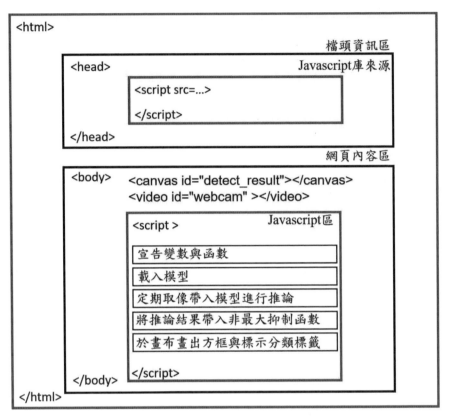

圖 15-3　程式架構

## 四、重點說明

1. MobileNet-SSD：SSD（single Shot MultiBox Detector）為一種物件偵測（Object）的網路架構，在 2016 年由 Google 研發團隊發展出來，提供適合在嵌入式系統執行即時偵測的模型。SSD 能對一個圖像中的影像偵測出多個物件。可以分成兩個部分，一部分是提取特徵映射（feature maps），另一部分是運用卷積濾波器去偵測物體。在最早發表的 SSD 論文中，是利用 VGG-16 神經網路去提取特徵映射。而為了能在較低效能的元件上執行 SSD，就將以輕量級深度神經網路架構設計的 MobileNet 整合進 SSD 而產生 MobileNet-SSD。MobileNet-SSD 是利用 Mo-

bileNet 神經網路去提取特徵映射。模型輸出結果會包括偵測到物體的類別標籤、可信度分數、經正規化過數值在 0 到 1 之間的物件方框左上角座標與右下角座標。

2. SaveModel：SavedModel 為 TensorFlow 儲存模型的格式之一，此格式不僅儲存了參數，也儲存了模型計算過程，不需要依賴原始程式就可以運行。使用 SavedModel 格式進行模型儲存及載入 SavedModel 格式的模型之語法如表 15-1 所示。

表 15-1　SavedModel 格式的模型儲存與載入

| 應用 | 範例 |
|---|---|
| 儲存模型 | model.save('saved_model\my_model') |
| 載入模型 | tf.keras.models.load_model('saved_model\my_model') |

3. 模型轉換：TensorFlow.js 配合了各種預訓練模型，提供了模型轉換器，可以讓這些已經在其他地方找到或創建的 TensorFlow 預訓練模型經過轉換後，使用在瀏覽器中。本範例由 Python 模型轉換 tfjs 模型，需要先安裝 tensorflowjs_con-verter 工具，安裝成功後，可以用 Python 腳本或 shell 命令 tensorflowjs_converter 轉換 TensorFlow 預訓練模型。表 15-2 顯示使用 Python 環境安裝相關套件與模型轉換使用範例。

表 15-2　模型轉換使用範例

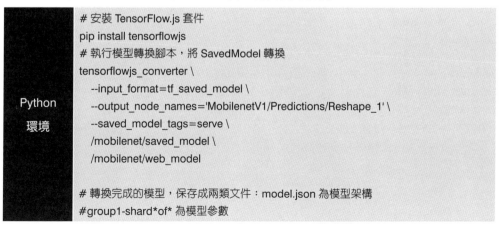

| Python 環境 | # 安裝 TensorFlow.js 套件<br>pip install tensorflowjs<br># 執行模型轉換腳本，將 SavedModel 轉換<br>tensorflowjs_converter \<br>　--input_format=tf_saved_model \<br>　--output_node_names='MobilenetV1/Predictions/Reshape_1' \<br>　--saved_model_tags=serve \<br>　/mobilenet/saved_model \<br>　/mobilenet/web_model<br><br># 轉換完成的模型，保存成兩類文件：model.json 為模型架構<br>#group1-shard*of* 為模型參數 |
|---|---|

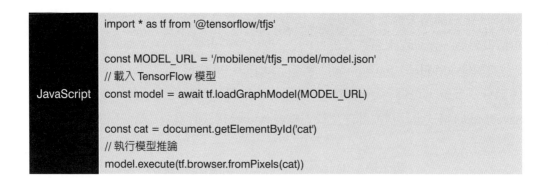

    4. tf.browser.fromPixels：將影像內容值轉換成一個 tf.Tensor 張量，應用範例如表 15-3 所示。函數 tf.browser.fromPixels (pixels, numChannels?) 有兩個參數，一個是 pixels，要輸入 4 通道的影像，numChannels 是輸出張量的通道數，其值必需小於等於 4，預設爲 3。若不設定就採用預設值。函數回傳爲 tf.Tensor3D 型態。

### 表 15-3 tf.browser.fromPixels 應用範例

| 應用範例 | 執行結果 |
| --- | --- |
| /* ImageData { width: 2, height: 1, data: Uint8ClampedArray[80000] }<br>*/<br>const image = new ImageData(2, 1);<br>image.data[0] = 100;<br>image.data[1] = 150;<br>image.data[2] = 200;<br>image.data[3] = 250;<br>image.data[4] = 251;<br>image.data[5] = 252;<br>image.data[6] = 253;<br>image.data[7] = 254;<br>console.log (image.data) ;<br>tf.browser.fromPixels (image) .print(); | 100,150,200,250,251,252,253,254 Tensor [[[100, 150, 200], [251, 252, 253]]] |

| 應用範例 | 執行結果 |
|---|---|
| const image = new ImageData(2, 1);<br>image.data[0] = 100;<br>image.data[1] = 150;<br>image.data[2] = 200;<br>image.data[3] = 250;<br>image.data[4] = 251;<br>image.data[5] = 252;<br>image.data[6] = 253;<br>image.data[7] = 254;<br>console.log（image.data）;<br>tf.browser.fromPixels（image,4）.print(); | 100,150,200,250,251,252,253,254<br> Tensor [[[100, 150, 200, 250], [251, 252, 253, 254]]] |

5. tf.loadGraphModel：由一個 URL（導向特定網頁的網址）載入圖模型（graph model）。函數原始宣告為 tf.loadGraphModel（modelUrl, options?），其中的 modelUrl 是模型所在的網址 URL，options 是其他選用的 HTTP request。使用範例如表 15-4 所示。

表 15-4　tf.loadGraphModel 應用範例

| | |
|---|---|
| 函數 | tf.loadGraphModel（modelUrl, options?）<br><br>回傳：<br><br>Promise<tf.GraphModel> 返回各項參數是固定的，並且不能使用新數據對模型進行微調 |
| 實例 | const modelUrl =<br>　'https://storage.googleapis.com/tfjs-models/savedmodel/mobilenet_v2_1.0_224/model.json'; // 定義變數值<br>const model = await tf.loadGraphModel（modelUrl）; // 載入模型<br>const zeros = tf.zeros（[1, 224, 224, 3]）; // 創造張量<br>model.predict(zeros).print(); // 印出模型預測結果 |

6. Web Server for Chrome：模型轉換完成後的模型可儲存在電腦本機中，我們可將 Chrome 瀏覽器變成「Web Server」，方便讓 Javascript 測試引用模型是否成

功。「Web Server for Chrome」是一個瀏覽器的外掛，如圖 15-4 所示，支援 Google Chrome 瀏覽器。

圖 15-4　Web Server for Chrome

　　7. 非最大抑制演算法：由於使用 SSD 模型產生的辨識結果，其中一個元素是 100 個候選框的可信度分數，另個元素是 100 個候選框的矩形框左上點與右下點的 [y1, x1, y2, x2] 正規化座標。但因許多候選框有很高的重合度，所以非極大值抑制演算法就是要從這些局部重合度高的候選框中，選一個最好的候選框留下來。以圖 15-5 來舉例，有五個候選框與可信度，經過非最大抑制演算後局部區域留少數的框。

**圖 15-5　使用非最大抑制演算之範例**

TensorFlow 提供了非最大抑制演算法 API，該名稱爲「tf.image.non_max_suppression」，使用該 API 需要輸入的參數包括 boxes、scores、max_output_size、iou_threshold、score_threshold，如表 15-5 所示。其中 boxes 是所有左上右下座標 [y1,x1,y2,x2]。boxes 是 2 維張量，boxes 的 shape 爲 [ 候選框的數量,4]。scores 是一維張量，scores 的 shape 爲 [ 候選框的數量 ]，代表對應每一個候選框的分數。max_output_size 代表一個純量整數，代表最多會選幾個框。iou_threshold 是個浮點數門檻值，決定候選框之間是否重疊太多。score_threshold 是個浮點數門檻值，決定在這分數以下的候選框要被移除。name 是名字，不一定需要。此函數回傳 selected_indices 爲一維的張量，shape 爲 [M] 代表所選到的方框的序號，其中 M 小或等於 max_output_size。

**表 15-5　tf.image.non_max_suppression 函數**

| 函數 | tf.image.non_max_suppression(<br>　　boxes, scores, max_output_size, iou_threshold=0.5,<br>　　score_threshold=float('-inf'), name=None<br>)<br>回傳：<br>selected_indices：shape 爲 [M] 的一維整數張量，表示從 box 張量中選擇的指數，其中 M 小於等於 max_output_size。 |
|---|---|
| 實例 | tf.image.nonMaxSuppression(boxes2, scores, 5, 0.5, 0.4);<br>// max_output_size 等於 5，最多會選 5 個框<br>// iou_threshold 等於 0.5，候選框重疊 iou 值 0.5 以上取最大分數框<br>// score_threshold 等於 0.4，移除分數在 0.4 以下的候選框 |

8. 建立物件偵測結果陣列的函數：本範例宣告一個 buildDetectedObjects2 函數，函數之參數有 width、height、boxes、scores、indexes、classes。width 為影像寬度，height 為影像高度、boxes 為 100 個方框座標、scores 為 100 個方框的分數，indexes 為選中的方框序號，classes 為 100 個方框的最高分的分類標籤。建立物件偵測結果陣列的函數使用範例如表 15-6 所示。

表 15-6　建立物件偵測結果陣列的函數使用範例

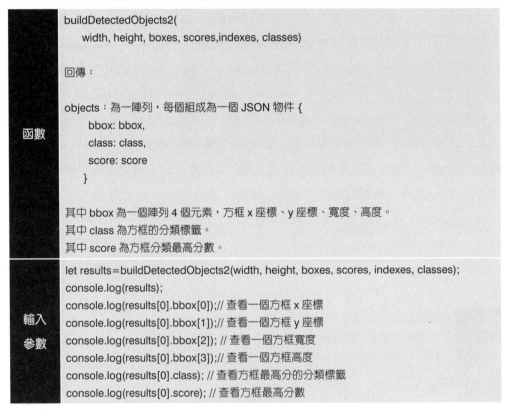

| 函數 | buildDetectedObjects2(<br>    width, height, boxes, scores,indexes, classes)<br><br>回傳：<br><br>objects：為一陣列，每個組成為一個 JSON 物件 {<br>    bbox: bbox,<br>    class: class,<br>    score: score<br>    }<br><br>其中 bbox 為一個陣列 4 個元素，方框 x 座標、y 座標、寬度、高度。<br>其中 class 為方框的分類標籤。<br>其中 score 為方框分類最高分數。 |
|---|---|
| 輸入<br>參數 | let results=buildDetectedObjects2(width, height, boxes, scores, indexes, classes);<br>console.log(results);<br>console.log(results[0].bbox[0]);// 查看一個方框 x 座標<br>console.log(results[0].bbox[1]);// 查看一個方框 y 座標<br>console.log(results[0].bbox[2]); // 查看一個方框寬度<br>console.log(results[0].bbox[3]);// 查看一個方框高度<br>console.log(results[0].class); // 查看方框最高分的分類標籤<br>console.log(results[0].score); // 查看方框最高分數 |

9. 使用 Promise 建構式：Promises 是種處理非同步代碼的方法，並在將來某個時刻完成動作就呼叫 resolve()，或動作失敗時，就呼叫 reject()。Promise 的使用範例如表 15-7 所示。

表 15-7 Promise 使用範例

```
let done = true

const isItDoneYet = new Promise((resolve, reject) => {
  if (done) {
    const workDone = 'Here is the thing I built'
    resolve(workDone)
  } else {
    const why = 'Still working on something else'
    reject(why)
  }
})
```

## 五、實驗步驟

TensorFlow 模型轉換與 SSD 測試實驗步驟如圖 15-6 所示。

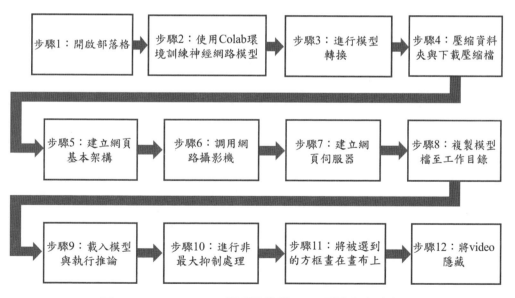

圖 15-6 TensorFlow 模型轉換與 SSD 測試之實驗步驟

**步驟 1** 開啟部落格：本範例使用網路上的部落格「Custom Object Detection Using TensorFlow in Google Colab」範例，可以自己訓練認識「豆豆龍」玩偶與「龍貓公車」玩偶的 MobileNet-SSD 物件辨識神經網路模型。可先開啟瀏覽器登入 Google 帳號，再連結網頁 https://medium.com/@matus.tanon/custom-object-detection-using-tensorflow-in-google-colab-e4d6e1a17f18，如圖 15-7 所示。

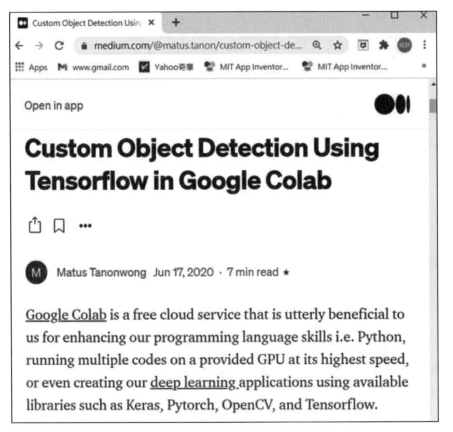

圖 15-7　Custom Object Detection Using TensorFlow in Google Colab

這部落格把完整程式碼放在 Colab 上 https://colab.research.google.com/drive/1bUiykt6QIZPU586TnlL-GNSE74b506uX?usp=sharing，如圖 15-8 所示。

圖 15-8　Totoro_Detection_Using_V1

按「File」下的「Save a copy in Drive」另存成一個副本，如圖 15-9 所示。

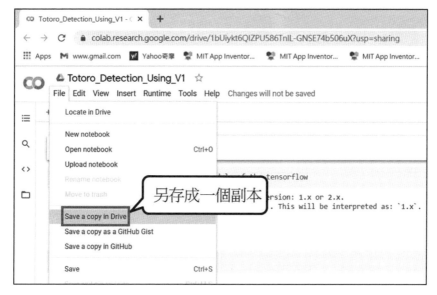

圖 15-9　另存成一個副本

再按「Runtime」下的「Change runtime type」，更改 Notebook settings 成「GPU」，如圖 15-10 所示，再按「SAVE」。

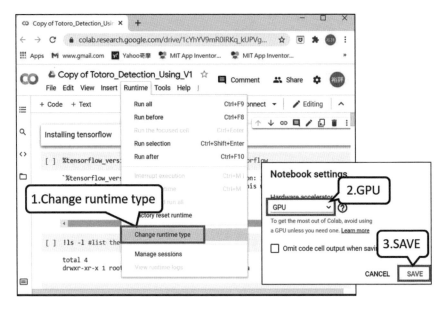

**圖 15-10　更改 Notebook settings 成「GPU」**

**步驟 2**　使用 Colab 環境訓練神經網路模型：依序執行每個程式，執行流程如圖 15-11 所示。會進行環境設定與訓練模型與訓練集下載，再進行 MobileNet-SSD 神經網路的訓練。

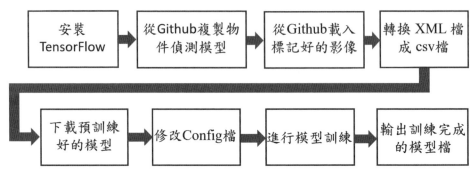

**圖 15-11　「Custom Object Detection Using TensorFlow in Google Colab」流程**

當完成「Training」訓練完成後,可以展開 Colab 左邊的資料夾「/root/models/trained」如圖 15-12 所示。

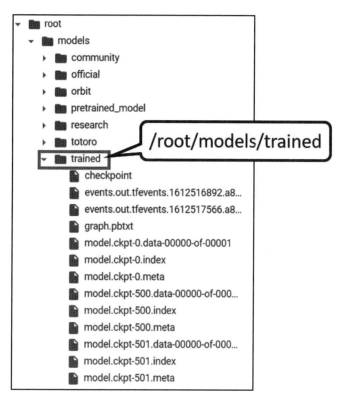

圖 15-12 訓練完成產生的檔案放在「/root/models/trained」下

接著執行「Exporting Trained Model」如圖 15-13,可以將訓練結果輸出成 SaveModel 形式。本範例指定輸出目錄為「/root/models/fine_tuned_model」下。

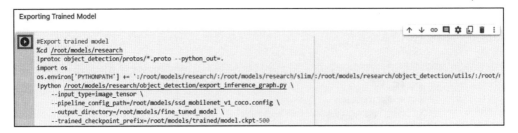

圖 15-13　指定輸出目錄為「/root/models/fine_tuned_model」

　　當輸出檔案動作完成後，可以看到在 Colab 左邊出現了「/root/models/fine_tuned_model」目錄，如圖 15-14 所示。

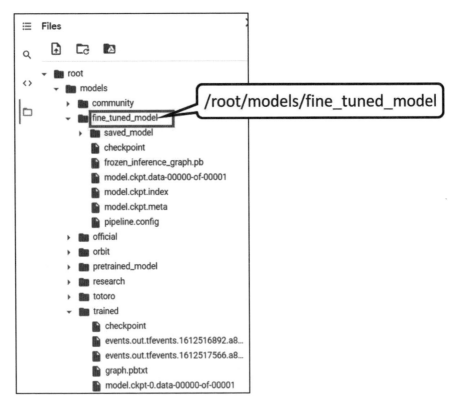

圖 15-14　轉換成 SvaeModel 形式至「/root/models/fine_tuned_model」目錄下

步驟 3　進行模型轉換：接著在 Colab 環境下新增一個 Code 區，先進行安裝 ten-sorflowjs 套件，語法為「!pip install --no-deps tensorflowjs」，就可以使用「tensorflowjs_converter」指令將 SvaeModel 形式的模型轉換為 Web 形式的模型，轉換完成的結果可以指定在「/root/models/fine_tuned_model/web_model」目錄，如圖 15-15 所示。

```
!pip install --no-deps tensorflowjs
import tensorflowjs as tfjs

!tensorflowjs_converter \
    --input_format=tf_saved_model \
    --output_node_names='detection_boxes,detection_scores,num_detections,detection_classes' \
    --saved_model_tags=serve \
    /root/models/fine_tuned_model/saved_model \
    /root/models/fine_tuned_model/web_model
```

**圖 15-15　進行模型轉換**

　　模型轉換完成後，可以展開「/root/models/fine_tuned_model/web_model」目錄觀看模型轉換結果，如圖 15-16 所示。

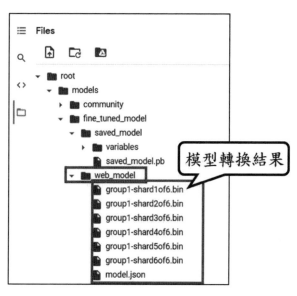

**圖 15-16　觀看模型轉換結果**

**步驟4** 壓縮資料夾與下載壓縮檔：接著在 Colab 環境下新增一個 Code 區，輸入壓縮「web_model」目錄產生「totorasavemodel.zip」的指令「!7z a-tzip 目標檔案來源」，如圖 15-17 所示。

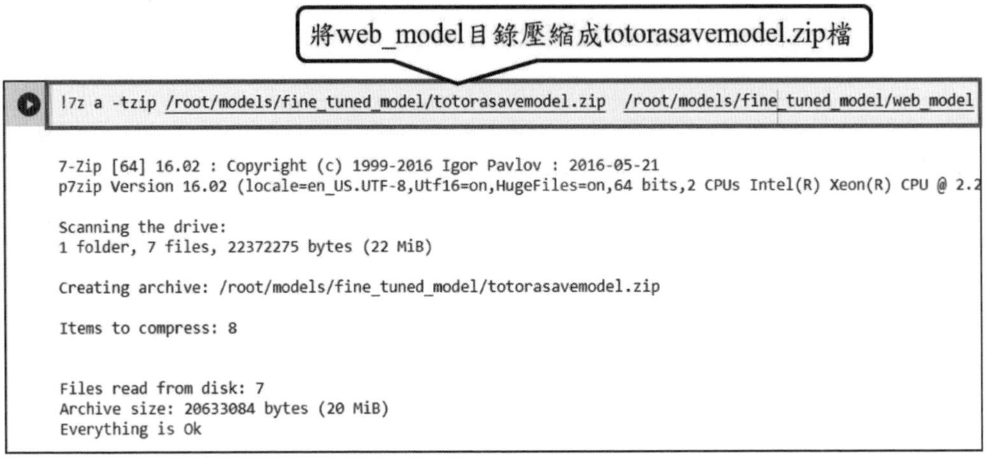

將web_model目錄壓縮成totorasavemodel.zip檔

```
!7z a -tzip /root/models/fine_tuned_model/totorasavemodel.zip /root/models/fine_tuned_model/web_model

7-Zip [64] 16.02 : Copyright (c) 1999-2016 Igor Pavlov : 2016-05-21
p7zip Version 16.02 (locale=en_US.UTF-8,Utf16=on,HugeFiles=on,64 bits,2 CPUs Intel(R) Xeon(R) CPU @ 2.2

Scanning the drive:
1 folder, 7 files, 22372275 bytes (22 MiB)

Creating archive: /root/models/fine_tuned_model/totorasavemodel.zip

Items to compress: 8


Files read from disk: 7
Archive size: 20633084 bytes (20 MiB)
Everything is Ok
```

圖 15-17　將 web_model 目錄壓縮成 totorasavemodel.zip 檔

壓縮完成，會在「/root/models/fine_tuned_model/」目錄下看到「totorasavemodel.zip」檔，點選該檔再按滑鼠右鍵進行下載，如圖 15-18 所示。

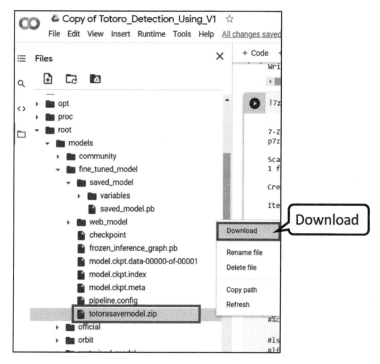

**圖 15-18　下載「totorasavemodel.zip」檔**

**步驟5**　建立網頁基本架構：建立一個工作目錄與一個新的 html 檔案，例如工作目錄為 chap15，建立 html 檔案如「modelconvertprediction.html」檔，需引入機器學習函式庫。本範例使用 canvas 與 video 標籤，並分別設定其 id 為 "detect_result" 與 "webcam" 程式，如表 15-8 所示。

**表 15-8　建立「modelconvertprediction.html」網頁基本架構**

```
<!DOCTYPE html>
<html>
<head>
<meta charset="UTF-8">
<title> MobileNet-SSD </title>
<!-- TensorFlow.js Core -->
```

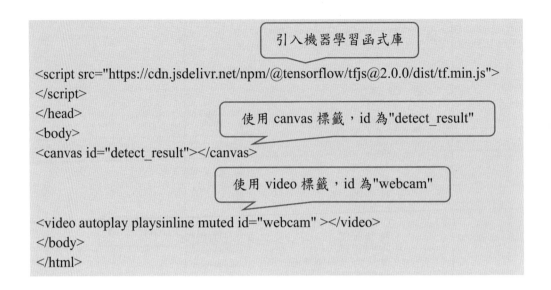

引入機器學習函式庫

```
<script src="https://cdn.jsdelivr.net/npm/@tensorflow/tfjs@2.0.0/dist/tf.min.js">
</script>
</head>
<body>
```

使用 canvas 標籤，id 為"detect_result"

```
<canvas id="detect_result"></canvas>
```

使用 video 標籤，id 為"webcam"

```
<video autoplay playsinline muted id="webcam" ></video>
</body>
</html>
```

步驟 6　調用網路攝影機：使用 Web API「navigator.mediaDevices.getUserMe-dia()」，調用網路攝影機與麥克風，在 </body> 前加入 <script> </script>，插入程式如表 15-9 所示。

表 15-9　調用網路攝影機程式設計

```
<!DOCTYPE html>
<html>
<head>
<meta charset="UTF-8">
<title> MobileNet-SSD </title>
<!-- TensorFlow.js Core -->
```

引入機器學習函式庫

```
<script src="https://cdn.jsdelivr.net/npm/@tensorflow/tfjs@2.0.0/dist/tf.min.js">
</script>
</head>
<body>
```

使用 canvas 標籤，id 為"detect_result"

```
<canvas id="detect_result"></canvas>
```

使用 video 標籤，id 為"webcam"

```
<video autoplay playsinline muted id="webcam" ></video>
<script>
```

若是沒有定義 mediaDevices

```
if (navigator.mediaDevices === undefined) {
    navigator.mediaDevices = {};
}//end of if
```

若是沒有定義 getUserMedia

```
if (navigator.mediaDevices.getUserMedia === undefined) {
```

則定義 getUserMedia

```
    navigator.mediaDevices.getUserMedia = function(constraints) {
        var getUserMedia = navigator.webkitGetUserMedia ||
                        navigator.mozGetUserMedia;
```

若瀏覽器不支援，回傳錯誤訊息

```
        if (!getUserMedia) {
            return Promise.reject(new Error('getUserMedia is not implemented in this
browser'));
        }//end of if
```

否則使用舊的 navigator.getUserMedia

```
        return new Promise(function(resolve, reject) {
            getUserMedia.call(navigator, constraints, resolve, reject);
        });
    }
}//end of if
```

調用麥克風與攝影機

```
navigator.mediaDevices.getUserMedia({ audio: true, video: true })
        .then(function(stream) {
                var video = document.querySelector('video');
```

若瀏覽器 video 有 srcObject 屬性

```
                if ("srcObject" in video) {
                    video.srcObject = stream;
                }
                else {
```

比較舊的瀏覽器可能沒有 srcObject，就用 src

```
                    video.src = window.URL.createObjectURL(stream);
                }//end of if
```

當指定的視頻的元數據已加載時會發生 loadedmetadata 事件

```
                video.onloadedmetadata = function(e) {
```

讓 video 播放

```
                    video.play();
```

呼叫 showResult

```
                    showResult();
                };
        })
        .catch(function(err) {
                console.log(err.name + ": " + err.message);
        });
</script>
</body>
</html>
```

　　將電腦接上攝影機，再使用瀏覽器開啟該程式，可以看到會先出現一個詢問視窗，詢問這檔案要使用你的麥克風與攝影機，按「Allow」允許使用你的麥克風與你的攝影機，如圖 15-19 所示。

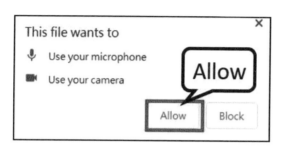

圖 15-19　允許使用麥克風與攝影機

可以看到瀏覽器會顯示攝影機拍攝到的影像，如圖 15-20 所示。

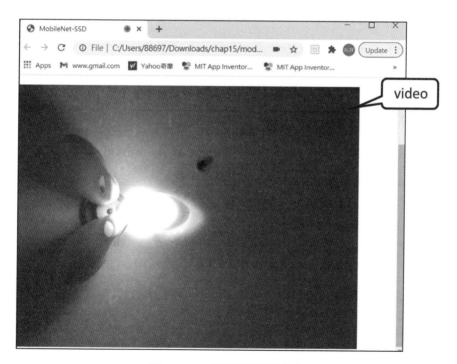

圖 15-20　調用攝影機成功

**步驟 7**　建立網頁伺服器：本範例使用 Chrome Web Server app 建立網頁伺服器，利用 chrome 線上應用程式商店，找到「Web Server for Chrome」，如圖 15-21 所示，按「加到 Chrome」。

圖 15-21　將「Web Server for Chrome」加到 Chrome

接著出現詢問視窗，按「Add app」加入 app，如圖 15-22 所示。

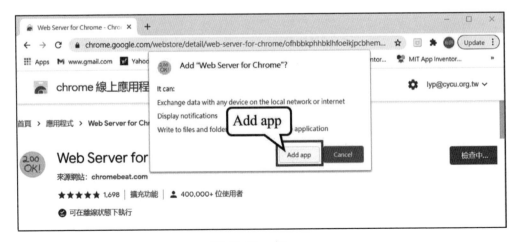

圖 15-22　加 app

安裝完成，可以在瀏覽器輸入「chrome://apps/」後，會看到出現「Web Server」，如圖 15-23 所示。

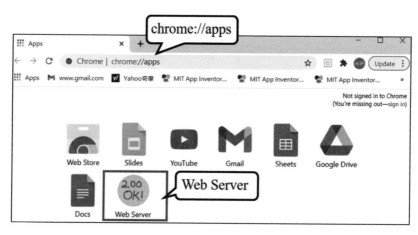

圖 15-23　在「chrome://apps」看到「Web Server」

點兩下「Web Server」會開啟「Web Server for Chrome」視窗，如圖 15-24 所示。按「CHOOSE FOLDER」可以選擇網站目錄，例如 chap15。

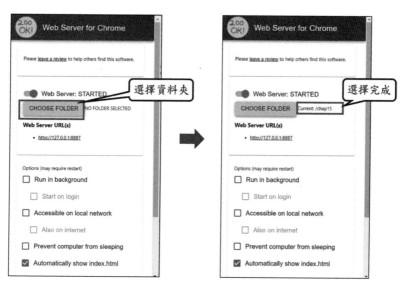

圖 15-24　選擇網站目錄

使用瀏覽器開啟「localhost:8887」，可看到 chap15 資料夾下的檔案，如圖 15-25 所示。點選「modelconvertprediction.html」開啟網頁。

圖 15-25　開啟「localhost:8887」

會先出現一個詢問視窗，詢問這檔案要使用你的麥克風與攝影機，按「Allow」允許使用你的麥克風與你的攝影機，如圖 15-26 所示。

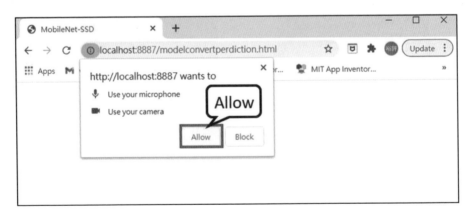

圖 15-26　允許調用你的麥克風與攝影機

接著可看到網頁上出現攝影機拍攝的畫面，如圖 15-27 所示。

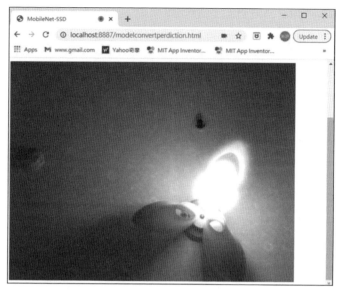

圖 15-27　開啟 localhost:8887 下的 HTML 檔

**步驟 8**　複製模型檔至工作目錄：將在步驟 3 下載至電腦的「totorasavemodel.zip」檔案解壓縮後會看到在 totorasavemodel 目錄有一個「web_model」目錄，複製「web_model」目錄至 chap15，如圖 15-28。

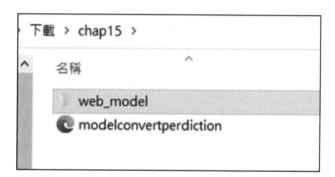

圖 15-28　複製「web_model」目錄至 chap15

展開「web_model」目錄可以看到模型檔 model.json 與 6 個參數檔 group1-shard1of6.bin 至 group1-shard6of6.bin，如圖 15-29 所示。

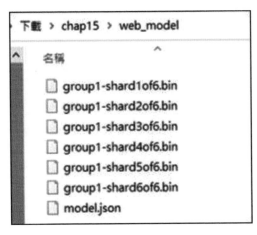

圖 15-29　展開「web_model」目錄

步驟9　載入模型與執行推論：在網頁程式中載入「web_model」目錄下的模型的方式為「tf.loadGraphModel("web_model/model.json");」，再將攝影機的影像轉成符合輸入維度的張量「img」送至模型執行推論「model.executeAsync(img);」，將推論結果存至 result，並將 result 的值，顯示在 console 視窗上。

表 15-10　載入模型與執行推論

```
<script>
//執行物件偵測應用的函數
async function app()
{
                    載入"web_model"目錄下的模型

    const model = await tf.loadGraphModel(" web_model/model.json");
```

取得頁面中 id 為'webcam' 的元素值

const webcamElement = document.getElementById('webcam');

取得頁面中 id 為 'detect_result' 的元素值

const canvas = document.getElementById('detect_result');

設定繪圖環境為 2D，回傳一個物件有所有畫圖的方法內容

const context = canvas.getContext('2d');

執行非同步函數，將其回傳值存至 showResult

let showResult = async function () {

將影像轉 tf 張量，再將張量 shape 擴張成批資料形式回傳張量至 img

img = tf.browser.fromPixels(webcamElement).expandDims(0);

取出張量 img 的 shape[1] 值，存至 height

const height = img.shape[1];

取出張量 img 的 shape[2] 值，存至 width

const width = img.shape[2];

在 console 顯示 height 值

console.log("height");
console.log(height);

在 console 顯示width 值

console.log("width");
console.log(width);

> 將 img 張量輸入至模型執行推論

```
const result = await model.executeAsync(img);
```

> 檢視結果

```
console.log(result );
```

> 釋放 img 所佔的 GPU 記憶體

```
img.dispose();
```

> 釋放 result 所佔的 GPU 記憶體

```
tf.dispose(result);
```

> 指定 1000 毫秒後執行 showResult ()

```
setTimeout(function () { showResult(); }, 1000);
}// end of showResult
// 若是沒有定義 mediaDevices
if (navigator.mediaDevices === undefined) {
    navigator.mediaDevices = {};
}//end of if
//  若是沒有定義 getUserMedia
if (navigator.mediaDevices.getUserMedia === undefined) {
    // 則定義 getUserMedia
    navigator.mediaDevices.getUserMedia = function(constraints) {
        var getUserMedia = navigator.webkitGetUserMedia ||
        navigator.mozGetUserMedia;
        // 若瀏覽器不支援，回傳錯誤訊息
        if (!getUserMedia) {
            return Promise.reject(new Error('getUserMedia is not
implemented in this browser'));
        }//end of if
```

```
        //  否則使用舊的 navigator.getUserMedia
        return new Promise(function(resolve, reject) {
          getUserMedia.call(navigator, constraints, resolve, reject);
        });
      }
    }//end of if
    // 調用麥克風與攝影機
    navigator.mediaDevices.getUserMedia({ audio: true, video: true })
    .then(function(stream) {
        var video = document.querySelector('video');
        // 若瀏覽器 video 有 srcObject 屬性
        if ("srcObject" in video) {
          video.srcObject = stream;
        }
        else {
          // 比較舊的瀏覽器可能沒有 srcObject，就用 src
          video.src = window.URL.createObjectURL(stream);
        }
        // 當指定的視頻的元數據已加載時會發生 loadedmetadata 事件
          video.onloadedmetadata = function(e) {
            // 讓 video  播放
            video.play();
            // 呼叫 showResult
            showResult();
          };
    })
    .catch  (function(err) {
        console.log(err.name + ": " + err.message);
    });
} //end of app
app(); // 呼叫 app 函數
</script>
```

　　重新整理網頁後，可看到出現兩個影像，一個是 canvas ，一個是 video，如圖 15-30 所示。canvas 定期顯示 video 的影像。

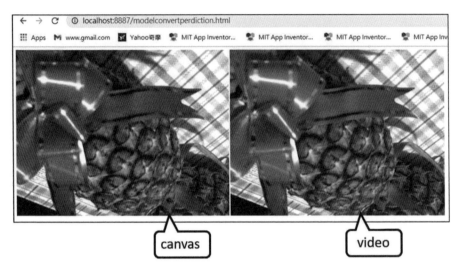

圖 15-30　網頁顯示 canvas 與 video

　　使用鍵盤按「Ctrl+Shift+I」開啟「開發者工具」，可以看到模型推論結果有 7 個張量，如圖 15-31 所示。

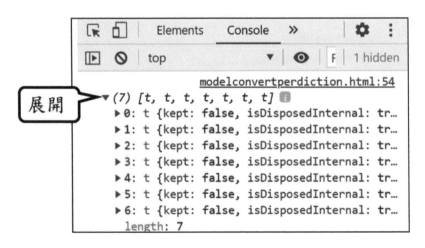

圖 15-31　模型推論結果

將推論結果由 GPU 記憶體中取回，在「console.log(result);」下一行加入如表
15-11 之程式。dataSync() 方法是可由 GPU 記憶體中取回資料；arrySync() 方法是
會回傳張量資料成為巢狀陣列。

表 15-11　將推論結果由 GPU 記憶體中取回

```
console.log(result );
```

將 7 個張量從 GPU 取回來，在 console 視窗顯示

```
console.log(result[0].dataSync() );

console.log(result[1].arraySync() );

console.log(result[2].dataSync() );

console.log(result[3].dataSync() );

console.log(result[4].arraySync() );

console.log(result[5].dataSync() );

console.log(result[6].dataSync());
```

重新整理網頁，將推論結果由 GPU 記憶體中取回並顯示之結果，如圖 15-32
所示。MobileNet-SSD 模型共有 1917 個候選框，result[0] 為 1917 個候選框中各類
別的可信度（標籤號碼 0 代表背景類別，1 代表 'totoro'，2 代表 'nekobus'），所以
result[0] 會有 3*1917 個資料。result[1] 為 1917 個候選框的 4 個正規化過的座標(xmin,
ymin, xmax, ymax)。result[2] 為從 1917 個候選框選出 100 個框的 4 個正規化過的
座標(xmin, ymin, xmax, ymax)。result[3] 為該 100 個候選框的分類最高分的可信度。
result[4] 為該 100 個候選框中各類別的可信度（標籤號碼 0 代表背景類別，1 代表
'totoro'，2 代表 'nekobus'）。result[5] 為該 100 個候選框的分類最高分的標籤號碼。
result[6] 只有一個值 100，代表設定候選框的數目。再展開 result[2].dataSync() 的

Float32Array(400) 的陣列，內容就是 100 個候選框的 4 個正規化過的座標 (xmin, ymin, xmax, ymax)，如圖 15-33 所示。

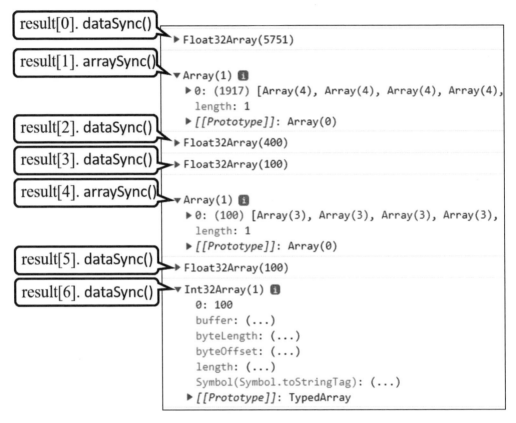

圖 15-32　將推論結果由 GPU 記憶體中取回並顯示

```
                                                    modelconvertperdiction.html:68
Float32Array(400) [0, 0, 0.09994380176067352, 0.26287558674812317, 0.14245879650115967, 0.4
3806055188179016, 0.9738039970397949, 1, 0, 0, 0.855659008026123, 0.4330570101737976, 0.000
979602336883545, 0, 0.14560344815254211, 0.28236451745033264, 0.8522461694927216, 0.2188563
048839569, 1, 0.8822140693664551, 0, 0.26413577795028687, 1, 0.7653202414512634, 0, 0.31952
62849330902, 0.6045105457305908, 0.9481832981109619, 0.8438366651535034, 0.0508273243904113
8, 1, 0.6651566624641418, 0.2903343737125397, 0.5903780460357666, 0.7902339696884155, 0.896
6325521469116, 0.1133513450625586, 0.10973009467124939, 0.9273746013641357, 0.447879642248
1537, 0, 0.4863297641277313, 0.7160382270812988, 1, 0, 0.040957696735585892, 0.2160494625568
39, 0.18624937534332275, 0.4757748544216156, 0.3191806375980377, 1, 1, 0.2520458698272705,
0.4597945809364319, 0.8317526578903198, 0.9543265700340271, 0.06170547008514404, 0.02007225
1558303833, 0.5049815773963928, 0.43533992767333984, 0.3297787606716156, 0, 0.5448865294456
482, 0.5190299153327942, 0.11114835739135742, 0, 0.37560683488845825, 0.4248548746109009,
0.39846667647361755, 0.6067498922348022, 0.9128447771072388, 0.9000892639160156, 0.43349641
56150818, 0.7019635438919067, 0.9170487523078918, 0.9789425134658813, 0.1826435774564743,
0.5932209491729736, 0.6560806632041931, 0.8984829187393188, 0.04088299721479416, 0, 0.25585
45768260956, 0.59458988904953, 0.14104479551315308, 0.1806352138519287, 0.8786221146583557,
0.9752905368804932, 0.06973040103912354, 0.5832733511924744, 0.8095995187759399, 0.99685257
67326355, 0.0293383309185504913, 0.0769614875316619, 0.1287316381931305, 0.1776724159717559
8, 0.03149488568305969, 0.03141895681619644, 0.579474687576294, 0.2540333867073059, …]
```

圖 15-33　100 個候選框的 4 個正規化過的座標

第一個 Float32Array(100) 的陣列，內容就是 100 個候選框的分類最高分的可信度，如圖 15-34 所示。

```
                                                    modelconvertperdiction.html:69
Float32Array(100) [0.23504680395126343, 0.19055524468421936, 0.07468181103467941, 0.0708998
7397193909, 0.0682804211974144, 0.062919341027773666, 0.052468184381723404, 0.05103093385696
411, 0.0400001284331833, 0.03991122916340828, 0.03669125959277153, 0.03663419932126999, 0.0
3454894572496414, 0.0326359830796786, 0.031721360981464386, 0.03122050128877163, 0.0290359
7056865692, 0.029014788568019867, 0.028868895024061203, 0.027919873595237732, 0.02723008953
0348778, 0.026954716071486473, 0.0266053956001997, 0.025234879925847054, 0.0245498269796371
46, 0.023982178419828415, 0.023381436243653297, 0.02190542034804821, 0.021745027974247932,
0.0214691124856472, 0.021262483671307564, 0.021127862855792046, 0.020633498206734657, 0.020
33017762005329, 0.02008432522461148, 0.020016660913825035, 0.01997783030399017, 0.0197960
36183834076, 0.0197126604616642, 0.01970068365334645, 0.01934555917978286, 0.019124943763
017654, 0.01907701976597309, 0.01906530186533928, 0.0188612099973692894, 0.0186970550566911
7, 0.01861235685646534, 0.01843634806573391, 0.018266813829541206, 0.01818801276385784, 0.0
17882689833641052, 0.017827194184064865, 0.017778443172574043, 0.0177266430109793, 0.01770
5781385302544, 0.017539871856570244, 0.017527909949421883, 0.017317771911621094, 0.01709407
3817133904, 0.01707695983350277, 0.01686142012476921, 0.016761576756834984, 0.0167088489979
50554, 0.01671341422200203, 0.0162963382899761, 0.0162066351622334306, 0.01616992428898811
3, 0.01615097932517285, 0.016088683158159256, 0.015990622341632843, 0.0159479547291941,
0.0159312393516302, 0.01588475890457163, 0.01587726920843124, 0.01581671647727489, 0.0158
1406593322754, 0.015805006027221168, 0.01580365002155304, 0.01573123410344124, 0.0157115850
59762, 0.0156793016940553, 0.01563030667603016, 0.01552214473485946, 0.015517962165176868,
0.0153622426733437, 0.01536055188626051, 0.0153325169005718, 0.0153200053324103355, 0.01
528483163565373, 0.0152334645390510, 0.015224427916109562, 0.015150467865169048, 0.0151
4368783682584, 0.015077564865350723, 0.015072657726705074, 0.0150641556829214, 0.015004063
02511692, 0.014992588199675083, 0.014972774311900139, 0.014963578432798386]
```

圖 15-34　100 個候選框的分類最高分的可信度

　　下一個 Float32Array(100) 的陣列，內容就是 100 個候選框的分類最高分的標籤號碼，如圖 15-35 所示。1 代表 'totoro'，2 代表 'nekobus'。

```
                                                    modelconvertperdiction.html:71
Float32Array(100) [2, 2, 2, 2, 2, 2, 2, 2, 2, 2, 2, 2, 2, 2, 2, 2, 1, 1, 2, 2, 2, 1, 2, 2, 2,
1, 1, 2, 1, 1, 1, 1, 2, 2, 2, 1, 2, 2, 2, 1, 2, 1, 1, 1, 2, 2, 2, 2, 2, 1, 2, 1, 1, 2, 1,
1, 1, 1, 2, 2, 2, 2, 1, 2, 2, 1, 1, 2, 1, 1, 1, 1, 1, 2, 1, 2, 2, 2, 1, 2, 1, 2,
1, 2, 1, 1, 2, 1, 2, 2, 2, 1, 1, 2, 2, 2, 2]
```

圖 15-35　100 個候選框的分類最高分的標籤號碼

**步驟 10** 進行非最大抑制處理：將 100 個候選框的分類最高分的標籤號碼存成 classes 變數，將 100 個候選框的分類最高分的可信度存成 scores 變數，將 100 個候選框的分類最高分的座標存成 boxes 變數。再進行非最大抑制處理，設定每張畫面最多 5 個方框，IoU 門檻值為 0.5，分數門檻值為 0.4，將 100 個候選方框的座標與分數帶入非最大抑制函數計算。

表 15-12　進行非最大抑制處理

将 100 個方框的分類結果存至 classes

```
const classes = result[5].dataSync();
```

将 100 個方框的分數結果存至 scores

```
const scores = result[3].dataSync();
```

将 100 個方框的座標存至 boxes

```
const boxes = result[ 2].dataSync();
```

使用會清除所有的 tensor，避免佔據記憶體，使用 tf.tidy 會在執行完畢時將函式執行中建立的 tensor 從 GPU 記憶體中移除

```
const indexTensor = tf.tidy(() => {
```

> 將 boxes 轉成 2 維張量存至 boxes2

```
const boxes2 =tf.tensor2d(boxes, [result[6].shape[1],
result[6].shape[2]]);
```

> 設定最多有5個方框，iou門檻值為0.5，分數門檻值為0.4
> 將 100 個候選方框的座標與分數帶入非最大抑制函數計算

```
return tf.image.nonMaxSuppression( boxes2, scores, 5, 0.5, 0.4);
});
```

> 將張量值從 GPU 取出來

```
const indexes = indexTensor.dataSync();
console.log("indexes");
```

> 在 console 視窗顯示 indexes 值

```
console.log(indexes);
```

> 釋放 indexTensor 所佔的 GPU 記憶體

```
indexTensor.dispose();
// 釋放 img 所佔的 GPU 記憶體
img.dispose();
// 釋放 result　所佔的 GPU 記憶體
tf.dispose(result);
```

　　重新整理網頁，將鏡頭對著豆豆龍玩偶與龍貓公車，可以看到 indexes 值會印出有哪幾個方框滿足條件，執行非最大抑制之結果如圖 15-36 所示。若 indexes 為空集合，則是沒有任何候選方框滿足條件。

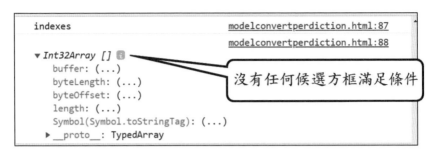

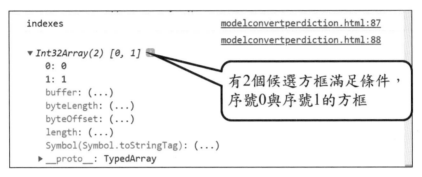

圖 15-36　執行非最大抑制之結果

**步驟 11** 將被選到的方框畫在畫布上：設定分類號碼爲 1 的標籤名爲「豆豆龍」，分類號碼爲 2 的標籤名爲「龍貓公車」。再將被選到的方框畫在畫布上，並以文字顯示可信度與類別標籤。本範例建立一個函數 buildDetectedObjects2，可以建立物件偵測結果陣列，再以此函數回傳的結果將方框在畫布上畫出，並以文字顯示可信度與類別標籤，程式如表 15-13 所示。函數 buildDetectedObjects2 返回一個陣列，陣列的每個元素爲一個 JSON 物件 { bbox: bbox, class: class, score: score }，本範例將函數 buildDetectedObjects2 返回結果存至 results，所以 results 的第 i 個元素，results[i].bbox 代表方框的 x 最小值、y 最小值、方框寬度與方框高度；results[i].class 代表方框中的物件類別名稱；results[i].score 代表方框中的物件類別可信度。

表 15-13　將被選到的方框畫在畫布上

```
<script>
const CLASSESname=["background","豆豆龍","龍貓公車"];
```

建立物件偵測結果陣列

```
function buildDetectedObjects2(
    width, height, boxes, scores, indexes, classes){
    const count = indexes.length;
    const objects= [];
    for (let      i = 0; i < count; i++) {
      const bbox = [];
      for (let j = 0; j < 4; j++) {
         bbox[j] = boxes[indexes[i] * 4 + j];
      }//end of for
      const minY = bbox[0] * height;
      const minX = bbox[1] * width;
      const maxY = bbox[2] * height;
      const maxX = bbox[3] * width;
      bbox[0] = minX;
      bbox[1] = minY;
      bbox[2] = maxX - minX;
      bbox[3] = maxY - minY;
      objects.push({
         bbox: bbox,
         class: CLASSESname[classes[indexes[i]]],
         score: scores[indexes[i]]
      });
    }//end of for
    return objects;
}//end of buildDetectedObjects2
```

```
// 執行物件偵測應用的函數
async function app()
{
    ....
    // 釋放 img 所佔的 GPU 記憶體
    img.dispose();
    // 釋放 result   所佔的 GPU 記憶體
    tf.dispose(result);
```

> 將寬度值、高度值、100 個方框座標、100 個分數選出序號、
> 100 個方框的分類結果帶入 buildDetectedObjects2 函數中，
> 找出最後的方框位置

```
    let results=buildDetectedObjects2( width, height, boxes, scores,
indexes, classes);
```

> 在 console 視窗顯示 results 值

```
    console.log(results);
```

> 對所有被選中的方框做處理

```
    for (let i = 0; i < results.length; i++) {
        console.log(results[i].bbox);
        console.log(results[i].class);
        console.log(results[i].score);
        // 產生一個新路徑
        context.beginPath();
        //three dots mean spread over object get all its properties
        // 依序號為 i 的 results 組成的 bbox 畫出方形
        context.rect(...results[i].bbox);
        // 設定線寬為 5
        context.lineWidth = 5;
```

```
// 設定線的顏色為紅色
context.strokeStyle = "red";
// 實際繪製出線條
context.stroke();
// 在方框座標(x，y-5)處填入文字"分數與標籤"
context.fillText(results[i].score.toFixed(3) + ' ' +
results[i].class, results[i].bbox[0],results[i].bbox[1] - 5);
  } // end of for
  …
} //end of app
```

　　重新整理網頁，將鏡頭對著豆豆龍玩偶與龍貓公車，可以看到在 Console 視窗出現 results 的內容，每個元素是一個 JSON 物件，如圖 15-37 所示。所以 results 的第 i 個元素，results[i].bbox 代表方框的 x 最小值、y 最小值、方框寬度與方框高度；results[i].class 代表方框中的物件類別名稱；results[i].score 代表方框中的物件類別可信度。

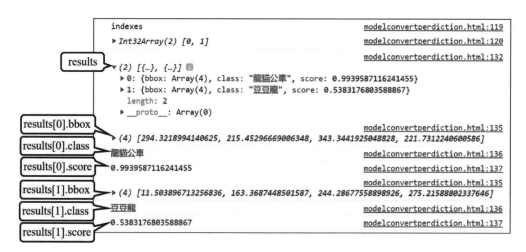

圖 15-37　在 Console 視窗顯示 results

在瀏覽器畫面也可以看到 SSD 辨識結果在畫布上畫出多個方框，例如在豆豆龍與龍貓公車的位置加上方框，結果如圖 15-38 所示。

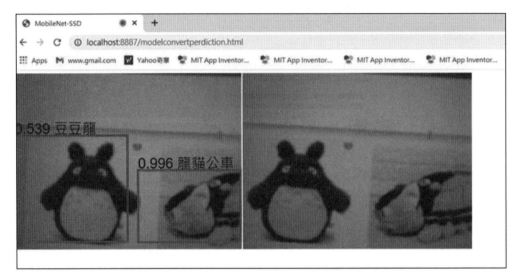

圖 15-38　SSD 辨識結果在畫布上畫出多個方框

**步驟 12** 將 video 隱藏：可以使用 CSS 將 video 畫面隱藏，只出現 canvas 的部分，隱藏的語法為將 visibility 屬性設定成 hidden，將 video 畫面隱藏程式設計如表 15-14 所示。在 <head></head> 標籤區域加入 <style></style> 標籤，寫 CSS 程式。

表 15-14　將 video 畫面隱藏程式設計

```
<head>
  …
<style>
  video{
    visibility: hidden;
  }
</style>
</head>
```

設定將 video 畫面隱藏

重新整理網頁，將鏡頭對著豆豆龍玩偶與龍貓公車，可以看到只剩下一個會標出方框的 canvas 區域，如圖 15-39 所示。

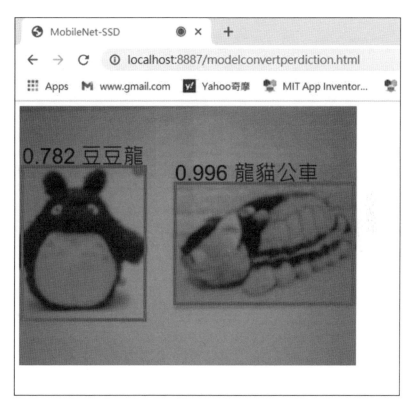

圖 15-39　將 video 畫面隱藏只剩下 canvas 區域

**步驟 13** 另存檔案為 index.html：將「modelconvertperdiction.html」程式另存新檔成「index.html」，重新打開 Chrome 瀏覽器，輸入「localhost:8887」，會直接執行 index.html 檔，將鏡頭對著豆豆龍玩偶與龍貓公車就可以看到 SSD 辨識結果，如圖 15-40 所示。

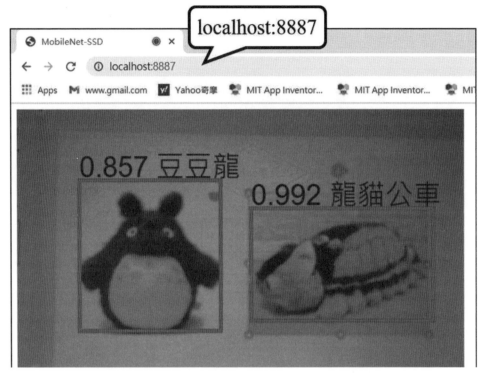

圖 15-40　網頁伺服器自動執行 index.html 檔

## 六、完整的程式碼

　　本堂課的 TensorFlow 模型轉換與 SSD 測試實驗，是以 2017 年六月 Google 釋出的 TensorFlow 框架設計的基於 MobileNets 的 Single Shot Multibox Detector（SSD）模型為範例。將網路上在「Google Colab」上的自訂物件偵測（辨識出豆豆龍玩偶與龍貓公車玩偶）的模型訓練結果，轉換成可以載入至 TensorFlow.js 做推論使用的形式。並實際在 Chrome 瀏覽器搭配攝影機測試辨識出豆豆龍玩偶與龍貓公車玩偶的情況。完整程式整理如表 15-15 所示。

表 15-15　TensorFlow 模型轉換與 SSD 測試完整程式

```html
<!DOCTYPE html>
<html>
<head>
<meta charset="UTF-8">
<title>coco ssd</title>
<!-- TensorFlow.js Core -->
<script src="https://cdn.jsdelivr.net/npm/@tensorflow/tfjs@2.0.0/dist/tf.min.js">
</script>
<style>
 video{
      visibility: hidden;
 }
</style>
</head>
<body>
<canvas id="detect_result"></canvas>
<video autoplay playsinline muted id="webcam" ></video>
<script>
const CLASSESname=["background","豆豆龍","龍貓公車"];
//建立物件偵測結果陣列的函數
function buildDetectedObjects2(
   width, height, boxes, scores, indexes, classes){
   const count = indexes.length;
   const objects= [];
   for (let i = 0; i < count; i++) {
     const bbox = [];
     for (let j = 0; j < 4; j++) {
        bbox[j] = boxes[indexes[i] * 4 + j];
     }//end of for
```

```
        const minY = bbox[0] * height;
        const minX = bbox[1] * width;
        const maxY = bbox[2] * height;
        const maxX = bbox[3] * width;
        bbox[0] = minX;
        bbox[1] = minY;
        bbox[2] = maxX - minX;
        bbox[3] = maxY - minY;
        objects.push({
            bbox: bbox,
            class: CLASSESname[classes[indexes[i]]],
            score: scores[indexes[i]]
        });
    }//end of for
    return objects;
}//end of buildDetectedObjects2
//執行物件偵測應用的函數
async function app()
{
    //載入模型
    const model = await tf.loadGraphModel("model.json");
    //取得頁面中 id 為'webcam'的元素值
    const webcamElement = document.getElementById('webcam');
    //取得頁面中 id 為'detect_result'的元素值
    const canvas = document.getElementById('detect_result');
    //設定繪圖環境為 2D，回傳一個物件有所有畫圖的方法內容
    const context = canvas.getContext('2d');
    //設定 color 陣列的組成有"green"、"yellow"與"red"
    const color = ["green", "yellow", "red"];
    //執行非同步函數，將其回傳值存至 showResult
    let showResult = async function () {
```

```
//畫布寬度等於攝影機影像寬度
canvas.width = webcamElement.videoWidth;
//畫布高度等於攝影機影像高度
canvas.height = webcamElement.videoHeight;
//context 內容畫上 webcamElement 影像，從畫布(0,0)畫起
context.drawImage(webcamElement, 0, 0);
//context 字型為'40px Arial'
context.font = '40px Arial';
//tf.browser.fromPixels(webcamElement).print();
//將影像轉 tf 張量，再將張量 shape 擴張成批資料
//回傳張量至 img
img = tf.browser.fromPixels(webcamElement).expandDims(0);
//取出張量 img 的 shape[1]值，存至 height
const height = img.shape[1];
//取出張量 img 的 shape[2]值，存至 width
const width = img.shape[2];
//在 console 顯示 height 值
console.log("height");
console.log(height);
//在 console 顯示 width 值
console.log("width");
console.log(width);
//將 img 張量輸入至模型執行推論
const result = await model.executeAsync(img);
//檢視結果
console.log(result );
//模型回傳 7 個張量:
//方框分類分數的張量有 shape 為 [1, 100]
//方框分類結果的張量有 shape 為 [1, 100]
//方框位置的張量有 shape 為 [1, 100 , 4]
//其中 100 是方框的數目
```

```
//4 是方框的四個角點座標
//將 7 個張量從 GPU 取回來
//在 console 視窗顯示
console.log(result[0].dataSync() );
console.log(result[1].arraySync() );
console.log(result[2].dataSync() );
console.log(result[3].dataSync() );
console.log(result[4].arraySync() );
console.log(result[5].dataSync() );
console.log(result[6].dataSync());
//將 100 個方框的分類結果存至 classes
const classes = result[5].dataSync();
//將 100 個方框的分數結果存至 scores
const scores = result[4].dataSync();
//將 100 個方框的座標存至 boxes
const boxes = result[2].dataSync();
//使用完會清除所有的 tensor，避免佔據記憶體
//使用 tf.tidy 會在執行完畢時將函式執行中建立的 tensor 從 GPU 記憶體中
  移除
const indexTensor = tf.tidy(() => {
    //將 boxes 轉成 2 維張量存至 boxes2
    const boxes2 =tf.tensor2d(boxes, [result[2].shape[1], result[2].shape[2]]);
    //設定最多有 5 個方框，IoU門檻值為 0.5，分數門檻值為 0.4
    //將一百的方框的座標與分數帶入非最大抑制函數計算
    //回傳一維的張量內容為被選到的方框序號
    return tf.image.nonMaxSuppression( boxes2, scores, 5, 0.5, 0.4);
});
//將張量值從 GPU 取出來
const indexes = indexTensor.dataSync();
//在 console 視窗顯示 indexes 值
console.log(indexes);
```

indexTensor.dispose(); //釋放 indexTensor 所佔的 GPU 記憶體

//釋放 img 所佔的 GPU 記憶體

img.dispose();

//釋放 result 所佔的 GPU 記憶體

tf.dispose(result);

//將寬度值、高度值、100個方框座標、100個分數、選出序號、

//100 個方框的分類結果，帶入 buildDetectedObjects2 函數中，

//找出最後的方框位置

let results=buildDetectedObjects2( width, height, boxes, scores, indexes,

classes);

//在 console 視窗顯示 results 值

console.log(results);

//對所有被選中的方框做處理

for (let i = 0; i < results.length; i++) {

    console.log(results[i].bbox);

    console.log(results[i].class);

    console.log(results[i].score);

    //產生一個新路徑

    context.beginPath();

    //three dots mean spread over object get all its properties

    //依序號為 i 的 results 組成的 bbox 畫出方形

    context.rect(...results[i].bbox);

    //設定線寬為 5

    context.lineWidth = 5;

    //設定線的顏色為紅色

    context.strokeStyle = "red";

    //context.fillStyle = color[i % 3];

    //實際繪製出線條

    context.stroke();

    //在方框座標(x，y-5)處填入文字"分數與標籤"

    context.fillText(results[i].score.toFixed(3) + ' ' + results[i].class,

```
results[i].bbox[0],results[i].bbox[1] - 5);
    } //end of for
    //指定 1000 毫秒後執行 showResult()
    setTimeout(function () { showResult(); }, 1000);
  }//end of showResult
  //若是沒有定義 mediaDevices
  if (navigator.mediaDevices === undefined) {
    navigator.mediaDevices = {};
  }//end of if
  //若是沒有定義 getUserMedia
  if (navigator.mediaDevices.getUserMedia === undefined) {
    //則定義 getUserMedia
    navigator.mediaDevices.getUserMedia = function(constraints) {
      var getUserMedia = navigator.webkitGetUserMedia ||
navigator.mozGetUserMedia;
      //若瀏覽器不支援，回傳錯誤訊息
      if (!getUserMedia) {
        return Promise.reject(new Error('getUserMedia is not implemented in this
browser'));
      }//end of if
      //否則使用舊的 navigator.getUserMedia
      return new Promise(function(resolve, reject) {
        getUserMedia.call(navigator, constraints, resolve, reject);
      });
    }
  }//end of if
  //調用麥克風與攝影機
  navigator.mediaDevices.getUserMedia({ audio: true, video: true })
    .then(function(stream) {
      var video = document.querySelector('video');
      //若瀏覽器 video 有 srcObject 屬性
```

```
    if ("srcObject" in video) {
        video.srcObject = stream;
    } else {
        //比較舊的瀏覽器可能沒有 srcObject，就用 src
        video.src = window.URL.createObjectURL(stream);
    }//end of if
    //當指定的視頻的元數據已加載時會發生 loadedmetadata 事件
    video.onloadedmetadata = function(e) {
        //讓 video 播放
        video.play();
        //呼叫 showResult
        showResult();
    };
})
.catch(function(err) {
    console.log(err.name + ": " + err.message);
});
} //end of app
app();   //呼叫 app 函數
</script>
</body>
</html>
```

### 隨堂練習

自己蒐集兩類物體的照片，再使用 CVAT 雲端服務「https://cvat.org/」與 roboflow 雲端服務「https://roboflow.com/」將訓練資料標示與分類處理成一個網址，供 colab 訓練模型時使用。

## 七、課後測驗

( ) 1. 本範例使用的神經網路模型為？　(A) MobileNet-SSD　(B) VGG-16-SSD

(C) MobileNet　(D) VGG-16

( ) 2. 本範例使用何種方式輸入資料？　(A) 攝影機影像　(B) 聲音　(C) 網路照

片

( ) 3. 本範例是屬於何種 AI？　(A) Object detection　(B) Image classification

(C)Pose estimation

( ) 4. 何者不是本範例可以辨識的物體？　(A) 櫻桃小丸子　(B) 龍貓公車

(C) 豆豆龍

( ) 5. 本範例將何種形式之模型檔案進行轉換？　(A) SavedModel　(B) TFLite

format　(C) TF1 Hub format

國家圖書館出版品預行編目資料

物聯網實作：深度學習應用篇／陸瑞強，廖裕
　評作. ——初版. ——臺北市：五南圖書出
　版股份有限公司, 2021.11
　面；　公分
　ISBN 978-626-317-155-8（平裝）

1.人工智慧　2.電腦程式設計　3.物聯網

312.83　　　　　　　　　　110014289

5DM3

# 物聯網實作：
# 深度學習應用篇

作　　　者 ― 陸瑞強、廖裕評

發　行　人 ― 楊榮川

總　經　理 ― 楊士清

總　編　輯 ― 楊秀麗

主　　　編 ― 高至廷

責任編輯 ― 張維文

封面設計 ― 王麗娟

出　版　者 ― 五南圖書出版股份有限公司

地　　　址：106台北市大安區和平東路二段339號4樓

電　　　話：(02)2705-5066　　傳　　真：(02)2706-6100

網　　　址：https://www.wunan.com.tw

電子郵件：wunan@wunan.com.tw

劃撥帳號：01068953

戶　　　名：五南圖書出版股份有限公司

法律顧問　林勝安律師事務所　林勝安律師

出版日期　2021年11月初版一刷

定　　　價　新臺幣700元

# 經典永恆・名著常在

## 五十週年的獻禮 —— 經典名著文庫

五南，五十年了，半個世紀，人生旅程的一大半，走過來了。
思索著，邁向百年的未來歷程，能為知識界、文化學術界作些什麼？
在速食文化的生態下，有什麼值得讓人雋永品味的？

歷代經典・當今名著，經過時間的洗禮，千錘百鍊，流傳至今，光芒耀人；
不僅使我們能領悟前人的智慧，同時也增深加廣我們思考的深度與視野。
我們決心投入巨資，有計畫的系統梳選，成立「經典名著文庫」，
希望收入古今中外思想性的、充滿睿智與獨見的經典、名著。
這是一項理想性的、永續性的巨大出版工程。
不在意讀者的眾寡，只考慮它的學術價值，力求完整展現先哲思想的軌跡；
為知識界開啟一片智慧之窗，營造一座百花綻放的世界文明公園，
任君遨遊、取菁吸蜜、嘉惠學子！